自动喷水灭火系统设计规范
工　程　解　读

谭立国　莫　慧　苗　健　主编
赵世明　赵力军　刘建华　师前进　张文华　主审

中国建筑工业出版社

图书在版编目（CIP）数据

自动喷水灭火系统设计规范工程解读/谭立国等主编. —北京：中国建筑工业出版社，2019.4
ISBN 978-7-112-23488-2

Ⅰ.①自… Ⅱ.①谭… Ⅲ.①建筑物-消防给水系统-系统设计-设计规范 Ⅳ.①TU998.13-65

中国版本图书馆CIP数据核字(2019)第049945号

本书共分四篇，第一篇主要以规范条文深度解析为主，通过图形、表格及注解等方式进行细致的剖析和详解。第二篇为典型自喷系统原理及控制。第三篇和第四篇主要以精选工程案例为主，通过典型的实际工程案例，详细水力计算，为国内十几万给排水设计师提供第一手参考资料。

本书可供参加全国勘察设计注册公用设备师给水排水专业执业资格考试的考生使用。

责任编辑：于 莉
责任校对：焦 乐

自动喷水灭火系统设计规范工程解读
谭立国 莫 慧 苗 健 主编
赵世明 赵力军 刘建华 师前进 张文华 主审
*
中国建筑工业出版社出版、发行（北京海淀三里河路9号）
各地新华书店、建筑书店经销
北京科地亚盟排版公司制版
北京建筑工业印刷厂印刷
*
开本：787×1092毫米 1/16 印张：13½ 字数：335千字
2019年5月第一版 2019年8月第二次印刷
定价：**49.00**元
ISBN 978-7-112-23488-2
(33787)

本书编委会

主　编： 谭立国　华诚博远工程技术集团有限公司

莫　慧　天津市建筑设计院

苗　健　军事科学院国防工程研究院

主　审： 赵世明　中国建筑设计研究院有限公司

赵力军　广州市建筑设计院

刘建华　天津市建筑设计院

师前进　中国建筑标准设计研究院

张文华　应急管理部四川消防研究所

副主编：（排名不分先后）

杜国莉　军事科学院国防工程研究院

胡庆立　林同棪国际工程咨询（中国）有限公司

吕文强　深圳市建筑设计研究总院有限公司北京分院

吴建平　中国石油天然气管道工程有限公司

邓艳丽　华北水利水电大学

崔焕颖　丹东市民用建筑设计研究院

李　楠　西安热工研究院有限公司

张忠霞　北京特种工程设计研究院

参编人：（排名不分先后）

马旭升　刘　力　张英慧　杨　丹　王　磊　天津市建筑设计院

王广智　哈尔滨工业大学

颜日明　广州龙雨消防设备有限公司

陈　静　中国建筑设计研究院有限公司

张亦静　中国中元国际工程有限公司

牛晓童　华诚博远工程技术集团有限公司

倪中华　军事科学院国防工程研究院

董　立　中旭建筑设计有限责任公司

刘少由　广东省建筑设计研究院

罗昊进　　温州设计集团有限公司
舒　军　　贵州省建筑设计研究院有限责任公司
李森林　　四川电力设计咨询有限责任公司
商振亚　　河南省纺织建筑设计院有限公司
郭姜飞　　陕西省一八六煤田地质有限公司
郭芮兵　　中建中原建筑设计院有限公司
郑建国　　陕西省建筑设计研究院有限责任公司
王思博　　中国建筑材料工业规划研究院
李　维　　上海禹之洋环保科技有限公司
夏雄涛　　武汉中邦化工设计有限公司
李继晓　　华商国际工程有限公司
叶　翔　　青岛习远优盛设计咨询有限公司
张子峰　　中铁二院工程集团有限责任公司
刘加富　　广东省珠海禾田信息港发展有限公司

前　言

自动喷水灭火系统是目前生产、生活和社会活动的各个主要场所中最普遍采用的一种固定灭火设备，在人们同火灾的斗争中起到了及时扑灭火灾、有效地保护人民生命和财产安全的重要作用。如辽宁科技中心、深圳国贸大厦等多处发生在高层建筑物内的火灾，若没有自动喷水灭火系统及时启动扑灭，其后果不堪设想。人们永远不会忘记新疆克拉玛依友谊宾馆、珠海前山纺织城等火灾造成的惨剧。可以说，在凡是能用水进行灭火的场所，自动喷水灭火系统可以有效控制初期火灾、减小火灾损失、避免因火灾导致群死群伤惨剧的发生。

近年来，我国建筑业迅速发展，兴建了一大批超高层建筑、大空间建筑及地下建筑等内部空间条件复杂和功能多样的建筑物，使系统的设计不断遇到新情况、新问题。尤其是自《自动喷水灭火系统设计规范》GB 50084－2017 颁布实施以来，规范中采用的新技术、新设备与新材料，不仅要具备足够的成熟程度，同时还要可靠适用、经济合理，设计师在应用实践中还存在一些亟待解决的问题，如：高大净空场所自喷设计水量计算、机械立体车库自喷设计水量计算、大型高架仓库自喷设计水量计算、防护冷却水幕的设置及家用喷头的应用等，特别是自动喷水灭火系统的操作与控制一直是设计师最为困扰的问题，本书均给予科学合理的设计指导和建议，使系统设计与规范合理衔接。为便于读者更全面的了解自动水灭火设施，本书还列举了规范中未涉及的“旋转喷头”、“水喷雾系统”及“泡沫-喷淋系统”案例，作为拓展内容，供给水排水同仁参考。

本书共分四篇，第一篇主要以规范条文深度解析为主，通过图形、表格及注解等方式对规范正文及条文说明进行细致的剖析和详解，由谭立国、李楠、杜国莉、陈静、胡庆立、吴建平、邓艳丽、崔焕颖、张忠霞、刘少由、吕文强负责编写；第二篇主要以几种典型自喷系统为例，通过图示、表格等方式对“自喷系统”原理及控制进行了分类梳理及详解，由莫慧、苗健、马旭升、刘力、张英慧、杨丹、王磊、郭姜飞、罗昊进、李继晓负责编写；第三篇及第四篇主要以精选工程案例为主，通过典型的自动喷水灭火系统工程实例及规范中未涉及的拓展案例，解读自动喷水灭火系统设计参数选择，配以工程设计图和详细的水力计算；第三篇由谭立国、莫慧、苗健、马旭升、刘力、张英慧、杨丹、王磊、陈静、李楠、郭芮兵、夏雄涛负责编写，第四篇由胡庆立、舒军、崔焕颖、郑建国、颜日明、商振亚、李森林、王思博、李维、叶翔、刘加富负责编写，为国内十几万给水排水设计师提供第一手参考资料。

本书由国内行业资深专家中国建筑设计研究院有限公司赵世明教授、广州市建筑设计院赵力军教授、天津市建筑设计院刘建华教授、中国建筑标准设计研究院师前进教授、应急管理部四川消防研究所张文华研究员进行审阅并提出了大量宝贵意见和建议，编写过程中得到了张亦静、王广智、张子峰、董立、牛晓童、倪中华等行业专家的大力支持，同时为本书提供了国内外相关文献资料，在此表示衷心的感谢！

本书可作为高等院校给水排水工程及相关专业的教材或参考用书，也可作为注册公用设备工程师（给水排水）及注册消防工程师执业资格考试的参考用书，对我国建筑给水排水工程高校学生及工程技术人员水平的快速提高，起着积极的推动作用。

作者深知规范的严肃性和重要性，特此声明：规范及规范应用均以规范主编和主管部门的解释为准，任何由于对规范条文的理解不同而产生的工程设计纰漏均由工程设计人员负责，本书编写人员和出版社均不为此承担任何责任。

由于编者水平所限，疏漏和不当之处在所难免，恳请广大读者指正。

联系电话：13811667816，电子邮箱：103624051@qq. com

本书编委会

目　录

第一篇
《自动喷水灭火系统设计规范》GB 50084—2017
条文、条文说明及解析

本篇为便于读者对《自动喷水灭火系统设计规范》GB 50084－2017（以下简称《喷规》）学习理解，将《喷规》条文及条文说明一一对应，同时对较难理解的条款参考国家标准图集《自动喷水灭火系统设计》19S910 进行了详细解析。

目　录

1 总　　则

【规范条文】1.0.1　为了正确、合理地设计自动喷水灭火系统，保护人身和财产安全，制定本规范。

〖条文说明〗

（略）

【规范条文】1.0.2　本规范适用于新建、扩建、改建的民用与工业建筑中自动喷水灭火系统的设计。本规范不适用于火药、炸药、弹药、火工品工厂、核电站及飞机库等特殊功能建筑中自动喷水灭火系统的设计。

〖条文说明〗

（略）

【规范条文】1.0.3　自动喷水灭火系统的设计，应密切结合保护对象的功能和火灾特点，积极采用新技术、新设备、新材料，做到安全可靠、技术先进、经济合理。

〖条文说明〗

（略）

【规范条文】1.0.4　设计采用的系统组件，必须符合国家现行的相关标准，并应符合消防产品市场准入制度的要求。

〖条文说明〗

本条是对原条文的修改。本次修改根据《中华人民共和国消防法》的规定。

本条对自动喷水灭火系统采用的组件提出了要求。自动喷水灭火系统组件属消防专用产品，质量把关至关重要，因此要求设计中采用符合现行的国家或公共安全行业标准，并经过国家级消防产品质量监督检验机构检验的产品。未经检测或检测不合格的不能采用。根据《中华人民共和国消防法》第二十四条的规定，我国对消防产品实行强制性产品认证制度，依法实行强制性产品认证的消防产品，由具有法定资质的认证机构按照国家标准、行业标准的强制性要求认证合格后，方可生产、销售、使用。对新研制的尚未制定国家标准、行业标准的消防产品，应经过技术鉴定，符合消防安全要求的，方可生产、销售、使用。为此，本条规定了系统采用的组件应符合消防产品市场准入制度的要求。

【规范条文】1.0.5　当设置自动喷水灭火系统的建筑或建筑内场所变更用途时，应校核原有系统的适用性。当不适用时，应按本规范重新设计。

〖条文说明〗

经过改建后变更使用功能的建筑或建筑内某一场所，当其重要性、房间的空间条件、内部容纳物品的性质或数量及人员密集程度发生较大变化时，要求根据改造后建筑或建筑内场所的功能和条件，按本规范对原来已有的系统进行校核。当发现原有系统已经不再适用改造后建筑时，要求按本规范和改造后建筑的条件重新设计。

【规范条文】1.0.6　自动喷水灭火系统的设计，除应符合本规范的规定外，尚应符合国家现行有关标准的规定。

〖**条文说明**〗

本规范属于强制性国家标准。本规范的制定，将针对建筑物的具体条件和防火要求，提出合理设计自动喷水灭火系统的有关规定。另外，设置自动喷水灭火系统的场所及系统设计基本要求，还要求同时执行现行国家标准《建筑设计防火规范》GB 50016、《汽车库、修车库、停车场设计防火规范》GB 50067、《人民防空工程设计防火规范》GB 50098 等规范的相关规定。

2 术语和符号

2.1 术　　语

【规范条文】2.1.1 自动喷水灭火系统 sprinkler systems

由洒水喷头、报警阀组、水流报警装置（水流指示器或压力开关）等组件，以及管道、供水设施等组成，能在发生火灾时喷水的自动灭火系统。

〖条文说明〗

自动喷水灭火系统具有自动探火报警和自动喷水控、灭火的优良性能，是当今国际上应用范围最广、用量最多且造价低廉的自动灭火系统。自动喷水灭火系统的类型较多，从广义上分，可分为闭式系统和开式系统；从使用功能上分，其基本类型又包括湿式系统、干式系统、预作用系统及雨淋系统和水幕系统等（见〖条文说明〗表2），其中用量最多的是湿式系统，在已安装的自动喷水灭火系统中，70%以上为湿式系统。

国内外常用的系统类型　　〖条文说明〗表2

国家	常用的系统类型
英国	湿式系统、干式系统、干湿式系统、尾端干湿式或尾端干式系统、预作用系统、雨淋系统等
美国	湿式系统、干式系统、预作用系统、干式-预作用联合系统、闭路循环系统（与非消防用水设施连接，平时利用共用管道供给采暖或冷却用水，水不排出，循环使用）、防冻系统（用防冻液充满系统管网，火灾时，防冻液喷出后，随即喷水）、雨淋系统等
日本	湿式系统、干式系统、预作用系统、干式-预作用联合系统、雨淋系统、限量供水系统（由高压水罐供水的湿式系统）等
德国	湿式系统、干式系统、干湿式系统、预作用系统等
苏联	湿式系统、干式系统、干湿式系统、雨淋系统、水幕系统等
中国	湿式系统、干式系统、预作用系统、雨淋系统、水幕系统等

【规范条文】2.1.2 闭式系统 close-type sprinkler system

采用闭式洒水喷头的自动喷水灭火系统。

【规范条文】2.1.3 开式系统 open-type sprinkler system

采用开式洒水喷头的自动喷水灭火系统。

【规范条文】2.1.4 湿式系统 wet pipe sprinkler system

准工作状态时配水管道内充满用于启动系统的有压水的闭式系统。

〖条文说明〗

湿式系统由闭式洒水喷头、水流指示器、湿式报警阀组以及管道和供水设施等组成，管道内始终充满有压水。湿式系统必须安装在全年不结冰及不会出现过热危险的场所内，该系统在喷头动作后立即喷水，其灭火成功率高于干式系统。

【规范条文】2.1.5 干式系统 dry pipe sprinkler system

准工作状态时配水管道内充满用于启动系统的有压气体的闭式系统。

〖条文说明〗

干式系统在准工作状态时配水管道内充有压气体，因此使用场所不受环境温度的限制。与湿式系统的区别在于，干式系统采用干式报警阀组，并设置保持配水管道内气压的充气设施。该系统适用于有冰冻危险或环境温度有可能超过70℃、使管道内的充水汽化升压的场所。干式系统的缺点是发生火灾时，配水管道必须经过排气充水过程，因此延迟了开始喷水的时间，对于可能发生蔓延速度较快火灾的场所，不适合采用此种系统。

【规范条文】2.1.6 预作用系统 preaction sprinkler system

准工作状态时配水管道内不充水，发生火灾时由火灾自动报警系统、充气管道上的压力开关连锁控制预作用装置和启动消防水泵，向配水管道供水的闭式系统。

〖条文说明〗

本条是对原条文的修改和补充。预作用系统由闭式喷头、预作用装置、管道、充气设备和供水设施等组成，在准工作状态时配水管道内不充水。根据预作用系统的使用场所不同，预作用装置有两种控制方式，一是仅由火灾自动报警系统一组信号联动开启，二是由火灾自动报警系统和自动喷水灭火系统闭式洒水喷头两组信号联动开启。

【规范条文】2.1.7 重复启闭预作用系统 recycling preaction sprinkler system

能在扑灭火灾后自动关阀、复燃时再次开阀喷水的预作用系统。

〖条文说明〗

重复启闭预作用系统与常规预作用系统的不同之处，在于其采用了一种既可输出火警信号又可在环境恢复常温时输出灭火信号的感温探测器。当其感应到环境温度超出预定值时，报警并启动消防水泵和打开具有复位功能的雨淋报警阀，为配水管道充水，并在喷头动作后喷水灭火。喷水过程中，当火场温度恢复至常温时，探测器发出关停系统的信号，在按设定条件延迟喷水一段时间后，关闭雨淋报警阀停止喷水。若火灾复燃、温度再次升高时，系统则再次启动，直至彻底灭火。

【规范条文】2.1.8 雨淋系统 deluge sprinkler system

由开式洒水喷头、雨淋报警阀组等组成，发生火灾时由火灾自动报警系统或传动管控制，自动开启雨淋报警阀组和启动消防水泵，用于灭火的开式系统。

〖条文说明〗

雨淋系统采用开式洒水喷头和雨淋报警阀组，由火灾自动报警系统或传动管联动雨淋报警阀和消防水泵，使与雨淋报警阀连接的开式喷头同时喷水。雨淋系统通常安装在发生火灾时火势发展迅猛、蔓延迅速的场所，如舞台等。

【规范条文】2.1.9 水幕系统 drencher sprinkler system

由开式洒水喷头或水幕喷头、雨淋报警阀组或感温雨淋报警阀等组成，用于防火分隔或防护冷却的开式系统。

〖条文说明〗

水幕系统用于挡烟阻火和冷却分隔物。系统组成的特点是采用开式洒水喷头或水幕喷头，控制供水通断的阀门可根据防火需要采用雨淋报警阀组或人工操作的通用阀门，小型水幕可用感温雨淋报警阀控制。

水幕系统包括防火分隔水幕和防护冷却水幕两种类型。防火分隔水幕利用密集喷洒形成的水墙或水帘阻火挡烟而起到防火分隔作用，防护冷却水幕则利用水的冷却作用，配合防火卷帘等分隔物进行防火分隔。

【规范条文】2.1.10 防火分隔水幕 fire compartment drencher sprinkler system

由开式洒水喷头或水幕喷头、雨淋报警阀组或感温雨淋报警阀等组成，发生火灾时密集喷洒形成水墙或水帘的水幕系统。

【规范条文】2.1.11 防护冷却水幕 cooling protection drencher sprinkler system

由水幕喷头、雨淋报警阀组或感温雨淋报警阀等组成，发生火灾时用于冷却防火卷帘、防火玻璃墙等防火分隔设施的水幕系统。

【规范条文】2.1.12 防护冷却系统 cooling protection sprinkler system

由闭式洒水喷头、湿式报警阀组等组成，发生火灾时用于冷却防火卷帘、防火玻璃墙等防火分隔设施的闭式系统。

〖条文说明〗

本条为新增术语。本条提出了自动喷水系统的一项新技术——防护冷却系统，该系统在系统组成上与湿式系统基本一致，但其主要与防火卷帘、防火玻璃墙等防火分隔设施配合使用，通过对防火分隔设施的防护冷却，起到防火分隔功能。

【规范条文】2.1.13 作用面积 operation area of sprinkler system

一次火灾中系统按喷水强度保护的最大面积。

【规范条文】2.1.14 响应时间指数 response time index（RTI）

闭式洒水喷头的热敏性能指标。

【规范条文】2.1.15 快速响应洒水喷头 fast response sprinkler

响应时间指数 $RTI \leqslant 50(m \cdot s)^{0.5}$ 的闭式洒水喷头。

【规范条文】2.1.16 特殊响应洒水喷头 special response sprinkler

响应时间指数 $50 < RTI \leqslant 80(m \cdot s)^{0.5}$ 的闭式洒水喷头。

【规范条文】2.1.17 标准响应洒水喷头 standard response sprinkler

响应时间指数 $80 < RTI \leqslant 350(m \cdot s)^{0.5}$ 的闭式洒水喷头。

【规范条文】2.1.18 一只喷头的保护面积 protection area of the sprinkler

同一根配水支管上相邻洒水喷头的距离与相邻配水支管之间距离的乘积。

〖条文解析〗

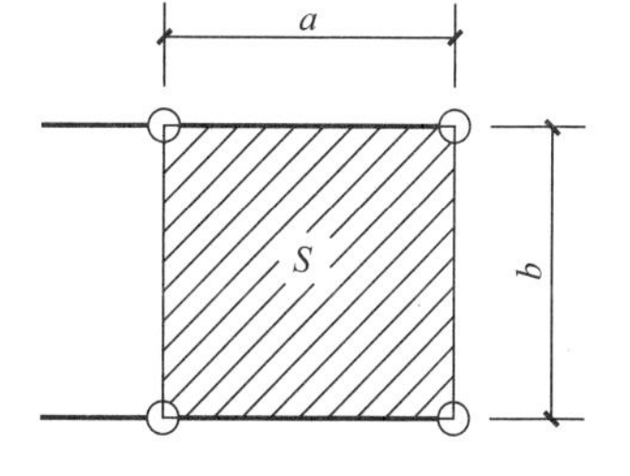

〖条文解析〗图 2.1.18 一只喷头保护面积示意图

注：$S=a \cdot b$

S—一只喷头的保护面积（m^2）；

a—同一根配水支管上相邻洒水喷头的距离（m）；

b—与相邻配水支管之间距离（m）。

【规范条文】2.1.19 标准覆盖面积洒水喷头 standard coverage sprinkler

流量系数 $K \geqslant 80$，一只喷头的最大保护面积不超过 $20m^2$ 的直立型、下垂型洒水喷头及一只喷头的最大保护面积不超过 $18m^2$ 的边墙型洒水喷头。

【规范条文】2.1.20 扩大覆盖面积洒水喷头 extended coverage（EC）sprinkler

流量系数 $K \geqslant 80$，一只喷头的最大保护面积大于标准覆盖面积洒水喷头的保护面积，且不超过 $36m^2$ 的洒水喷头，包括直立型、下垂型和边墙型扩大覆盖面积洒水喷头。

【规范条文】2.1.21 标准流量洒水喷头 standard orifice sprinkler

流量系数 $K=80$ 的标准覆盖面积洒水喷头。

【规范条文】2.1.22 早期抑制快速响应喷头 early suppression fast response（ESFR） sprinkler

流量系数 $K \geqslant 161$，响应时间指数 $RTI \leqslant 28 \pm 8 (m \cdot s)^{0.5}$，用于保护堆垛与高架仓库的标准覆盖面积洒水喷头。

【规范条文】2.1.23 特殊应用喷头 specific application sprinkler

流量系数 $K \geqslant 161$，具有较大水滴粒径，在通过标准试验验证后，可用于民用建筑和厂房高大空间场所以及仓库的标准覆盖面积洒水喷头，包括非仓库型特殊应用喷头和仓库型特殊应用喷头。

〖条文说明〗

本条为新增术语。

特殊应用喷头是指在通过试验验证的情况下，能够对一些特殊场所或部位进行有效保护的洒水喷头。考核指标主要有：特定的灭火试验、喷头的洒水分布性能试验以及喷头的热敏感性能试验等。

非仓库型特殊应用喷头用于民用建筑和厂房高大净空场所，国内外的试验研究表明，在民用建筑和厂房高大空间场所内设置合理的自动喷水灭火系统，能提供可靠、有效的保护，但并非所有喷头均适用于此类场所，只有在给定的火灾试验模型下能够有效控、灭火的喷头才能应用。试验表明，适用于该类场所的喷头应具有流量系数大和工作压力低等特点，且喷洒的水滴粒径较大。

仓库型特殊应用喷头是用于高堆垛或高货架仓库的大流量特种洒水喷头，与 ESFR 喷头相比，其以控制火灾蔓延为目的，喷头最低工作压力较 ESFR 喷头低，且障碍物对喷头洒水的影响较小。

【规范条文】2.1.24 家用喷头 residential sprinkler

适用于住宅建筑和非住宅类居住建筑的一种快速响应洒水喷头。

〖条文说明〗

本条为新增术语。

家用喷头是适用于住宅建筑和宿舍、公寓等非住宅类居住建筑内的一种快速响应喷头，其作用是在火灾初期迅速启动喷洒，降低起火部位周围的火场温度及烟密度，并控制居所内火灾的扩大及蔓延。与其他类型喷头相比，家用喷头更有利于保护人员疏散。美国消防协会标准《自动喷水灭火系统安装标准》NFPA 13 规定，家用喷头可用于住宅单元及相邻的走道内，并规定住宅单元除普通住宅外，还包括宾馆客房、宿舍、用于寄宿和出租的房间、护理房（供需要有人照顾的体弱人员居住，有医疗设施）及类似的居住单元等。并且规定，家用喷头具有 3 个特征：（1）适用于居住场所；（2）用于保护人员逃生；（3）具有快速响应功能。

【规范条文】2.1.25 配水干管 feed mains

报警阀后向配水管供水的管道。

【规范条文】2.1.26 配水管 cross mains

向配水支管供水的管道。

【规范条文】2.1.27 配水支管 branch lines

直接或通过短立管向洒水喷头供水的管道。

【规范条文】2.1.28 配水管道 system pipes

配水干管、配水管及配水支管的总称。

【规范条文】2.1.29 短立管 sprig

连接洒水喷头与配水支管的立管。

2.1.25～2.1.29〖条文解析〗

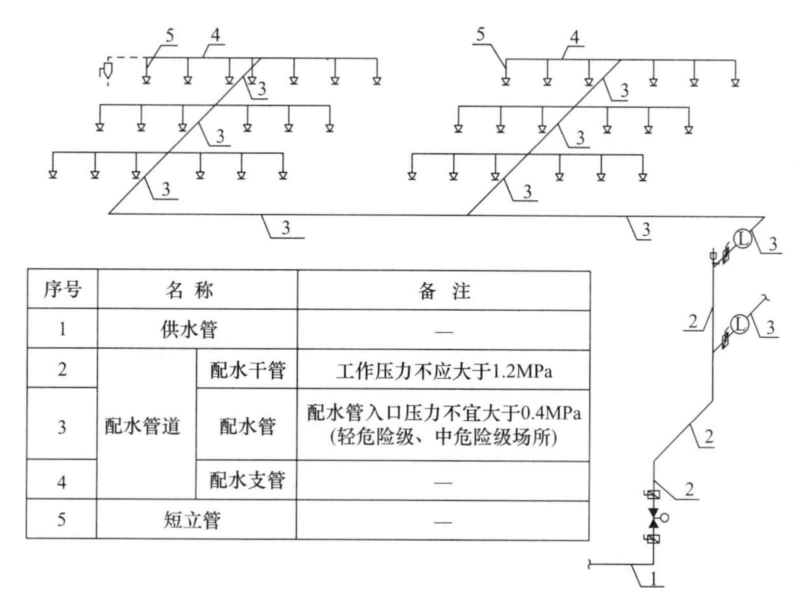

序号	名称		备注
1	供水管		—
2	配水管道	配水干管	工作压力不应大于1.2MPa
3	配水管道	配水管	配水管入口压力不宜大于0.4MPa（轻危险级、中危险级场所）
4	配水管道	配水支管	—
5	短立管		—

〖条文解析〗图 2.1.25～2.1.29 自动喷水灭火系统管道名称示意图

【规范条文】2.1.30 消防洒水软管 flexible sprinkler hose fittings

连接洒水喷头与配水管道的挠性金属软管及洒水喷头调整固定装置。

【规范条文】2.1.31 信号阀 signal valve

具有输出启闭状态信号功能的阀门。

2.2 符 号

a——喷头与障碍物的水平距离；

b——喷头溅水盘与障碍物底面的垂直距离；

c——障碍物横截面的一个边长；

C_h——海澄—威廉系数；

d——管道外径；

d_g——节流管的计算内径；

d_j——管道的计算内径；

d_k——减压孔板的孔口直径；

e——障碍物横截面的另一个边长；

f——喷头溅水盘与不到顶隔墙顶面的垂直间距；

g——重力加速度；

H——水泵扬程或系统入口的供水压力；

H_c——从城市市政管网直接抽水时城市管网的最低水压；

H_g——节流管的水头损失；
H_k——减压孔板的水头损失；
h——最大净空高度；
h_s——最大储物高度；
i——管道单位长度的水头损失；
K——喷头流量系数；
L——节流管的长度；
n——最不利点处作用面积内的洒水喷头数；
P——喷头工作压力；
P_0——最不利点处喷头的工作压力；
P_p——系统管道沿程和局部的水头损失；
Q——系统设计流量；
q——喷头流量；
q_i——最不利点处作用面积内各喷头节点的流量；
q_g——管道设计流量；
S——喷头间距；
S_L——喷头溅水盘与顶板的距离；
S_w——喷头溅水盘与背墙的距离；
V——管道内水的平均流速；
V_g——节流管内水的平均流速；
V_k——减压孔板后管道内水的平均流速；
Z——最不利点处喷头与消防水池最低水位或系统入口管水平中心线之间的高程差；
ζ——节流管中渐缩管与渐扩管的局部阻力系数之和；
ξ——减压孔板的局部阻力系数。

3 设置场所火灾危险等级

【规范条文】3.0.1 设置场所的火灾危险等级应划分为轻危险级、中危险级（Ⅰ级、Ⅱ级）、严重危险级（Ⅰ级、Ⅱ级）和仓库危险级（Ⅰ级、Ⅱ级、Ⅲ级）。

【规范条文】3.0.2 设置场所的火灾危险等级，应根据其用途、容纳物品的火灾荷载及室内空间条件等因素，在分析火灾特点和热气流驱动洒水喷头开放及喷水到位的难易程度后确定，设置场所应按本规范附录A进行分类。

3.0.1、3.0.2〖条文说明〗

根据火灾荷载（由可燃物的性质、数量及分布状况决定）、室内空间条件（面积、高度）、人员密集程度、采用自动喷水灭火系统扑救初期火灾的难易程度，以及疏散及外部增援条件等因素，划分设置场所的火灾危险等级。

（略）

本规范参考了发达国家规范，又结合我国目前实际情况，将设置场所划分为四级，分别为轻、中（其中又分为Ⅰ级和Ⅱ级）、严重（其中又分为Ⅰ级和Ⅱ级）及仓库（其中又分为Ⅰ级、Ⅱ级和Ⅲ级）危险级。

轻危险级，一般是指可燃物品较少、可燃性低和火灾发热量较低、外部增援和疏散人员较容易的场所。

中危险级，一般是指内部可燃物数量为中等，可燃性也为中等，火灾初期不会引起剧烈燃烧的场所。大部分民用建筑和厂房划归为中危险级。根据此类场所种类多、范围广的特点，划分中Ⅰ级和中Ⅱ级，并在本规范附录A中分类予以说明。商场内物品密集、人员密集，发生火灾的频率较高，容易酿成大火造成群死群伤和高额财产损失的严重后果，因此将大规模商场列入中Ⅱ级。

严重危险级，一般是指火灾危险性大、可燃物品数量多、火灾时容易引起猛烈燃烧并可能迅速蔓延的场所。除摄影棚、舞台葡萄架下部外，包括存在较多数量易燃固体、液体物品工厂的备料和生产车间。

仓库火灾危险等级的划分，参考了美国消防协会标准《自动喷水灭火系统安装标准》NFPA 13并结合我国国情，将上述标准中的1、2、3、4类和塑料橡胶类储存货品综合归纳并简化为Ⅰ、Ⅱ、Ⅲ级仓库。其中，仓库危险级Ⅰ级与NFPA 13的1、2类货品相一致，仓库危险级Ⅱ级与3、4类货品一致，仓库危险级Ⅲ级为A组塑料、橡胶制品等。

（略）

【规范条文】3.0.3 当建筑物内各场所的火灾危险性及灭火难度存在较大差异时，宜按各场所的实际情况确定系统选型与火灾危险等级。

〖条文说明〗

当建筑物内各场所的使用功能、火灾危险性或灭火难度存在较大差异时，要求遵循“实事求是”和“有的放矢”的原则，按各自的实际情况选择适宜的系统和确定其火灾危险等级。

4 系统基本要求

4.1 一 般 规 定

【规范条文】4.1.1 自动喷水灭火系统的设置场所应符合国家现行相关标准的规定。

〖**条文说明**〗

设置自动喷水灭火系统的场所，应按现行国家标准《建筑设计防火规范》GB 50016、《汽车库、修车库、停车场设计防火规范》GB 50067、《人民防空工程设计防火规范》GB 50098 等现行国家相关标准的规定执行。

近年来，自动喷水灭火系统在我国消防界及建筑防火设计领域中的可信赖程度不断提高。尽管如此，该系统在我国的应用范围仍与发达国家存在明显差距。是否需要设置自动喷水灭火系统，决定性的因素是火灾危险性和自动扑救初期火灾的必要性，而不是建筑规模。因此，大力提倡和推广应用自动喷水灭火系统是很有必要的。

【规范条文】4.1.2 自动喷水灭火系统不适用于存在较多下列物品的场所：

1 遇水发生爆炸或加速燃烧的物品；

2 遇水发生剧烈化学反应或产生有毒有害物质的物品；

3 洒水将导致喷溅或沸溢的液体。

〖**条文说明**〗

本条规定了自动喷水灭火系统不适用的范围。凡发生火灾时可以用水灭火的场所，均可采用自动喷水灭火系统。而不能用水灭火的场所，包括遇水产生可燃气体或氧气，并导致加剧燃烧或引起爆炸后果的对象，以及遇水产生有毒有害物质的对象，例如存在较多金属钾、钠、锂、钙、锶、氯化锂、氧化钠、氧化钙、碳化钙、磷化钙等的场所，则不适合采用自动喷水灭火系统。再如存放一定量原油、渣油、重油等的敞口容器（罐、槽、池），洒水将导致喷溅或沸溢事故。

【规范条文】4.1.3 自动喷水灭火系统的设计原则应符合下列规定：

1 闭式洒水喷头或启动系统的火灾探测器，应能有效探测初期火灾；

2 湿式系统、干式系统应在开放一只洒水喷头后自动启动，预作用系统、雨淋系统和水幕系统应根据其类型由火灾探测器、闭式洒水喷头作为探测元件，报警后自动启动；

3 作用面积内开放的洒水喷头，应在规定时间内按设计选定的喷水强度持续喷水；

4 喷头洒水时，应均匀分布，且不应受阻挡。

〖**条文说明**〗

本条是对原条文的修改和补充。

本条提出了对设计系统的原则性要求。设置自动喷水灭火系统的目的是为了有效扑救初期火灾。大量的应用和试验证明，为了保证和提高自动喷水灭火系统的可靠性，离不开四个方面的因素。首先，闭式系统的洒水喷头或与预作用、雨淋系统和水幕系统配套使用的火灾自动报警系统，要能有效地探测初期火灾。二是对于湿式、干式系统，要在开放一只喷头后立即启动系统；预作用系统则应根据其类型由火灾探测器、闭式洒水喷头作为探测元件，报警后自动启动；雨淋系统和水幕系统则是通过火灾探测器报警或传动管控制后自动启动。三是整个灭火进程中，要保证喷水范围不超出作用面积，以及按设计确定的喷水强度持续喷水。四是要求开放喷头的出水均匀喷洒、覆盖起火范围，并不受严重阻挡。以上四个方面的因素缺一不可，系统的设计只有满足了这四个方面的技术要求，才能确保系统的可靠性。

4.2 系 统 选 型

【规范条文】4.2.1 自动喷水灭火系统选型应根据设置场所的建筑特征、环境条件和火灾特点等选择相应的开式或闭式系统。露天场所不宜采用闭式系统。

〖条文说明〗

设置场所的建筑特征、环境条件和火灾特点，是合理选择系统类型和确定火灾危险等级的依据。例如：环境温度是确定选择湿式或干式系统的依据；综合考虑火灾蔓延速度、人员密集程度及疏散条件是确定是否采用快速系统的因素等。对于室外场所，由于系统受风、雨等气候条件的影响，难以使闭式喷头及时感温动作，势必难以保证灭火和控火效果，所以露天场所不适合采用闭式系统。

【规范条文】4.2.2 环境温度不低于4℃且不高于70℃的场所，应采用湿式系统。

〖条文说明〗

湿式系统（见〖条文说明〗图1-略）由闭式喷头、水流指示器、湿式报警阀组，以及管道和供水设施等组成，准工作状态时管道内始终充满水并保持一定压力。

湿式系统具有以下特点与功能：

（1）与其他自动喷水灭火系统相比，结构相对简单，系统平时由消防水箱、稳压泵或气压给水设备等稳压设施维持管道内水的压力。发生火灾时，由闭式喷头探测火灾，水流指示器报告起火区域，消防水箱出水管上的流量开关、消防水泵出水管上的压力开关或报警阀组的压力开关输出启动消防水泵信号，完成系统的启动。系统启动后，由消防水泵向开放的喷头供水，开放的喷头将供水按不低于设计规定的喷水强度均匀喷洒，实施灭火。为了保证扑救初期火灾的效果，喷头开放后要求在持续喷水时间内连续喷水。

（2）湿式系统适合在温度不低于4℃且不高于70℃的环境中使用，因此绝大多数的常温场所采用此类系统。经常低于4℃的场所有使管内充水冰冻的危险，高于70℃的场所管内充水汽化的加剧有破坏管道的危险。

〖条文解析〗

详见本书第二篇第2章。

【规范条文】4.2.3 环境温度低于4℃或高于70℃的场所，应采用干式系统。

〖条文说明〗

环境温度不适合采用湿式系统的场所，可以采用能够避免充水结冰和高温加剧汽化的干式系统或预作用系统。

干式系统由闭式洒水喷头、管道、充气设备、干式报警阀、报警装置和供水设施等组成（见〖条文说明〗图2-略），在准工作状态时，干式报警阀前（水源侧）的管道内充以压力水，干式报警阀后（系统侧）的管道内充以有压气体，报警阀处于关闭状态。发生火灾时，闭式喷头受热动作，喷头开启，管道中的有压气体从喷头喷出，干式报警阀系统侧压力下降，造成干式报警阀水源侧压力大于系统侧压力，干式报警阀被自动打开，压力水进入供水管道，将剩余压缩空气从系统立管顶端或横干管最高处的排气阀或已打开的喷头处喷出，然后喷水灭火。在干式报警阀被打开的同时，通向水力警铃和压力开关的通道也被打开，水流冲击水力警铃和压力开关，压力开关直接自动启动系统消防水泵供水。

干式系统与湿式系统的区别在于干式系统采用干式报警阀组，准工作状态时配水管道内充以压缩空气等有压气体。为保持气压，需要配套设置补气设施。干式系统配水管道中维持的气压，根据干式报警阀入口前管道需要维持的水压、结合干式报警阀的工作性能确定。

闭式喷头开放后，配水管道有一个排气充水过程。系统开始喷水的时间将因排气充水过程而产生滞后，因此削弱了系统的灭火能力，这一点是干式系统的固有缺陷。

〖条文解析〗

详见本书第二篇第3章。

【规范条文】4.2.4 具有下列要求之一的场所，应采用预作用系统：

1 系统处于准工作状态时严禁误喷的场所；

2 系统处于准工作状态时严禁管道充水的场所；

3 用于替代干式系统的场所。

〖条文说明〗

本条对适合采用预作用系统（见〖条文说明〗图3-略）的场所提出了规定：

预作用系统适用于准工作状态时不允许误喷而造成水渍损失的一些性质重要的建筑物内（如档案库等），以及在准工作状态时严禁管道充水的场所（如冰库等），也可用于替代干式系统。

预作用系统既兼有湿式、干式系统的优点，又避免了湿式、干式系统的缺点，在不允许出现误喷或管道漏水的重要场所，可替代湿式系统使用；在低温或高温场所中替代干式系统使用，可避免喷头开启后延迟喷水的缺点。

〖条文解析〗

详见本书第二篇第4章。

【规范条文】4.2.5 灭火后必须及时停止喷水的场所，应采用重复启闭预作用系统。

〖条文说明〗

重复启闭预作用系统能在扑灭火灾后自动关闭报警阀、发生复燃时又能再次开启报警阀恢复喷水，适用于灭火后必须及时停止喷水，要求减少不必要水渍损失的场所。

【规范条文】4.2.6 具有下列条件之一的场所，应采用雨淋系统：

1 火灾的水平蔓延速度快、闭式洒水喷头的开放不能及时使喷水有效覆盖着火区域的场所；

2 设置场所的净空高度超过本规范第6.1.1条的规定，且必须迅速扑救初期火灾的场所；

3 火灾危险等级为严重危险级Ⅱ级的场所。

〖条文说明〗

本条对适合采用雨淋系统的场所作了规定，包括火灾水平蔓延速度快的场所和室内净空高度超过本规范第6.1.1条规定、不适合采用闭式系统的场所。室内物品顶面与顶板或吊顶的距离加大，将使闭式喷头在火场中的开放时间推迟，喷头动作时间的滞后使火灾得以继续蔓延，而使开放喷头的喷水难以有效覆盖火灾范围。上述情况使闭式系统的控火能力下降，而采用雨淋系统则可消除上述不利影响。雨淋系统启动后立即大面积喷水，遏制和扑救火灾的效果更好，但水渍损失大于闭式系统，适用场所包括舞台葡萄架下部和电影摄影棚等。

雨淋系统采用开式洒水喷头、雨淋报警阀组，由配套使用的火灾自动报警系统或传动管联动雨淋报警阀，由雨淋报警阀控制其配水管道上的全部喷头同时喷水（见〖条文说明〗图 4-略、〖条文说明〗图 5-略，注：可以做冷喷试验的雨淋系统，应设末端试水装置）。

〖条文解析〗

详见本书第二篇第 5 章。

【规范条文】4.2.7 符合下列条件之一的场所，宜采用设置早期抑制快速响应喷头的自动喷水灭火系统。当采用早期抑制快速响应喷头时，系统应为湿式系统，且系统设计基本参数应符合本规范第 5.0.5 条的规定。

1 最大净空高度不超过 13.5m 且最大储物高度不超过 12.0m，储物类别为仓库危险级Ⅰ、Ⅱ级或沥青制品、箱装不发泡塑料的仓库及类似场所；

2 最大净空高度不超过 12.0m 且最大储物高度不超过 10.5m，储物类别为袋装不发泡塑料、箱装发泡塑料和袋装发泡塑料的仓库及类似场所。

〖条文说明〗

本条是对原条文的修改和补充。

本条借鉴发达国家标准，规定了采用早期抑制快速响应喷头的自动喷水灭火系统的适用范围。自动喷水灭火系统经过长期的实践和不断的改进与创新，其灭火效能已为许多统计资料所证实。但是，也逐渐暴露出常规类型的系统不能有效扑救高堆垛仓库火灾的难点问题。自 20 世纪 70 年代中期开始，美国工厂联合保险研究所（FM Global）为扑灭和控制高堆垛仓库火灾做了大量的试验和研究工作。从理论上确定了“早期抑制、快速响应”火灾的三要素：一是喷头感应火灾的灵敏程度；二是喷头动作时刻燃烧物表面需要的灭火喷水强度；三是实际送达燃烧物表面的喷水强度。

早期抑制快速响应喷头是专为仓库开发的一种仓库专用型喷头，对保护高堆垛和高货架仓库具有特殊的优势，试验表明，对净空高度不超过 13.5m 的仓库，采用 ESFR 喷头时可不需再装设货架内置喷头。与标准流量喷头相比，该喷头在火灾初期能快速反应，且水滴产生的冲量能穿透上升的火羽流，直至燃烧物表面。

早期抑制快速响应喷头仅适用于湿式系统，因为如果用于干式系统或预作用系统，由于报警阀打开后因管道排气充水需要一定的时间，导致喷水延迟，从而达不到快速喷水灭火的目的。

【规范条文】4.2.8 符合下列条件之一的场所，宜采用设置仓库型特殊应用喷头的自动喷水灭火系统，系统设计基本参数应符合本规范第 5.0.6 条的规定。

1 最大净空高度不超过 12.0m 且最大储物高度不超过 10.5m，储物类别为仓库危险级Ⅰ、Ⅱ级或箱装不发泡塑料的仓库及类似场所；

2 最大净空高度不超过 7.5m 且最大储物高度不超过 6.0m，储物类别为袋装不发泡塑料和箱装发泡塑料的仓库及类似场所。

〖条文说明〗

本条为新增条文。

本条参照美国消防协会标准《自动喷水灭火系统安装标准》NFPA 13 的规定，规定了仓库型特殊应用喷头自动喷水灭火系统的适用范围。

根据国外试验情况，对于净空高度不超过 12m 的仓库，该喷头能够起到很好的保护作用，动作喷头数在可控制范围。本次修订新增了该类喷头及系统的设置要求，为设计人员提供了除 ESFR 喷头外的另一种选择，并有利于促进自动喷水灭火系统新技术和新产品的发展和应用。

4.3 其　　他

【规范条文】4.3.1 建筑物中保护局部场所的干式系统、预作用系统、雨淋系统、自动喷水-泡沫联用系统，可串联接入同一建筑物内的湿式系统，并应与其配水干管连接。

〖条文说明〗

当建筑物内设置多种类型的系统时，按此条规定设计，允许其他系统串联接入湿式系统的配水干管。使各个其他系统从属于湿式系统，既不相互干扰，又简化系统的构成、减少投资（见〖条文说明〗图 6）。

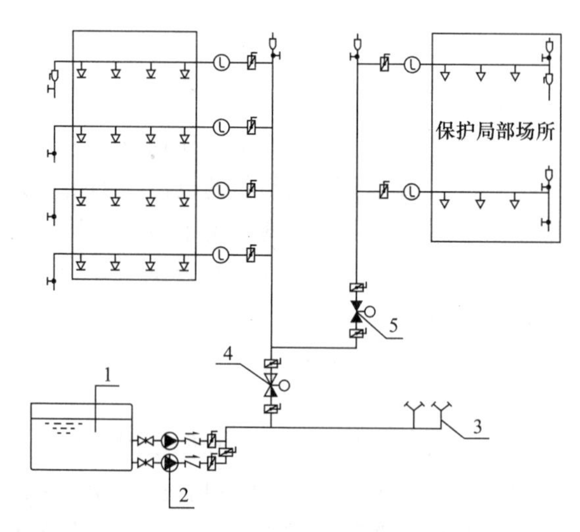

〖条文说明〗图 6　其他系统接入湿式系统示意图

1—消防水池；2—消防水泵；3—消防水泵接合器；4—湿式报警阀组；5—其他报警阀组

【规范条文】4.3.2 自动喷水灭火系统应有下列组件、配件和设施：

1 应设有洒水喷头、报警阀组、水流报警装置等组件和末端试水装置，以及管道、供水设施等；

2 控制管道静压的区段宜分区供水或设减压阀，控制管道动压的区段宜设减压孔板或节流管；

3 应设有泄水阀（或泄水口）、排气阀（或排气口）和排污口；

4 干式系统和预作用系统的配水管道应设快速排气阀。有压充气管道的快速排气阀入口前应设电动阀。

〖条文说明〗

本条规定了系统中包括的组件和必要的配件。

1 提出了自动喷水灭火系统的基本组成。

2 提出了设置减压孔板、节流管降低水流动压，分区供水或采用减压阀降低管道静压等控制管道压力的规定。

3 设置排气阀是为了使系统的管道充水时不存留空气，设置泄水阀是为了便于检修。排气阀设在其负责区段管道的最高点，泄水阀则设在其负责区段管道的最低点。泄水阀及其连接管的管径可参考〖条文说明〗表7。

泄水管管径（mm） **〖条文说明〗表7**

供水干管管径	泄水管管径
≥100	≤50
65～80	≤40
<65	25

4 干式系统与预作用系统设置快速排气阀，是为了使配水管道尽快排气充水。干式系统和配水管道充有压缩空气的预作用系统中为快速排气阀设置的电动阀，平时常闭，系统开始充水时打开。

【规范条文】4.3.3 防护冷却水幕应直接将水喷向被保护对象；防火分隔水幕不宜用于尺寸超过15m(宽)×8m(高) 的开口（舞台口除外）。

〖条文说明〗

本条规定了防火分隔水幕的适用范围。

本条提出了限制民用建筑中防火分隔水幕规模的规定，目的是不推荐采用防火分隔水幕作防火分区内的防火分隔设施。

近年各地在新建大型会展中心、商业建筑、高架仓库及条件类似的高大空间建筑时，常采用防火分隔水幕代替防火墙作为防火分区的分隔设施，以解决单层或连通层面积超出防火分区规定的问题。为了达到上述目的，防火分隔水幕长度动辄几十米，甚至上百米，造成防火分隔水幕系统的用水量很大，室内消防用水量猛增。

此外，储存的大量消防用水不用于主动灭火而用于被动防火的做法，不符合火灾中应积极主动灭火的原则，也是一种浪费。

5 设计基本参数

【规范条文】5.0.1 民用建筑和厂房采用湿式系统时的设计基本参数不应低于表 5.0.1 的规定。

民用建筑和厂房采用湿式系统的设计基本参数　　表 5.0.1

火灾危险等级		最大净空高度 h(m)	喷水强度 [L/(min・m²)]	作用面积 (m²)
轻危险级		$h \leqslant 8$	4	160
中危险级	Ⅰ级		6	
	Ⅱ级		8	
严重危险级	Ⅰ级		12	260
	Ⅱ级		16	

注：系统最不利点处洒水喷头的工作压力不应低于 0.05MPa。

〖条文说明〗

（略）

【规范条文】5.0.2 民用建筑和厂房高大空间场所采用湿式系统的设计基本参数不应低于表 5.0.2 的规定。

民用建筑和厂房高大空间场所采用湿式系统的设计基本参数　　表 5.0.2

适用场所		最大净空高度 h(m)	喷水强度 [L/(min・m²)]	作用面积 (m²)	喷头间距 S(m)
民用建筑	中庭、体育馆、航站楼等	$8 < h \leqslant 12$	12	160	$1.8 \leqslant S \leqslant 3.0$
		$12 < h \leqslant 18$	15		
	影剧院、音乐厅、会展中心等	$8 < h \leqslant 12$	15		
		$12 < h \leqslant 18$	20		
厂房	制衣制鞋、玩具、木器、电子生产车间等	$8 < h \leqslant 12$	15		
	棉纺厂、麻纺厂、泡沫塑料生产车间等		20		

注：1　表中未列入的场所，应根据本表规定场所的火灾危险性类比确定。

2　当民用建筑高大空间场所的最大净空高度为 $12\text{m} < h \leqslant 18\text{m}$ 时，应采用非仓库型特殊应用喷头。

〖条文说明〗

（略）

【规范条文】5.0.3 最大净空高度超过 8m 的超级市场采用湿式系统的设计基本参数应按本规范第 5.0.4 条和第 5.0.5 条的规定执行。

〖条文说明〗

本条为新增条文。

超级市场大多是带有仓储式的大空间的购物场所，既有商场的使用功能，又有仓库的储存特点，既是营业区又是仓储区。根据《商店建筑设计规范》JGJ 48—2014 对商店建筑的分类，商店建筑包括购物中心、百货商场、超级市场、菜市场和步行商业街等。超级市场是指采取自选销售方式，以销售食品和日常生活用品为主，向顾客提供日常生活必需品为主要目的的零售商店。本次修订提出了超级市场应根据室内净高、储存方式以及储存物品的种类与高度等因素按本规范第 5.0.4 条和第 5.0.5 条的规定确定设计基本参数。

【规范条文】5.0.4 仓库及类似场所采用湿式系统的设计基本参数应符合下列要求：

1 当设置场所的火灾危险等级为仓库危险级Ⅰ级～Ⅲ级时，系统设计基本参数不应低于表 5.0.4-1～表 5.0.4-4 的规定；

仓库危险级Ⅰ级场所的系统设计基本参数 **表 5.0.4-1**

储存方式	最大净空高度 h(m)	最大储物高度 h_s(m)	喷水强度 [L/(min·m²)]	作用面积 (m²)	持续喷水时间 (h)
堆垛、托盘	9.0	$h_s \leqslant 3.5$	8.0	160	1.0
		$3.5 < h_s \leqslant 6.0$	10.0	200	1.5
		$6.0 < h_s \leqslant 7.5$	14.0		
单、双、多排货架		$h_s \leqslant 3.0$	6.0	160	
		$3.0 < h_s \leqslant 3.5$	8.0		
单、双排货架		$3.5 < h_s \leqslant 6.0$	18.0	200	
		$6.0 < h_s \leqslant 7.5$	14.0+1J		
多排货架		$3.5 < h_s \leqslant 4.5$	12.0		
		$4.5 < h_s \leqslant 6.0$	18.0		
		$6.0 < h_s \leqslant 7.5$	18.0+1J		

注：1 货架储物高度大于 7.5m 时，应设置货架内置洒水喷头。顶板下洒水喷头的喷水强度不应低于 18L/(min·m²)，作用面积不应小于 200m²，持续喷水时间不应小于 2h。

2 本表及表 5.0.4-2、表 5.0.4-5 中字母"J"表示货架内置洒水喷头，"J"前的数字表示货架内置洒水喷头的层数。

仓库危险级Ⅱ级场所的系统设计基本参数 **表 5.0.4-2**

储存方式	最大净空高度 h(m)	最大储物高度 h_s(m)	喷水强度 [L/(min·m²)]	作用面积 (m²)	持续喷水时间 (h)
堆垛、托盘	9.0	$h_s \leqslant 3.5$	8.0	160	1.5
		$3.5 < h_s \leqslant 6.0$	16.0	200	2.0
		$6.0 < h_s \leqslant 7.5$	22.0		
单、双、多排货架		$h_s \leqslant 3.0$	8.0	160	1.5
		$3.0 < h_s \leqslant 3.5$	12.0	200	
单、双排货架		$3.5 < h_s \leqslant 6.0$	24.0	280	2.0
		$6.0 < h_s \leqslant 7.5$	22.0+1J	200	
多排货架		$3.5 < h_s \leqslant 4.5$	18.0		
		$4.5 < h_s \leqslant 6.0$	18.0+1J		
		$6.0 < h_s \leqslant 7.5$	18.0+2J		

注：货架储物高度大于 7.5m 时，应设置货架内置洒水喷头。顶板下洒水喷头的喷水强度不应低于 20L/(min·m²)，作用面积不应小于 200m²，持续喷水时间不应小于 2h。

货架储存时仓库危险级Ⅲ级场所的系统设计基本参数 **表 5.0.4-3**

序号	最大净空高度 h(m)	最大储物高度 h_s(m)	货架类型	喷水强度 [L/(min·m²)]	货架内置洒水喷头		
					层数	高度（m）	流量系数 K
1	4.5	$1.5 < h_s \leqslant 3.0$	单、双、多	12.0	—	—	—
2	6.0	$1.5 < h_s \leqslant 3.0$	单、双、多	18.0	—	—	—
3	7.5	$3.0 < h_s \leqslant 4.5$	单、双、多	24.5	—	—	—

续表

序号	最大净空高度 h(m)	最大储物高度 h_s(m)	货架类型	喷水强度［L/(min·m²)］	货架内置洒水喷头		
					层数	高度（m）	流量系数 K
4	7.5	3.0<h_s≤4.5	单、双、多	12.0	1	3.0	80
5	7.5	4.5<h_s≤6.0	单、双	24.5	—	—	—
6	7.5	4.5<h_s≤6.0	单、双、多	12.0	1	4.5	115
7	9.0	4.5<h_s≤6.0	单、双、多	18.0	1	3.0	80
8	8.0	4.5<h_s≤6.0	单、双、多	24.5	—	—	—
9	9.0	6.0<h_s≤7.5	单、双、多	18.5	1	4.5	115
10	9.0	6.0<h_s≤7.5	单、双、多	32.5	—	—	—
11	9.0	6.0<h_s≤7.5	单、双、多	12.0	2	3.0，6.0	80

注：1 作用面积不应小于200m²，持续喷水时间不应小于2h。
2 序号4、6、7、11：货架内设置一排货架内置洒水喷头时，喷头的间距不应大于3.0m；设置两排或多排货架内置洒水喷头时，喷头的间距不应大于3.0×2.4(m)。
3 序号9：货架内设置一排货架内置洒水喷头时，喷头的间距不应大于2.4m；设置两排或多排货架内置洒水喷头时，喷头的间距不应大于2.4×2.4(m)。
4 序号8：应采用流量系数K等于161、202、242、363的洒水喷头。
5 序号10：应采用流量系数K等于242、363的洒水喷头。
6 货架储物高度大于7.5m时，应设置货架内置洒水喷头。顶板下洒水喷头的喷水强度不应低于22.0L/(min·m²)，作用面积不应小于200m²，持续喷水时间不应小于2h。

堆垛储存时仓库危险级Ⅲ级场所的系统设计基本参数　　表5.0.4-4

最大净空高度 h(m)	最大储物高度 h_s(m)	喷水强度［L/(min·m²)］			
		A	B	C	D
7.5	1.5	8.0			
4.5	3.5	16.0	16.0	12.0	12.0
6.0		24.5	22.0	20.5	16.5
9.0		32.5	28.5	24.5	18.5
6.0	4.5	24.5	22.0	20.5	16.5
7.5	6.0	32.5	28.5	24.5	18.5
9.0	7.5	36.5	34.5	28.5	22.5

注：1 A—袋装与无包装的发泡塑料橡胶；　B—箱装的发泡塑料橡胶；
C—袋装与无包装的不发泡塑料橡胶；D—箱装的不发泡塑料橡胶。
2 作用面积不应小于240m²，持续喷水时间不应小于2h。

2 当仓库危险级Ⅰ级、仓库危险级Ⅱ级场所中混杂储存仓库危险级Ⅲ级物品时，系统设计基本参数不应低于表5.0.4-5的规定。

仓库危险级Ⅰ级、Ⅱ级场所中混杂储存仓库危险级Ⅲ级场所物品时的系统设计基本参数　　表5.0.4-5

储物类别	储存方式	最大净空高度 h(m)	最大储物高度 h_s(m)	喷水强度［L/(min·m²)］	作用面积(m²)	持续喷水时间（h）
储物中包括沥青制品或箱装A组塑料橡胶	堆垛与货架	9.0	h_s≤1.5	8	160	1.5
		4.5	1.5<h_s≤3.0	12	240	2.0
		6.0	1.5<h_s≤3.0	16	240	2.0
		5.0	3.0<h_s≤3.5			
	堆垛	8.0	3.0<h_s≤3.5	16	240	2.0
	货架	9.0	1.5<h_s≤3.5	8+1J	160	2.0

续表

储物类别	储存方式	最大净空高度 h(m)	最大储物高度 h_s(m)	喷水强度[L/(min·m²)]	作用面积(m²)	持续喷水时间(h)
储物中包括袋装A组塑料橡胶	堆垛与货架	9.0	$h_s \leqslant 1.5$	8	160	1.5
		4.5	$1.5 < h_s \leqslant 3.0$	16	240	2.0
		5.0	$3.0 < h_s \leqslant 3.5$			
	堆垛	9.0	$1.5 < h_s \leqslant 2.5$	16	240	2.0
储物中包括袋装不发泡A组塑料橡胶	堆垛与货架	6.0	$1.5 < h_s \leqslant 3.0$	16	240	2.0
储物中包括袋装发泡A组塑料橡胶	货架	6.0	$1.5 < h_s \leqslant 3.0$	8+1J	160	2.0
储物中包括轮胎或纸卷	堆垛与货架	9.0	$1.5 < h_s \leqslant 3.5$	12	240	2.0

注：1 无包装的塑料橡胶视同纸袋、塑料袋包装。
2 货架内置洒水喷头应采用与顶板下洒水喷头相同的喷水强度，用水量应按开放6只洒水喷头确定。

〖条文说明〗

本条是对原规范第5.0.5条的修改和补充。

本条是对国外标准中仓库及类似场所的系统设计基本参数进行分类、归纳、合并后，充实我国规范对仓库的系统设计基本参数的规定，设计时应按喷水强度与作用面积选用喷头。

（略）

单排货架的宽度应不超过1.8m，且间隔不应小于1.1m；双排货架为单个货架或两个背靠背放置的单排货架，货架总宽为1.8m～3.6m，且间隔不小于1.1m；多排货架为货架宽度超过3.6m，或间距小于1.1m且总宽度大于3.6m的单、双排货架混合放置；可移动式货架应视为多排货架。最大净空高度是指室内地面到屋面板的垂直距离。顶板为斜面时，应为室内地面到屋脊处的垂直距离。

〖条文解析〗

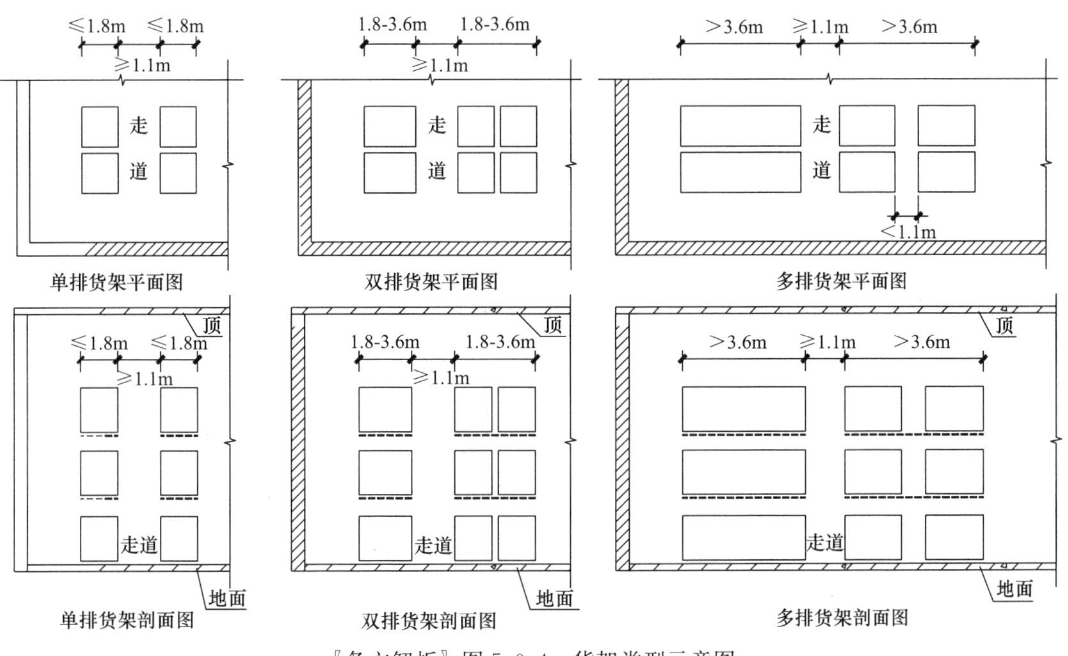

〖条文解析〗图5.0.4 货架类型示意图

【规范条文】5.0.5 仓库及类似场所采用早期抑制快速响应喷头时，系统的设计基本参数不应低于表 5.0.5 的规定。

采用早期抑制快速响应喷头的系统设计基本参数 **表 5.0.5**

储物类别	最大净空高度（m）	最大储物高度（m）	喷头流量系数 K	喷头设置方式	喷头最低工作压力（MPa）	喷头最大间距（m）	喷头最小间距（m）	作用面积内开放的喷头数
Ⅰ级、Ⅱ级、沥青制品、箱装不发泡塑料	9.0	7.5	202	直立型	0.35	3.7	2.4	12
				下垂型				
			242	直立型	0.25			
				下垂型				
			320	下垂型	0.20			
			363	下垂型	0.15			
	10.5	9.0	202	直立型	0.50	3.0		
				下垂型				
			242	直立型	0.35			
				下垂型				
			320	下垂型	0.25			
			363	下垂型	0.20			
	12.0	10.5	202	下垂型	0.50			
			242	下垂型	0.35			
			363	下垂型	0.30			
	13.5	12.0	363	下垂型	0.35			
袋装不发泡塑料	9.0	7.5	202	下垂型	0.50	3.7		
			242	下垂型	0.35			
			363	下垂型	0.25			
	10.5	9.0	363	下垂型	0.35	3.0		
	12.0	10.5	363	下垂型	0.40			
箱装发泡塑料	9.0	7.5	202	直立型	0.35	3.7		
				下垂型				
			242	直立型	0.25			
				下垂型				
			320	下垂型	0.25			
			363	下垂型	0.15			
	12.0	10.5	363	下垂型	0.40	3.0		
袋装发泡塑料	7.5	6.0	202	下垂型	0.50	3.7		
			242	下垂型	0.35			
			363	下垂型	0.20			
	9.0	7.5	202	下垂型	0.70			
			242	下垂型	0.50			
			363	下垂型	0.30			
	12.0	10.5	363	下垂型	0.50	3.0		20

〖**条文说明**〗

本条是对原规范第 5.0.6 条的修改和补充。

仓库火灾蔓延迅速、不易扑救，容易造成重大财产损失，因此是自动喷水灭火系统的重要应用对象。而扑救高堆垛和高架仓库火灾，又一直是自动喷水灭火系统的技术难点。美国耗巨资试验研究，成功开发出“特殊应用喷头”、“早期抑制快速响应喷头”等可有效扑救高堆垛、高货架仓库火灾的新技术。本条规定参考美国消防协会标准《自动喷水灭火系统安装标准》NFPA 13 的数据，并经归纳简化后，提出了采用早期抑制快速响应喷头的系统设计参数。

本次修订时增加了 ESFR 喷头的安装方式，因为安装方式对系统的灭火效果影响很大。例如国外某研究机构在一次试验中，一个直立安装于 50mm（2in）支管上的喷头由于受到管道的障碍而未能控制下方的火，造成灭火失败。

【规范条文】5.0.6 仓库及类似场所采用仓库型特殊应用喷头时，湿式系统的设计基本参数不应低于表 5.0.6 的规定。

采用仓库型特殊应用喷头的湿式系统设计基本参数　　表 5.0.6

<table>
<tr><th>储物类别</th><th>最大净空高度（m）</th><th>最大储物高度（m）</th><th>喷头流量系数 K</th><th>喷头设置方式</th><th>喷头最低工作压力（MPa）</th><th>喷头最大间距（m）</th><th>喷头最小间距（m）</th><th>作用面积内开放的喷头数</th><th>持续喷水时间（h）</th></tr>
<tr><td rowspan="14">Ⅰ级、Ⅱ级</td><td rowspan="6">7.5</td><td rowspan="6">6.0</td><td rowspan="2">161</td><td>直立型</td><td rowspan="2">0.20</td><td rowspan="12">3.7</td><td rowspan="29">2.4</td><td rowspan="3">15</td><td rowspan="29">1.0</td></tr>
<tr><td>下垂型</td></tr>
<tr><td>200</td><td>下垂型</td><td>0.15</td></tr>
<tr><td>242</td><td>直立型</td><td>0.10</td><td rowspan="3">12</td></tr>
<tr><td rowspan="2">363</td><td>下垂型</td><td>0.07</td></tr>
<tr><td>直立型</td><td>0.15</td></tr>
<tr><td rowspan="6">9.0</td><td rowspan="6">7.5</td><td rowspan="2">161</td><td>直立型</td><td rowspan="2">0.35</td><td rowspan="4">20</td></tr>
<tr><td>下垂型</td></tr>
<tr><td>200</td><td>下垂型</td><td>0.25</td></tr>
<tr><td>242</td><td>直立型</td><td>0.15</td></tr>
<tr><td rowspan="2">363</td><td>直立型</td><td>0.15</td><td rowspan="2">12</td></tr>
<tr><td>下垂型</td><td>0.07</td></tr>
<tr><td rowspan="2">12.0</td><td rowspan="2">10.5</td><td rowspan="2">363</td><td>直立型</td><td>0.10</td><td rowspan="2">3.0</td><td>24</td></tr>
<tr><td>下垂型</td><td>0.20</td><td>12</td></tr>
<tr><td rowspan="9">箱装不发泡塑料</td><td rowspan="6">7.5</td><td rowspan="6">6.0</td><td rowspan="2">161</td><td>直立型</td><td rowspan="2">0.35</td><td rowspan="8">3.7</td><td rowspan="4">15</td></tr>
<tr><td>下垂型</td></tr>
<tr><td>200</td><td>下垂型</td><td>0.25</td></tr>
<tr><td>242</td><td>直立型</td><td>0.15</td></tr>
<tr><td rowspan="2">363</td><td>直立型</td><td>0.15</td><td rowspan="5">12</td></tr>
<tr><td>下垂型</td><td>0.07</td></tr>
<tr><td rowspan="2">9.0</td><td rowspan="2">7.5</td><td rowspan="2">363</td><td>直立型</td><td>0.15</td></tr>
<tr><td>下垂型</td><td>0.07</td></tr>
<tr><td>12.0</td><td>10.5</td><td>363</td><td>下垂型</td><td>0.20</td><td>3.0</td></tr>
<tr><td rowspan="6">箱装发泡塑料</td><td rowspan="6">7.5</td><td rowspan="6">6.0</td><td rowspan="2">161</td><td>直立型</td><td rowspan="2">0.35</td><td rowspan="6">3.7</td><td rowspan="6">15</td></tr>
<tr><td>下垂型</td></tr>
<tr><td>200</td><td>下垂型</td><td>0.25</td></tr>
<tr><td>242</td><td>直立型</td><td>0.15</td></tr>
<tr><td rowspan="2">363</td><td>直立型</td><td rowspan="2">0.07</td></tr>
<tr><td>下垂型</td></tr>
</table>

〖条文说明〗

本条为新增条文。

本条参照国外标准，提出了仓库型特殊应用喷头的设计基本参数。仓库型特殊应用喷头用于保护火灾危险等级不超过箱装发泡塑料储物的仓库，根据 FM Global 的试验情况，在最大净空高度不超过 12m、最大储物高度不超过 10.5m 的情况下，不需安装货架内置喷头。

2007～2009 年，FM Global 分别在 12.0m 和 9.0m 的最大净空高度下，采用不同的点火位置开展了数次实体火试验。试验结果显示，喷头在 1min～2min 内相继动作，开放喷头数为 1 只～8 只，顶板温度为 40℃～120℃。喷头动作后，能够很快扑灭可燃物，仅有主堆垛储物参与燃烧，辅助堆垛燃烧有限，几乎没有参与燃烧。

【规范条文】5.0.7 设置自动喷水灭火系统的仓库及类似场所，当采用货架储存时应采用钢制货架，并应采用通透层板，且层板中通透部分的面积不应小于层板总面积的 50%。当采用木制货架或采用封闭层板货架时，其系统设置应按堆垛储物仓库确定。

〖条文说明〗

通透性层板是指水或烟气能穿透或通过的货架层板，如网格或格栅型层板。本条规定除安装货架内置喷头的上方层板为实层隔板外，其余层板均应为通透性层板。

〖条文解析〗

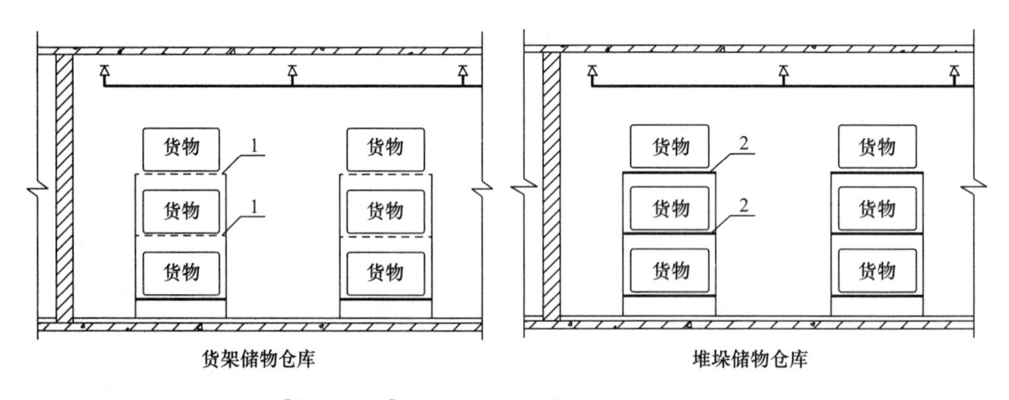

〖条文解析〗图 5.0.7 储物方式判定示意图

1—通透面积不小于层板总面积的 50%的钢制层板；2—木质货架或封闭层板

【规范条文】5.0.8 货架仓库的最大净空高度或最大储物高度超过本规范第 5.0.5 条的规定时，应设货架内置洒水喷头，且货架内置洒水喷头上方的层间隔板应为实层板。货架内置洒水喷头的设置应符合下列规定：

1 仓库危险级Ⅰ级、Ⅱ级场所应在自地面起每 3.0m 设置一层货架内置洒水喷头，仓库危险级Ⅲ级场所应在自地面起每 1.5m～3.0m 设置一层货架内置洒水喷头，且最高层货架内置洒水喷头与储物顶部的距离不应超过 3.0m；

2 当采用流量系数等于 80 的标准覆盖面积洒水喷头时，工作压力不应小于 0.20MPa；当采用流量系数等于 115 的标准覆盖面积洒水喷头时，工作压力不应小于 0.10MPa；

3 洒水喷头间距不应大于 3m，且不应小于 2m。计算货架内开放洒水喷头数量不应小于表 5.0.8 的规定；

货架内开放洒水喷头数量 **表 5.0.8**

仓库危险级	货架内置洒水喷头的层数		
	1	2	>2
Ⅰ级	6	12	14
Ⅱ级	8	14	
Ⅲ级	10		

注：货架内置洒水喷头超过 2 层时，计算流量应按最顶层 2 层，且每层开放洒水喷头数按本表规定值的 1/2 确定。

4 设置 2 层及以上货架内置洒水喷头时，洒水喷头应交错布置。

〖**条文说明**〗

本条是对原规范第 5.0.7 条的修改和补充。

本条是针对我国目前货架内置喷头的应用现状，充实了货架仓库中采用货架内置喷头的设置要求。对最大净空高度或最大储物高度超过本规范第 5.0.5 条规定的货架仓库，仅在顶板下设置喷头，将不能满足有效控灭火的需要，而在货架内增设洒水喷头，是对顶板下布置喷头灭火能力的补充，补偿超出顶板下喷头保护范围部位的灭火能力。

本次修订删除了 ESFR 自动喷水灭火系统采用货架内置洒水喷头的布置方式，原因是 ESFR 喷头在其允许最大净空高度内，可不设置货架内置喷头。规范不推荐采用顶板下布置 ESFR 喷头＋货架内置喷头的布置方式。当最大净空高度或最大储物高度超过表 5.0.5 的规定时，应按照本规范第 5.0.4 条和本条的规定布置。本表中的“注”是用于计算货架内置洒水喷头的流量，如对于仓库危险级Ⅲ级场所，安装了 5 层货架内置洒水喷头，货架内开放喷头数为 14 个，则应按最顶层和次顶层各开放 7 只喷头确定流量。

〖**条文解析**〗

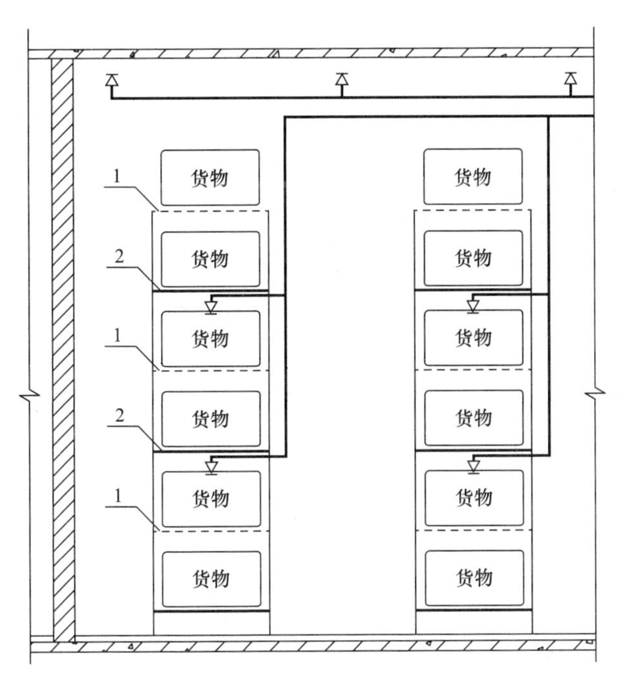

〖条文解析〗图 5.0.8-1 货架层间隔板选型示意图（设置货架内置洒水喷头时）

1—通透面积不小于层板总面积的 50%的钢制层板；2—木质货架或封闭层板

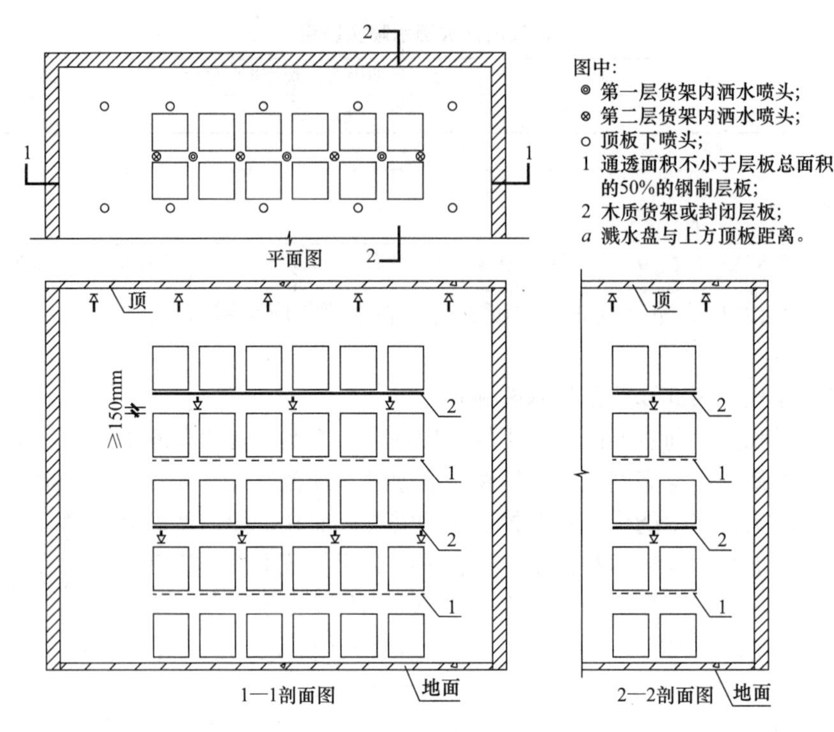

〖条文解析〗图 5.0.8-2 仓库洒水喷头交错布置示意图

【规范条文】**5.0.9** 仓库内设置自动喷水灭火系统时，宜设消防排水设施。

〖条文说明〗

仓库内系统的喷水强度大，持续喷水时间长，为避免不必要的水渍损失和增加建筑荷载，对于系统喷水强度大的仓库，有必要设置消防排水。

【规范条文】**5.0.10** 干式系统和雨淋系统的设计要求应符合下列规定：

1 干式系统的喷水强度应按本规范表 5.0.1、表 5.0.4-1～表 5.0.4-5 的规定值确定，系统作用面积应按对应值的 1.3 倍确定；

2 雨淋系统的喷水强度和作用面积应按本规范表 5.0.1 的规定值确定，且每个雨淋报警阀控制的喷水面积不宜大于表 5.0.1 中的作用面积。

【规范条文】**5.0.11** 预作用系统的设计要求应符合下列规定：

1 系统的喷水强度应按本规范表 5.0.1、表 5.0.4-1～表 5.0.4-5 的规定值确定；

2 当系统采用仅由火灾自动报警系统直接控制预作用装置时，系统的作用面积应按本规范表 5.0.1、表 5.0.4-1～表 5.0.4-5 的规定值确定；

3 当系统采用由火灾自动报警系统和充气管道上设置的压力开关控制预作用装置时，系统的作用面积应按本规范表 5.0.1、表 5.0.4-1～表 5.0.4-5 规定值的 1.3 倍确定。

〖条文解析〗

规范中“仅由火灾自动报警系统直接控制的预作用系统”即单连锁系统；“由火灾自动报警系统和充气管道上设置的压力开关控制的预作用系统”即双连锁系统。

5.0.10、5.0.11〖条文说明〗

这两条是对原规范第 5.0.4 条的修改和补充。

干式系统的配水管道内平时维持一定气压，因此系统启动后将滞后喷水，而滞后喷水无疑将增大灭火难度，等于相对削弱了系统的灭火能力，因此本条提出采用扩大作用面积的办法来补偿滞后喷水对灭火能力的影响。

雨淋系统由雨淋报警阀控制其连接的开式洒水喷头同时喷水，有利于扑救水平蔓延速度快的火灾。但是，如果一个雨淋报警阀控制的面积过大，将会使系统的流量过大，总用水量过大，并带来较大的水渍损失，影响系统的经济性能。本规范编制组出于适当控制系统流量与总用水量的考虑，提出了雨淋系统中一个雨淋报警阀控制的喷水面积按不大于本规范规定的作用面积为宜。对大面积场所，可设多套雨淋报警阀组合控制一次灭火的保护范围。

对于采用由火灾自动报警系统和压力开关联动控制的预作用系统，由于其不能保证在闭式喷头动作前完成为管道充满水的预作用过程，即不能保证喷头开放后立即喷水，所以不是真正意义上的预作用系统，应视为干式系统，因此其作用面积、充水时间等应按干式系统确定。

【规范条文】5.0.12 仅在走道设置洒水喷头的闭式系统，其作用面积应按最大疏散距离所对应的走道面积确定。

〖**条文说明**〗

仅在走道设置闭式系统时，系统的作用主要是防止火灾蔓延和保护疏散通道。对此类系统的作用面积，本条提出了按各楼层走道中最大疏散距离所对应的走道面积确定。

美国消防协会标准《自动喷水灭火系统安装标准》NFPA 13 规定，当系统的保护范围为单排喷头时，系统作用面积为此管道上的所有喷头的保护面积，但最多不应超过7只。

当走道的宽度为1.4m、长度为15m，喷水覆盖全部走道面积时的喷头布置及开放喷头数设置见〖条文说明〗图8。图中R为喷头有效保护半径。

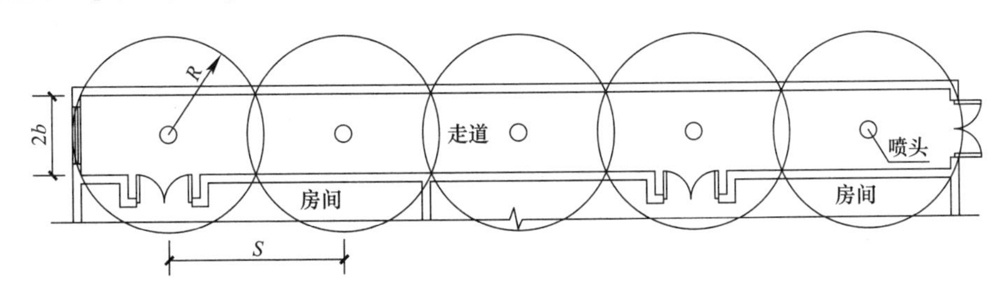

〖条文说明〗图8 仅在走廊布置喷头的示意图

例1： 当喷头最低工作压力为0.05MPa时，喷水量为56.57L/min。为达到6.0L/(min·m²)平均喷水强度时，圆形保护面积为9.43m²，故R=1.73m。则喷头间距S为：

$$S = 2\sqrt{R^2 - b^2} = 2\sqrt{1.73^2 - 0.7^2} = 3.16\text{m}$$

袋形走道内布置并开放的喷头数为：$\frac{15}{3.16}=4.8$，确定为5只。

例2： 当袋形疏散走道按现行国家标准《建筑设计防火规范》GB 50016规定的最长疏散距离为22×1.25=27.5(m)确定时，若走道宽度仍为1.4m，则喷水覆盖全部走道面积时的开放喷头数为：$\frac{27.5}{3.16}=8.7$，按本条规定确定为9只。

【规范条文】5.0.13 装设网格、栅板类通透性吊顶的场所，系统的喷水强度应按本规范表5.0.1、表5.0.4-1～表5.0.4-5规定值的1.3倍确定，且喷头布置应按本规范第7.1.13条的规定执行。

〖条文说明〗

商场等公共建筑，由于内装修的需要，往往装设网格状、条栅状等不挡烟的通透性吊顶，此类吊顶会严重阻碍喷头的洒水分布性能和动作性能，进而影响系统的控、灭火性能。因此本条提出应适当增大系统的喷水强度，并且喷头的布置仍应遵循一定的要求。

【规范条文】5.0.14 水幕系统的设计基本参数应符合表5.0.14的规定。

水幕系统的设计基本参数 **表5.0.14**

水幕系统类别	喷水点高度 h(m)	喷水强度［L/(s·m)］	喷头工作压力（MPa）
防火分隔水幕	$h\leqslant12$	2.0	0.1
防护冷却水幕	$h\leqslant4$	0.5	

注：1 防护冷却水幕的喷水点高度每增加1m，喷水强度应增加0.1L/(s·m)，但超过9m时喷水强度仍采用1.0L/(s·m)。

2 系统持续喷水时间不应小于系统设置部位的耐火极限要求。

3 喷头布置应符合本规范第7.1.16条的规定。

〖条文说明〗

防护冷却水幕用于配合防火卷帘、防火玻璃墙等防火分隔设施使用，以保证该分隔设施的完整性与隔热性。某厂曾于1995年在“国家固定灭火系统和耐火构件质量监督检验测试中心”进行过洒水防火卷帘抽检测试，90min耐火试验后，得出“未失去完整性和隔热性”的结论。本条“喷水高度为4m，喷水强度为0.5L/(s·m)”的规定，折算成对卷帘面积的平均喷水强度为7.5L/(min·m^2)，可以形成水膜并有效保护钢结构不受火灾损害。喷水点的提高，将使卷帘面积的平均喷水强度下降，致使防护冷却的能力下降。所以，本条提出了喷水点高度每提高1m，喷水强度相应增加0.1L/(s·m)的规定，以补充冷却水沿分隔物下淌时受热汽化的水量损失，但喷水点高度超过9m时喷水强度仍按1.0L/(s·m)执行。对于尺寸不超过15m×8m的开口，防火分隔水幕的喷水强度仍按2L/(s·m)确定。

【规范条文】5.0.15 当采用防护冷却系统保护防火卷帘、防火玻璃墙等防火分隔设施时，系统应独立设置，且应符合下列要求：

1 喷头设置高度不应超过8m；当设置高度为4m～8m时，应采用快速响应洒水喷头；

2 喷头设置高度不超过4m时，喷水强度不应小于0.5L/(s·m)；当超过4m时，每增加1m，喷水强度应增加0.1L/(s·m)；

3 喷头的设置应确保喷洒到被保护对象后布水均匀，喷头间距应为1.8m～2.4m；喷头溅水盘与防火分隔设施的水平距离不应大于0.3m，与顶板的距离应符合本规范第7.1.15条的规定；

4 持续喷水时间不应小于系统设置部位的耐火极限要求。

〖条文说明〗

本条为新增条文。

我国现行国家标准《建筑设计防火规范》GB 50016、《人民防空工程设计防火规范》GB 50098均规定，防火分区间可采用防火卷帘分隔，当防火卷帘的耐火极限不符合要求时，可采用设置自动喷水灭火系统保护。《建筑设计防火规范》GB 50016—2014 中还规定，建筑内中庭与周围连通空间，以及步行街两侧建筑商铺面向步行街一侧的围护构件采用耐火完整性不低于 1.00h 的非隔热性防火玻璃墙时，应设置闭式自动喷水灭火系统保护，并规定自动喷水灭火系统的设计应符合现行国家标准《自动喷水灭火系统设计规范》GB 50084 的有关规定。

原规范中没有规定闭式自动喷水灭火系统保护防火卷帘的设计基本参数，本次修订依据上述要求，参照国外标准及国内试验情况，提出了防护冷却系统保护防火卷帘以及非隔热性防火玻璃墙等防火分隔设施的设计基本参数。美国消防协会标准《自动喷水灭火系统安装标准》NFPA 13 规定，当采用玻璃墙体代替防火墙时，应在玻璃墙体的两侧布置喷头，除非经过特别认证，喷头布置间距不应超过 2.4m（8ft），与玻璃的距离不超过 0.3m（1ft）。并应确保喷头的布置能使喷头在动作后能淋湿所有玻璃墙体的表面，所采用的玻璃应为钢化玻璃、嵌丝玻璃或夹层玻璃等。

〖条文解析〗

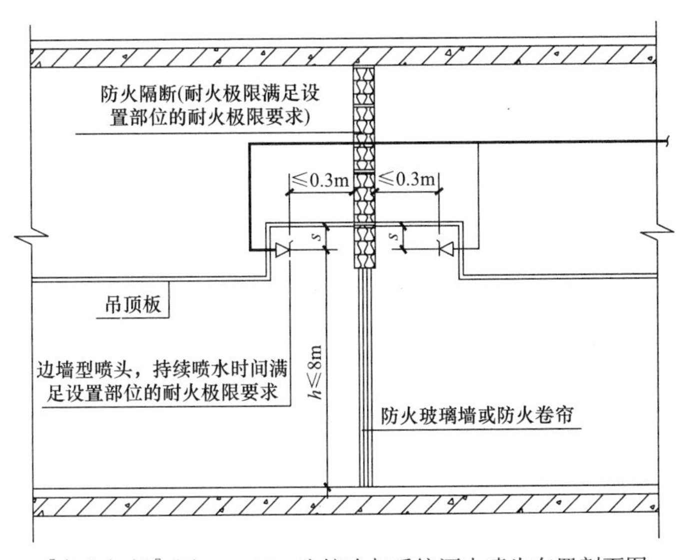

〖条文解析〗图 5.0.15 防护冷却系统洒水喷头布置剖面图

喷头与顶板的距离 〖条文解析〗表 5.0.15-1

喷头类型		喷头溅水盘与顶板的距离 S(mm)
边墙型标准覆盖面积洒水喷头	直立式	$100 \leqslant S \leqslant 150$
	水平式	$150 \leqslant S \leqslant 300$
边墙型扩大覆盖面积洒水喷头	直立式	$100 \leqslant S \leqslant 150$
	水平式	$150 \leqslant S \leqslant 300$

喷头设置高度与喷水强度关系 〖条文解析〗表 5.0.15-2

喷头设置高度 h(m)	喷水强度［L/(s·m)］	备注
$h \leqslant 4$	0.5	
$4 < h \leqslant 5$	0.6	应采用快速响应洒水喷头
$5 < h \leqslant 6$	0.7	应采用快速响应洒水喷头
$6 < h \leqslant 7$	0.8	应采用快速响应洒水喷头
$7 < h \leqslant 8$	0.9	应采用快速响应洒水喷头

【规范条文】5.0.16 除本规范另有规定外，自动喷水灭火系统的持续喷水时间应按火灾延续时间不小于1h确定。

【规范条文】5.0.17 利用有压气体作为系统启动介质的干式系统和预作用系统，其配水管道内的气压值应根据报警阀的技术性能确定；利用有压气体检测管道是否严密的预作用系统，配水管道内的气压值不宜小于0.03MPa，且不宜大于0.05MPa。

6 系统组件

6.1 喷　　头

【规范条文】6.1.1 设置闭式系统的场所，洒水喷头类型和场所的最大净空高度应符合表6.1.1的规定；仅用于保护室内钢屋架等建筑构件的洒水喷头和设置货架内置洒水喷头的场所，可不受此表规定的限制。

洒水喷头类型和场所净空高度　　表6.1.1

<table>
<tr><th colspan="2" rowspan="2">设置场所</th><th colspan="3">喷头类型</th><th rowspan="2">场所净空高度 h(m)</th></tr>
<tr><th>一只喷头的保护面积</th><th>响应时间性能</th><th>流量系数 K</th></tr>
<tr><td rowspan="5">民用建筑</td><td rowspan="2">普通场所</td><td>标准覆盖面积洒水喷头</td><td>快速响应喷头
特殊响应喷头
标准响应喷头</td><td>$K\geq80$</td><td rowspan="2">$h\leq8$</td></tr>
<tr><td>扩大覆盖面积洒水喷头</td><td>快速响应喷头</td><td>$K\geq80$</td></tr>
<tr><td rowspan="3">高大空间场所</td><td>标准覆盖面积洒水喷头</td><td>快速响应喷头</td><td>$K\geq115$</td><td rowspan="2">$8<h\leq12$</td></tr>
<tr><td colspan="3">非仓库型特殊应用喷头</td></tr>
<tr><td colspan="3">非仓库型特殊应用喷头</td><td>$12<h\leq18$</td></tr>
<tr><td colspan="2" rowspan="4">厂房</td><td>标准覆盖面积洒水喷头</td><td>特殊响应喷头
标准响应喷头</td><td>$K\geq80$</td><td rowspan="2">$h\leq8$</td></tr>
<tr><td>扩大覆盖面积洒水喷头</td><td>标准响应喷头</td><td>$K\geq80$</td></tr>
<tr><td>标准覆盖面积洒水喷头</td><td>特殊响应喷头
标准响应喷头</td><td>$K\geq115$</td><td rowspan="2">$8<h\leq12$</td></tr>
<tr><td colspan="3">非仓库型特殊应用喷头</td></tr>
<tr><td colspan="2" rowspan="3">仓库</td><td>标准覆盖面积洒水喷头</td><td>特殊响应喷头
标准响应喷头</td><td>$K\geq80$</td><td>$h\leq9$</td></tr>
<tr><td colspan="3">仓库型特殊应用喷头</td><td>$h\leq12$</td></tr>
<tr><td colspan="3">早期抑制快速响应喷头</td><td>$h\leq13.5$</td></tr>
</table>

〖条文说明〗

本条是对原条文的修改和补充。

设置闭式系统的场所，喷头最大允许设置高度应遵循“使喷头及时受热开放、并使开放喷头的洒水有效覆盖起火范围”这一原则，超过上述高度，喷头将不能及时受热开放，而且喷头开放后的洒水可能达不到覆盖起火范围的预期目的，出现火灾在喷水范围之外蔓延的现象，使系统不能有效发挥控灭火的作用。因此，喷头的最大允许设置高度由喷头类型、建筑使用功能等因素综合确定。

本条参考国内外有关标准的规定及试验研究成果，分别规定了民用建筑、厂房及仓库采用闭式系统时的喷头选型以及场所的最大净空高度，并提出了用于保护钢屋架等建筑构件的闭式系统和设有货架内置洒水喷头仓库的闭式系统，最大净空高度不受限制。

【规范条文】6.1.2 闭式系统的洒水喷头，其公称动作温度宜高于环境最高温度30℃。

【规范条文】6.1.3 湿式系统的洒水喷头选型应符合下列规定：

1 不做吊顶的场所，当配水支管布置在梁下时，应采用直立型洒水喷头；

2 吊顶下布置的洒水喷头，应采用下垂型洒水喷头或吊顶型洒水喷头；

3 顶板为水平面的轻危险级、中危险级Ⅰ级住宅建筑、宿舍、旅馆建筑客房、医疗建筑病房和办公室，可采用边墙型洒水喷头；

4 易受碰撞的部位，应采用带保护罩的洒水喷头或吊顶型洒水喷头；

5 顶板为水平面，且无梁、通风管道等障碍物影响喷头洒水的场所，可采用扩大覆盖面积洒水喷头；

6 住宅建筑和宿舍、公寓等非住宅类居住建筑宜采用家用喷头；

7 不宜选用隐蔽式洒水喷头；确需采用时，应仅适用于轻危险级和中危险级Ⅰ级场所。

〖**条文说明**〗

本条是对原条文的修改和补充。

本条提出了不同使用条件下对喷头选型的规定。实际工程中，由于喷头的选型不当而造成失误的现象比较突出。不同用途和型号的喷头，分别具有不同的使用条件和安装方式。喷头的选型、安装方式、方位合理与否，将直接影响喷头的动作时间和布水效果。

第1款是指当设置场所不设吊顶，且配水管道沿梁下布置时，火灾热气流将在上升至顶板后水平蔓延。此时只有向上安装直立型喷头，才能使热气流尽早接触和加热喷头热敏元件。

第2款是指室内设有吊顶时，喷头将紧贴在吊顶下布置，或埋设在吊顶内，因此适合采用下垂型或吊顶型喷头，否则吊顶将阻挡洒水分布。吊顶型喷头作为一种类型，在现行国家标准《自动喷水灭火系统　第1部分：洒水喷头》GB 5135.1中有明确规定，即为"隐蔽安装在吊顶内，分为齐平式、嵌入式和隐蔽式三种形式"。不同安装方式的喷头，其洒水分布不同，选型时要予以充分重视。

第3款对边墙型洒水喷头的设置提出了要求。边墙型喷头的配水管道易于布置，非常受国内设计、施工及使用单位欢迎。但国外对采用边墙型喷头有严格规定，如保护场所应为轻危险级，中危险级系统采用时须经特许；顶板必须为水平面，喷头附近不得有阻挡喷水的障碍物；洒水应喷湿一定范围墙面等。

本款根据国内需求，按本规范对设置场所火灾危险等级的分类，以及边墙型喷头性能特点等实际情况，提出了既允许使用此种喷头，又严格使用条件的规定。

第7款提出了隐蔽式洒水喷头的设置要求。隐蔽式洒水喷头由于具有美观性的优点，越来越受到业主的青睐。目前，该类喷头广泛地应用在一些装饰豪华、外观要求美化的场所，如商场、高级宾馆、酒店、娱乐中心等。但是，根据目前的应用现状，隐蔽式喷头存在巨大的安全隐患，主要表现在：(1) 发生火灾时喷头的装饰盖板不能及时脱落；(2) 装饰盖板脱落后滑竿无法下落，导致喷头溅水盘无法滑落到吊顶平面下部，喷头无法形成有效的布水；(3) 喷头装饰盖板被油漆、涂料喷涂等。

针对这一情况，规范在本次修订时提出了严格限制该类喷头的使用，规定火灾危险等级超过中危险级Ⅰ级的场所不应采用该喷头。

【**规范条文**】**6.1.4**　干式系统、预作用系统应采用直立型洒水喷头或干式下垂型洒水喷头。

〖**条文说明**〗

为便于系统在灭火或维修后恢复准工作状态之前排尽管道中的积水，同时有利于在系统启动时排气，要求干式、预作用系统的喷头采用直立型喷头或干式下垂型喷头。

【规范条文】6.1.5 水幕系统的喷头选型应符合下列规定：

1 防火分隔水幕应采用开式洒水喷头或水幕喷头；

2 防护冷却水幕应采用水幕喷头。

〖条文说明〗

本条提出了水幕系统的喷头选型要求。防火分隔水幕的作用是阻断烟和火的蔓延，当使水幕形成密集喷洒的水墙时，要求采用洒水喷头；当使水幕形成密集喷洒的水帘时，要求采用开口向下的水幕喷头。防火分隔水幕也可以同时采用上述两种喷头并分排布置。防护冷却水幕则要求采用将水喷向保护对象的水幕喷头。

【规范条文】6.1.6 自动喷水防护冷却系统可采用边墙型洒水喷头。

〖条文说明〗

本条为新增条文。防护冷却系统主要与防火卷帘、防火玻璃墙等防火分隔设施配合使用，其喷头布置时应将水直接喷向保护对象，因此可采用边墙型洒水喷头。目前，国内外还有一种专门用于保护防火分隔设施的窗式喷头等特殊类型喷头，该喷头具有较好的洒水分布性能，但目前尚无国家产品标准。

【规范条文】6.1.7 下列场所宜采用快速响应洒水喷头。当采用快速响应洒水喷头时，系统应为湿式系统。

1 公共娱乐场所、中庭环廊；

2 医院、疗养院的病房及治疗区域，老年、少儿、残疾人的集体活动场所；

3 超出消防水泵接合器供水高度的楼层；

4 地下商业场所。

〖条文说明〗

本条规定了快速响应洒水喷头的使用条件。大量装饰材料、家电等现代化日用品和办公用品的使用，使火灾出现蔓延速度快、有害气体生成量大和财产损失大等新特点，对自动喷水灭火系统的工作效能提出了更高的要求。国外于 20 世纪 80 年代开始生产并推广使用快速响应喷头。快速响应洒水喷头的优势在于：热敏性能明显高于标准响应喷头，可在火场中提前动作，在初起小火阶段开始喷水，使灭火的难度降低，可以做到灭火迅速、灭火用水量少，可最大限度地减少人员伤亡和火灾烧损与水渍污染造成的经济损失。现行国家标准《自动喷水灭火系统 第 1 部分：洒水喷头》GB 5135.1 规定，响应时间指数 (RTI)$\leqslant 50(m \cdot s)^{0.5}$ 为快速响应喷头，喷头的响应时间指数可通过标准“插入实验”判定。在“插入实验”给定的标准热环境中，快速响应洒水喷头的动作时间较 $\phi 8$ 玻璃球喷头快 5 倍。为此，本规范提出了在一些场所推荐采用快速响应洒水喷头的规定。

与标准响应洒水喷头、特殊响应洒水喷头相比，快速响应洒水喷头仅用于湿式系统，该喷头动作灵敏，如果用于干式系统和预作用系统，会因为喷水时间延迟造成过多的喷头开放，更为严重的可能会超过系统的设计作用面积，造成设计用水量的不足。

【规范条文】6.1.8 同一隔间内应采用相同热敏性能的洒水喷头。

〖条文说明〗

同一隔间内采用热敏性能、规格及安装方式一致的喷头，是为了防止混装不同喷头对系统的启动与操作造成不良影响。曾经发现某一面积达几千平方米的大型餐厅内混装 $\phi 8$ 和 $\phi 5$ 玻璃球喷头及某些高层建筑同一场所内混装下垂型、普通型喷头等错误做法。

【规范条文】6.1.9 雨淋系统的防护区内应采用相同的洒水喷头。

【规范条文】6.1.10 自动喷水灭火系统应有备用洒水喷头，其数量不应少于总数的1%，且每种型号均不得少于10只。

〖条文说明〗

设计自动喷水灭火系统时，要求在设计资料中提出喷头备品的数量，以便在系统投入使用后，因火灾或其他原因损伤喷头时能够及时更换，缩短系统恢复准工作状态的时间。当在一个建筑工程的设计中采用了不同型号的喷头时，除了对备用喷头总量的要求外，不同型号的喷头要有各自的备品。各国规范对备用喷头的规定不尽一致，例如美国消防协会标准《自动喷水灭火系统安装标准》NFPA 13规定，喷头总数不超过300只时，备品数为6只；总数为300只～1000只时，备品数不少于12只；超过1000只时，备品数不少于24只。英国标准《固定式灭火系统-自动喷水灭火系统-设计、安装和维护》BS EN 12845规定，对每套自动喷水灭火系统，轻危险级不应少于6只，普通危险级不应少于24只，高危险级（生产和储存）场所不应少于36只。

6.2 报警阀组

【规范条文】6.2.1 自动喷水灭火系统应设报警阀组。保护室内钢屋架等建筑构件的闭式系统，应设独立的报警阀组。水幕系统应设独立的报警阀组或感温雨淋报警阀。

〖条文说明〗

报警阀组在自动喷水灭火系统中有下列作用：

（1）湿式与干式报警阀：接通或关断报警水流，喷头动作后报警水流将驱动水力警铃和压力开关报警；防止水倒流。

（2）雨淋报警阀：接通或关断向配水管道的供水。

报警阀组中的试验阀，用于检验报警阀、水力警铃和压力开关的可靠性。由于报警阀和水力警铃及压力开关均采用水力驱动的工作原理，因此具有良好的可靠性和稳定性。

为钢屋架等建筑构件建立的闭式系统，功能与用于扑救地面火灾的闭式系统不同，为便于分别管理，规定单独设置报警阀组。水幕系统与上述情况类似，也规定单独设置报警阀组或感温雨淋报警阀。

【规范条文】6.2.2 串联接入湿式系统配水干管的其他自动喷水灭火系统，应分别设置独立的报警阀组，其控制的洒水喷头数计入湿式报警阀组控制的洒水喷头总数。

〖条文说明〗

根据本规范第4.3.1条的规定，串联接入湿式系统的干式、预作用、雨淋等其他系统，本条规定单独设置报警阀组，以便在共用配水干管的情况下独立报警。

串联接入湿式系统的其他系统，其供水将通过湿式报警阀。湿式系统检修时，将影响串联接入的其他系统，因此规定其他系统所控制的喷头数也应计入湿式报警阀组控制的喷头总数内。

〖条文解析〗

【规范条文】6.2.3 一个报警阀组控制的洒水喷头数应符合下列规定：

1 湿式系统、预作用系统不宜超过800只；干式系统不宜超过500只；

2 当配水支管同时设置保护吊顶下方和上方空间的洒水喷头时，应只将数量较多一侧的洒水喷头计入报警阀组控制的洒水喷头总数。

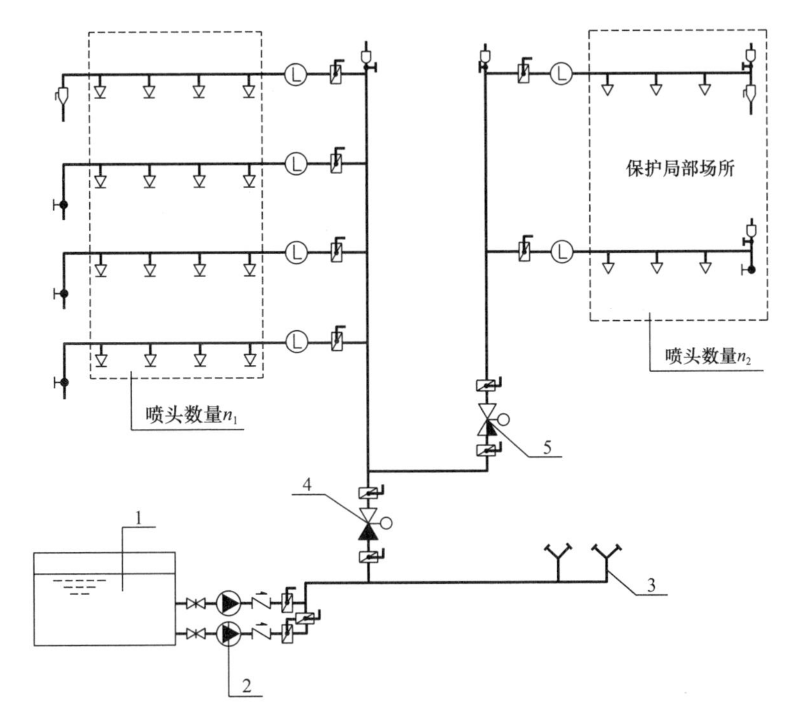

〖条文解析〗图 6.2.2 报警阀组串联示意图

1—消防水池；2—消防水泵；3—消防水泵接合器；4—湿式报警阀组；5—其他报警阀组

注：$n_2 < n_1$；$n_1 + n_2 \leqslant 800$。

〖条文说明〗

第 1 款规定了一个报警阀组控制的喷头数。一是为了保证维修时，系统的关停部分不致过大；二是为了提高系统的可靠性。

美国消防协会的统计资料表明，同样的灭火成功率，干式系统的喷头动作数要大于湿式系统，即前者的控火、灭火率要低一些，其原因主要是喷水滞后造成的。鉴于本规范已提出“干式系统配水管道应设快速排气阀”的规定，故干式报警阀组控制的喷头总数规定为不宜超过 500 只。

当配水支管同时安装保护吊顶下方空间和吊顶上方空间的喷头时，由于吊顶材料的耐火性能要求执行相关规范的规定，因此吊顶一侧发生火灾时，在系统的保护下火势将不会蔓延到吊顶的另一侧。因此，对同时安装保护吊顶两侧空间喷头的共用配水支管，规定只将数量较多一侧的喷头计入报警阀组控制的喷头总数。

【规范条文】6.2.4 每个报警阀组供水的最高与最低位置洒水喷头，其高程差不宜大于 50m。

〖条文说明〗

本条参考英国标准《固定式灭火系统-自动喷水灭火系统-设计、安装和维护》BS EN 12845，规定了每个报警阀组供水的最高与最低位置喷头之间的最大位差。规定本条的目的是为了控制高、低位置喷头间的工作压力，防止其压差过大。当满足最不利点处喷头的工作压力时，同一报警阀组向较低有利位置的喷头供水时，系统流量将因喷头的工作压力上升而增大。限制同一报警阀组供水的高、低位置喷头之间的位差，是均衡流量的措施。

〖条文解析〗

【规范条文】6.2.5　雨淋报警阀组的电磁阀，其入口应设过滤器。并联设置雨淋报警阀组的雨淋系统，其雨淋报警阀控制腔的入口应设止回阀。

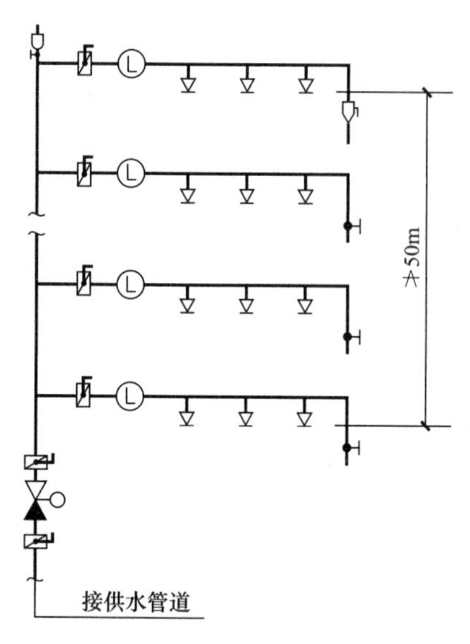

〖条文解析〗图 6.2.4　报警阀组供水最大高程差示意图

〖条文说明〗

雨淋报警阀配置的电磁阀，其流道的通径很小。在电磁阀入口设置过滤器，是为了防止其流道被堵塞，保证电磁阀的可靠性。

并联设置雨淋报警阀组的系统启动时，将根据火情开启一部分雨淋报警阀。当开阀供水时，雨淋报警阀的入口水压将产生波动，有可能引起其他雨淋报警阀的误动作。为了稳定控制腔的压力，保证雨淋报警阀的可靠性，本条规定并联设置雨淋报警阀组的雨淋系统，雨淋报警阀控制腔的入口要求设有止回阀。

【规范条文】6.2.6　报警阀组宜设在安全及易于操作的地点，报警阀距地面的高度宜为 1.2m。设置报警阀组的部位应设有排水设施。

〖条文说明〗

本条规定报警阀的安装高度，是为了方便施工、测试与维修工作。系统启动和功能试验时，报警阀组将排放出一定量的水，故要求在设计时相应设置足够能力的排水设施。

〖条文解析〗

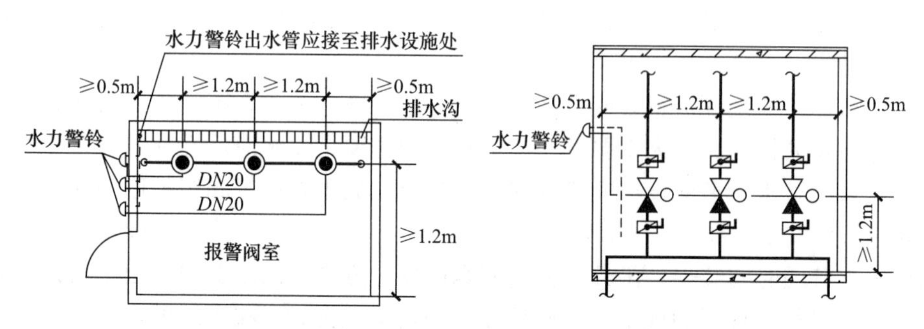

〖条文解析〗图 6.2.6　报警阀室布置示意图

【规范条文】6.2.7　连接报警阀进出口的控制阀应采用信号阀。当不采用信号阀时，控制阀应设锁定阀位的锁具。

〖条文说明〗

本条对连接报警阀进出口的控制阀作了规定，目的是为了防止误操作造成供水中断。我国曾发生过因阀门关闭导致灭火失败的案例，例如 2000 年 7 月某大厦 26 层的办公室发生火灾，办公室内的 4 只喷头和走道内的 6 只喷头爆破，但由于该楼层的自动喷水灭火系统阀门被关闭，致使自动喷水灭火系统未能发挥作用，最后由消防人员扑灭了火灾。

本条并非强调报警阀进出口均应设置信号阀，而是强调当设置控制阀时，应采用信号阀或配置能够锁定阀板位置的锁具。一般情况下，对于系统调试时不允许水进入管网的系统，如干式系统、预作用系统和雨淋系统，需要在报警阀的出口设置信号阀。

【规范条文】6.2.8 水力警铃的工作压力不应小于0.05MPa，并应符合下列规定：

1 应设在有人值班的地点附近或公共通道的外墙上；

2 与报警阀连接的管道，其管径应为20mm，总长不宜大于20m。

〖条文说明〗

本条是对原条文的修改和补充。

规定水力警铃工作压力、安装位置和与报警阀组连接管的直径及长度，目的是为了保证水力警铃发出警报的位置和声强。要求安装在有人值班的地点附近或公共通道的外墙上，是保证其报警能及时被值班人员或保护场所内其他人员发现。

6.3 水流指示器

【规范条文】6.3.1 除报警阀组控制的洒水喷头只保护不超过防火分区面积的同层场所外，每个防火分区、每个楼层均应设水流指示器。

〖条文说明〗

水流指示器的功能是及时报告发生火灾的部位，本条对系统中要求设置水流指示器的部位提出了规定，即每个防火分区和每个楼层均要求设有水流指示器。同时规定当一个湿式报警阀组仅控制一个防火分区或一个楼层的喷头时，由于报警阀组的水力警铃和压力开关已能发挥报告火灾部位的作用，故此种情况允许不设水流指示器。

〖条文解析〗

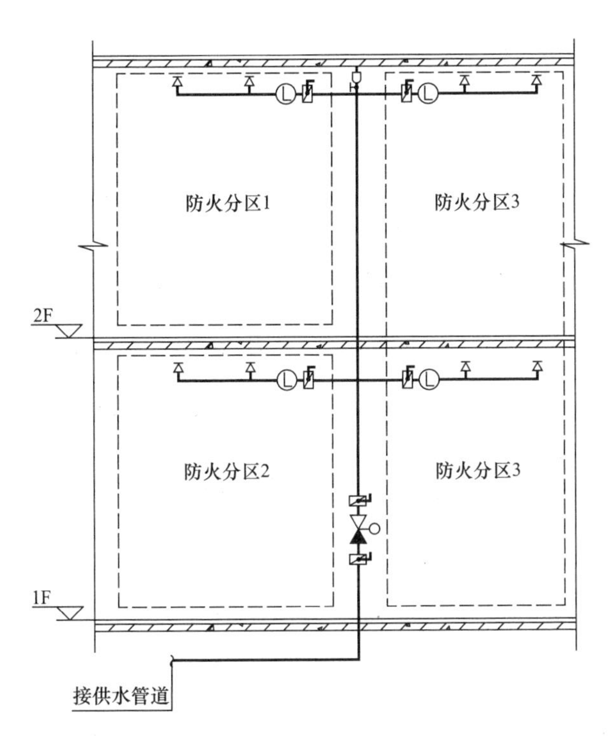

〖条文解析〗图 6.3.1 水流指示器设置示意图

注：防火分区3为不同楼层属于同一防火分区的情况。

【规范条文】6.3.2 仓库内顶板下洒水喷头与货架内置洒水喷头应分别设置水流指示器。

〖条文说明〗

设置货架内置喷头的仓库，顶板下喷头与货架内置喷头分别设置水流指示器，有利于判断喷头的状况，故有此条规定。

〖条文解析〗

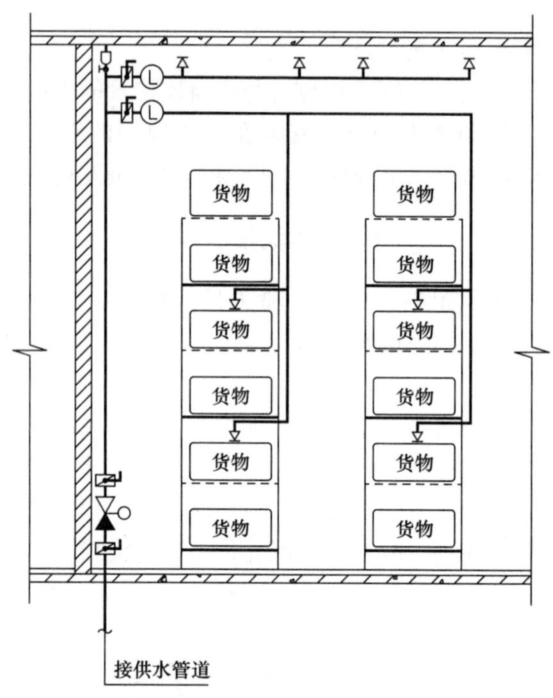

〖条文解析〗图 6.3.2 货架水流指示器设置示意图

【规范条文】6.3.3 当水流指示器入口前设置控制阀时，应采用信号阀。

〖条文说明〗

为使系统维修时关停的范围不致过大而在水流指示器入口前设置阀门时，要求该阀门采用信号阀，以便显示阀门的状态，其目的是为防止因误操作而造成配水管道断水的故障。

6.4 压力开关

【规范条文】6.4.1 雨淋系统和防火分隔水幕，其水流报警装置应采用压力开关。

〖条文说明〗

雨淋系统和水幕系统采用开式喷头，平时报警阀出口后的管道内（系统侧）没有水，系统启动后的管道充水阶段，管内水的流速较快，容易损伤水流指示器，因此采用压力开关较好。

【规范条文】6.4.2 自动喷水灭火系统应采用压力开关控制稳压泵，并应能调节启停压力。

〖条文说明〗

稳压泵的启停，要求可靠地自动控制，因此规定采用消防压力开关，并要求其能够根据最不利点处喷头的工作压力调节稳压泵的启停压力。

〖条文解析〗

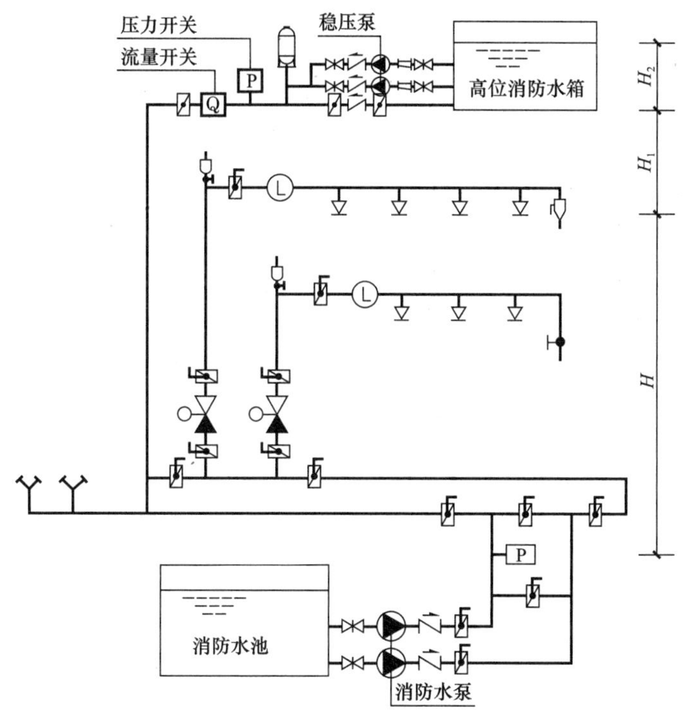

〖条文解析〗图 6.4.2-1 增压稳压设施设置示意图（一）

注：1 稳压泵启泵压力 $P_1>15-H_1$，且$\geqslant H_2+(7\sim10)$；

2 稳压泵停泵压力 $P_2=P_1/0.80$；

3 消防水泵启泵压力 $P=P_1+H_1+H-(7\sim10)$。

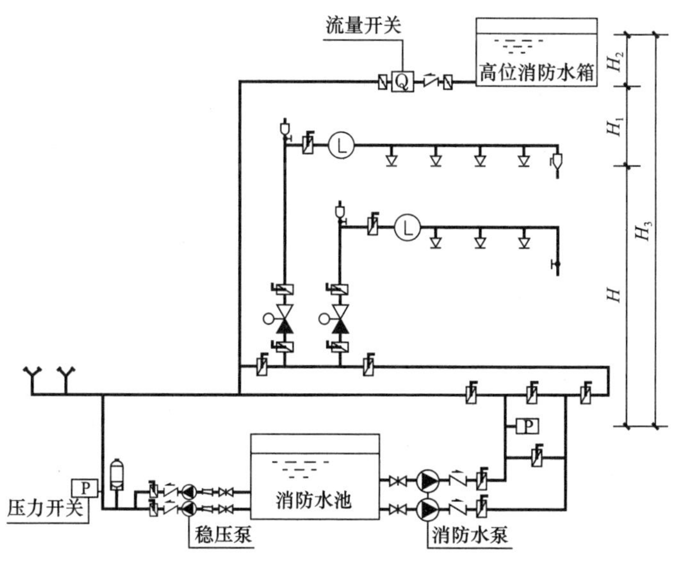

〖条文解析〗图 6.4.2-2 增压稳压设施设置示意图（二）

注：1 稳压泵启泵压力 $P_1>H+15$，且$\geqslant H_3+(7\sim10)$；

2 稳压泵停泵压力 $P_2=P_1/0.85$；

3 消防水泵启泵压力 $P=P_1-(7\sim10)$；

4 当稳压泵从高位消防水箱吸水时，注 1～3 中的参数仍适用，但稳压泵壳的承压能力应不小于停泵压力 P_2 的 1.5 倍。

6.5 末端试水装置

【规范条文】6.5.1 每个报警阀组控制的最不利点洒水喷头处应设末端试水装置，其他防火分区、楼层均应设直径为25mm的试水阀。

〖**条文说明**〗

本条是对原条文的修改和补充。

本条提出了设置末端试水装置的规定。为检验系统的可靠性、测试系统能否在开放一只喷头的最不利条件下可靠报警并正常启动，要求在每个报警阀的供水最不利点处设置末端试水装置。末端试水装置测试的内容包括水流指示器、报警阀、压力开关、水力警铃的动作是否正常，配水管道是否畅通，以及最不利点处的喷头工作压力等。其他的防火分区与楼层，则要求装设直径25mm的试水阀，试水阀宜安装在最不利点附近或次不利点处，以便在必要时连接末端试水装置。

本条所指的报警阀组，系指设置在闭式系统上的报警阀组。

〖**条文解析**〗

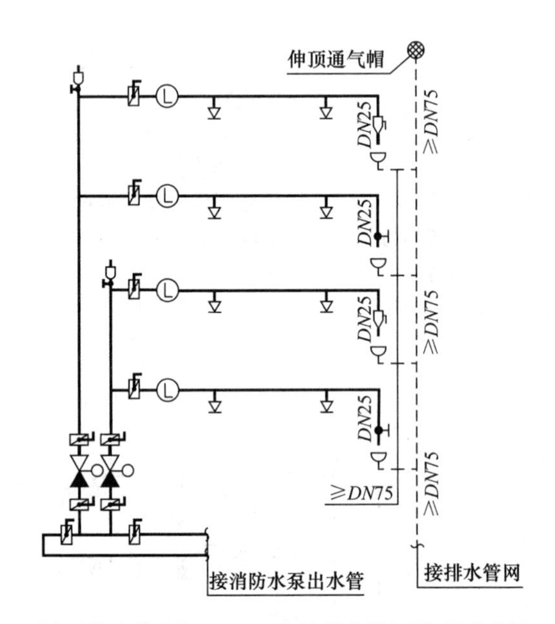

〖条文解析〗图6.5.1 末端试水装置流程示意图

【规范条文】6.5.2 末端试水装置应由试水阀、压力表以及试水接头组成。试水接头出水口的流量系数，应等同于同楼层或防火分区内的最小流量系数洒水喷头。末端试水装置的出水，应采取孔口出流的方式排入排水管道，排水立管宜设伸顶通气管，且管径不应小于75mm。

〖**条文说明**〗

本条是对原条文的修改和补充。

本条规定了末端试水装置的组成、试水接头出水口的流量系数，以及其出水的排放方式（见〖条文说明〗图9）。为了使末端试水装置能够模拟实际情况，进行开放一只喷头启动系统等试验，其试水接头出水口的流量系数，要求与同楼层或所在防火分区内采用的最小流量系数的喷头一致。例如：某酒店在客房中安装流量系数为 K 等于 115 的边墙型扩大覆盖面积洒水喷头，走廊安装下垂型标准流量洒水喷头，其所在楼层如设置末端试水装置，试水接头出水口的流量系数，要求为流量系数 K 等于 80。当末端试水装置的出水口直接与管道或软管连接时，将改变试水接头出水口的水力状态，影响测试结果。因此本条对末端试水装置的出水提出采取孔口出流的方式排入排水管道的要求。

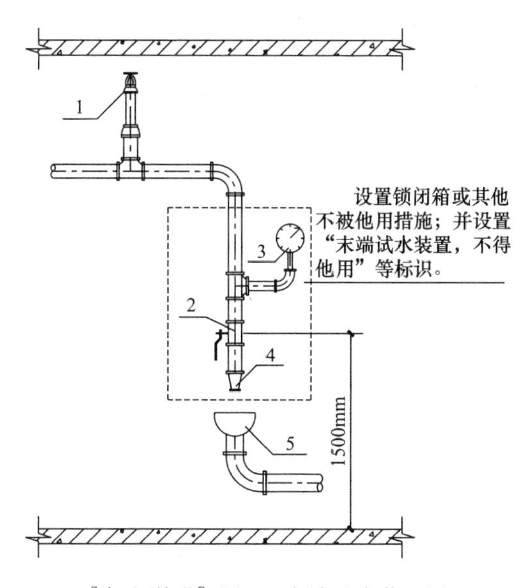

〖条文说明〗图 9 末端试水装置图

1—最不利点处喷头；2—球阀 *DN*25；3—压力表；4—试水接头；5—排水漏斗

注：1 末端试水装置出水，应采取孔口出流的方式通过排水漏斗接入排水管道。条件允许时，也可用污水池、排水沟等排水设施替代排水漏斗，但仍应采用孔口出流方式。排水设施的排水能力不宜低于 1.5L/s。

2 根据《自动喷水灭火系统 第 21 部分：末端试水装置》GB 5135.21—2011 自动喷水灭火系统末端试水装置也可采用自动形式。

对于排水立管的管径，本次修订参照国家标准《建筑给水排水设计规范》GB 50015 的要求，提出排水立管的设置要求。不通气排水立管随工作高度增加排水能力减少，以 *DN*75 为例，高度 3m 时排水能力 1.35L/s；高度 5m 时排水能力 0.7L/s；高度超过 6m 时排水能力 0.5L/s；故应设伸顶通气管。设有伸顶通气管的立管，以铸铁管为例，*DN*50 的最大排水能力 1.0L/s，*DN*75 的最大排水能力 2.5L/s。排水立管的管径应根据末端试水装置试水接头的流量确定，当试水接头流量系数为 K 等于 80 时，其在工作压力为 0.1MPa 时的流量为 1.33L/s，因此提出管径不应小于 75mm 的规定。

【规范条文】6.5.3 末端试水装置和试水阀应有标识，距地面的高度宜为 1.5m，并应采取不被他用的措施。

〖条文说明〗

本条为新增条文。本条规定了末端试水装置的设置位置，是为了保证末端试水装置的可操作性和可维护性。调研中发现有些工程的末端试水装置安装在吊顶内部，不便操作，还发现有的把末端试水装置的试水接头误作为生活用水接口使用，造成系统频繁动作等，这些都是不合理的现象。

7 喷头布置

7.1 一般规定

【规范条文】7.1.1 喷头应布置在顶板或吊顶下易于接触到火灾热气流并有利于均匀布水的位置。当喷头附近有障碍物时，应符合本规范第7.2节的规定或增设补偿喷水强度的喷头。

〖条文说明〗

闭式洒水喷头是自动喷水灭火系统的关键组件，受火灾热气流加热开放后喷水并启动系统。能否合理地布置喷头，将决定喷头能否及时动作和按规定强度喷水。本条规定了布置喷头所应遵循的原则。

（1）将喷头布置在顶板或吊顶下易于接触到火灾热气流的部位，有利于喷头热敏元件的及时受热；

（2）使喷头的洒水能够均匀分布。当喷头附近有不可避免的障碍物时，应按本规范7.2节的要求布置喷头或者增设喷头，补偿因喷头的洒水受阻而不能到位灭火的水量。

【规范条文】7.1.2 直立型、下垂型标准覆盖面积洒水喷头的布置，包括同一根配水支管上喷头的间距及相邻配水支管的间距，应根据设置场所的火灾危险等级、洒水喷头类型和工作压力确定，并不应大于表7.1.2的规定，且不应小于1.8m。

直立型、下垂型标准覆盖面积洒水喷头的布置　　表7.1.2

火灾危险等级	正方形布置的边长（m）	矩形或平行四边形布置的长边边长（m）	一只喷头的最大保护面积（m^2）	喷头与端墙的距离（m）	
				最大	最小
轻危险级	4.4	4.5	20.0	2.2	0.1
中危险级Ⅰ级	3.6	4.0	12.5	1.8	
中危险级Ⅱ级	3.4	3.6	11.5	1.7	
严重危险级、仓库危险级	3.0	3.6	9.0	1.5	

注：1　设置单排洒水喷头的闭式系统，其洒水喷头间距应按地面不留漏喷空白点确定。
　　2　严重危险级或仓库危险级场所宜采用流量系数大于80的洒水喷头。

〖条文说明〗

喷头的布置间距是自动喷水灭火系统设计的重要参数，其中设置场所的火灾危险等级对喷头布置起决定性作用。喷头间距过大会影响喷头的开放时间及系统的控、灭火效果，间距过小会造成作用面积内喷头布置过多，系统设计用水量偏大。为控制喷头与起火点之间的距离，保证喷头开放时间，又不致引起喷头开放数过多，本条提出了标准覆盖面积喷头的布置间距及喷头最大保护面积，其目的是确保喷头既能适时开放，又能使系统按设计选定的强度喷水。

（略）

规定喷头与端墙最大距离，是为了使喷头的洒水能够喷湿墙根地面并不留漏喷的空白点，而且能够喷湿一定范围的墙面，防止火灾沿墙面的可燃物蔓延。规定喷头与端墙的最小距离，是为了防止喷头洒水时受到墙面的遮挡。

本条中的"注1"，对仅布置设置单排喷头的闭式系统，提出确定喷头间距的规定，其喷头间距的举例见本规范第 5.0.12 条条文说明；“注 2”对喷水强度较大的系统，采用较大流量系数的喷头有利于降低系统的供水压力。

〖条文解析〗

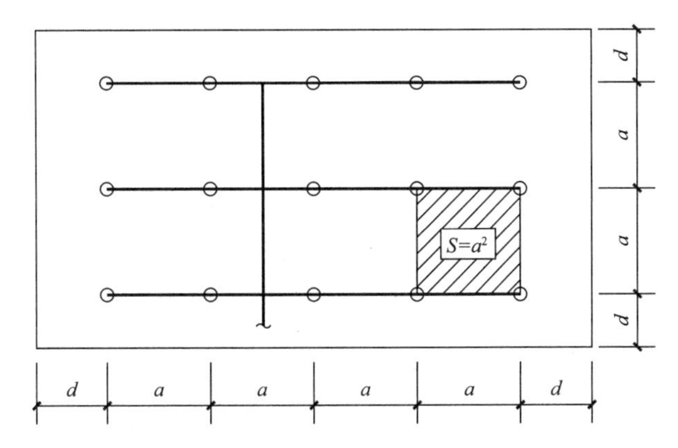

〖条文解析〗图 7.1.2-1 标准覆盖面积喷头正方形布置示意图

注：S——一只喷头的保护面积（m^2）；

a—正方形布置边长（m）；

d—喷头与端墙的距离（m）。

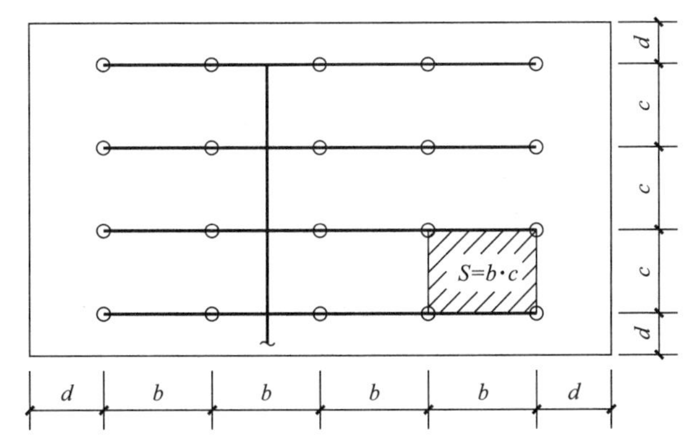

〖条文解析〗图 7.1.2-2 标准覆盖面积喷头矩形布置示意图

注：S——一只喷头的保护面积（m^2）；

b—矩形布置长边边长（m）；

c—矩形布置短边边长（m），≮1.8m；

d—喷头与端墙的距离（m）。

【规范条文】7.1.3 边墙型标准覆盖面积洒水喷头的最大保护跨度与间距，应符合表 7.1.3 的规定。

边墙型标准覆盖面积洒水喷头的最大保护跨度与间距 **表 7.1.3**

火灾危险等级	配水支管上喷头的最大间距（m）	单排喷头的最大保护跨度（m）	两排相对喷头的最大保护跨度（m）
轻危险级	3.6	3.6	7.2
中危险级Ⅰ级	3.0	3.0	6.0

注：1 两排相对洒水喷头应交错布置；

2 室内跨度大于两排相对喷头的最大保护跨度时，应在两排相对喷头中间增设一排喷头。

〖条文说明〗

本条参考国外标准，并根据边墙型标准覆盖面积洒水喷头与室内最不利点处火源的距离远、喷头受热条件较差等实际情况，规定了配水支管上喷头间的最大距离和侧喷水量跨越空间的最大保护距离。

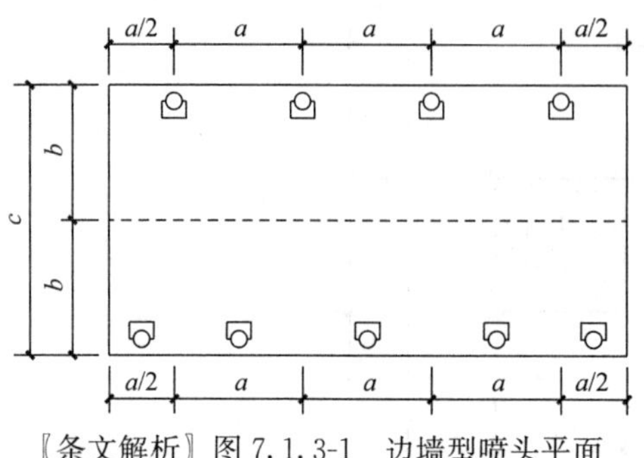

〖条文解析〗图 7.1.3-1　边墙型喷头平面布置示意图（一）

注：a—配水支管上喷头的最大间距（m）；
b—单排喷头的最大保护跨度（m）；
c—两排相对喷头的最大保护跨度（m）。

美国消防协会标准《自动喷水灭火系统安装标准》NFPA 13 规定，边墙型标准覆盖面积喷头仅能在轻危险级场所中使用，只有在经过特别认证后，才允许在中危险级场所按经过特别认证的条件使用。本规范表 7.1.3 中的规定，按边墙型标准覆盖面积喷头的前喷水量占流量的 70%～80%，喷向背墙的水量占 20%～30%流量的原则作了调整。中危险级Ⅰ级场所，喷头在配水支管上的最大间距确定为 3m，单排布置边墙型喷头时，喷头至对面墙的最大距离为 3m，一只喷头保护的最大地面面积为 $9m^2$，并要求符合喷水强度要求。

〖条文解析〗

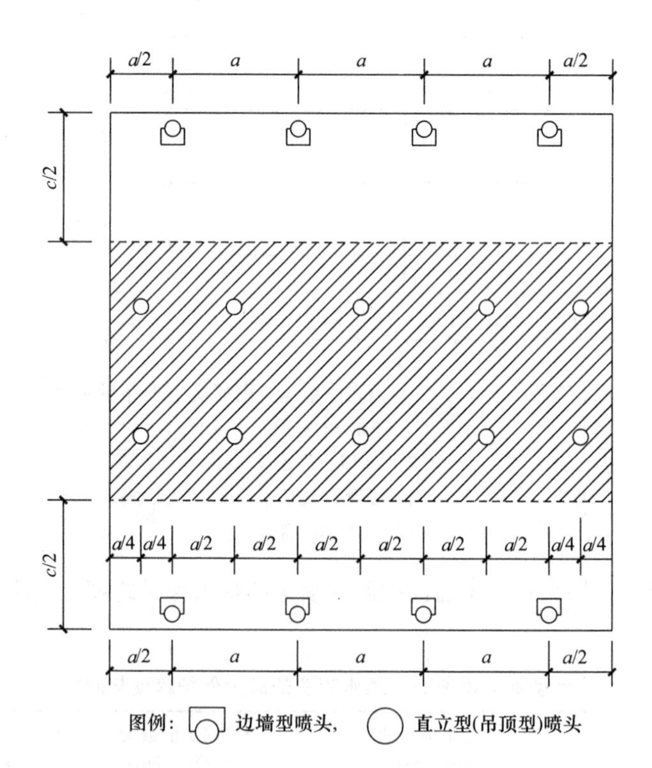

〖条文解析〗图 7.1.3-2　边墙型喷头平面布置示意图（二）

注：1　a—配水支管上喷头的最大间距（m）；
c—两排相对喷头的最大保护跨度（m）。
2　阴影区域其喷头间距应按《喷规》第 7.1.2 条要求布置。

【规范条文】7.1.4 直立型、下垂型扩大覆盖面积洒水喷头应采用正方形布置，其布置间距不应大于表 7.1.4 的规定，且不应小于 2.4m。

直立型、下垂型扩大覆盖面积洒水喷头的布置间距　　表 7.1.4

火灾危险等级	正方形布置的边长（m）	一只喷头的最大保护面积（m^2）	喷头与端墙的距离（m）	
			最大	最小
轻危险级	5.4	29.0	2.7	0.1
中危险级Ⅰ级	4.8	23.0	2.4	
中危险级Ⅱ级	4.2	17.5	2.1	
严重危险级	3.6	13.0	1.8	

〖条文说明〗

本条为新增条文。直立型、下垂型扩大覆盖面积洒水喷头目前在我国的应用较少，其优点是布置间距大、喷头用量少，缺点是顶板要求采用水平、光滑顶板，且不应有障碍物，同标准覆盖面积洒水喷头一样，扩大覆盖面积洒水喷头的布置间距也是由火灾危险等级确定，为此，本条参考美国消防协会标准《自动喷水灭火系统安装标准》NFPA 13 的要求，提出了直立型、下垂型扩大覆盖面积洒水喷头的布置间距，并强调应采用正方形布置形式。

〖条文解析〗

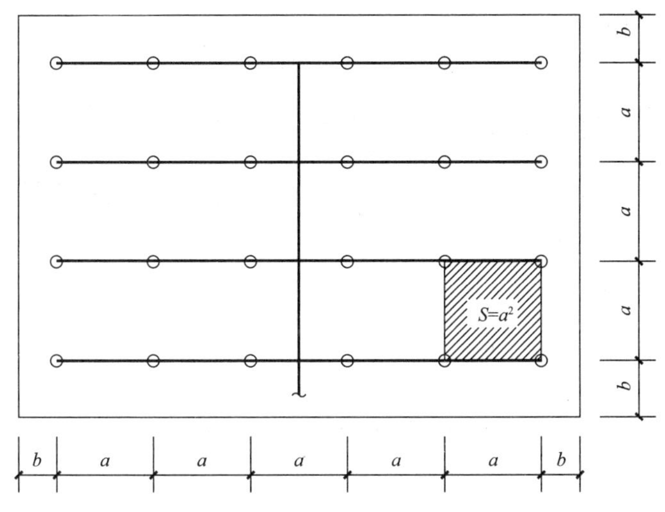

〖条文解析〗图 7.1.4　扩大覆盖面积洒水喷头布置示意图

注：S——一只喷头的保护面积（m^2）；

a—正方形布置边长（m），≮2.4m；

b—喷头与端墙的距离（m）。

【规范条文】7.1.5 边墙型扩大覆盖面积洒水喷头的最大保护跨度和配水支管上的洒水喷头间距，应按洒水喷头工作压力下能够喷湿对面墙和邻近端墙距溅水盘 1.2m 高度以下的墙面确定，且保护面积内的喷水强度应符合本规范表 5.0.1 的规定。

〖条文说明〗

边墙型扩大覆盖面积洒水喷头在我国的应用较为普及，其优点是保护面积大，安装简便；其缺点与边墙型标准覆盖面积洒水喷头相同，即喷头与室内最不利处起火点的最大距离更远，影响喷头的受热和灭火效果，所以国外规范对此种喷头的使用条件要求很严，如喷头洒水范围内不能受到障碍物的遮挡，顶板必须是光滑且坡度不能超过 1/6 等。

我国现行国家标准《自动喷水灭火系统　第 12 部分：扩大覆盖面积洒水喷头》GB 5135.12—2006 也规定了该喷头的布水性能、湿墙性能及灭火性能，其中湿墙性能要求该喷头打湿实验室四周墙面距吊顶的距离不大于 1.5m。

在布置要求上，本条要求该喷头应根据生产厂提供的喷头流量特性、洒水分布和喷湿墙面范围等资料，确定喷水强度和喷头的布置。〖条文说明〗图 11 为边墙型扩大覆盖面积洒水喷头布水及喷湿墙面示意图。

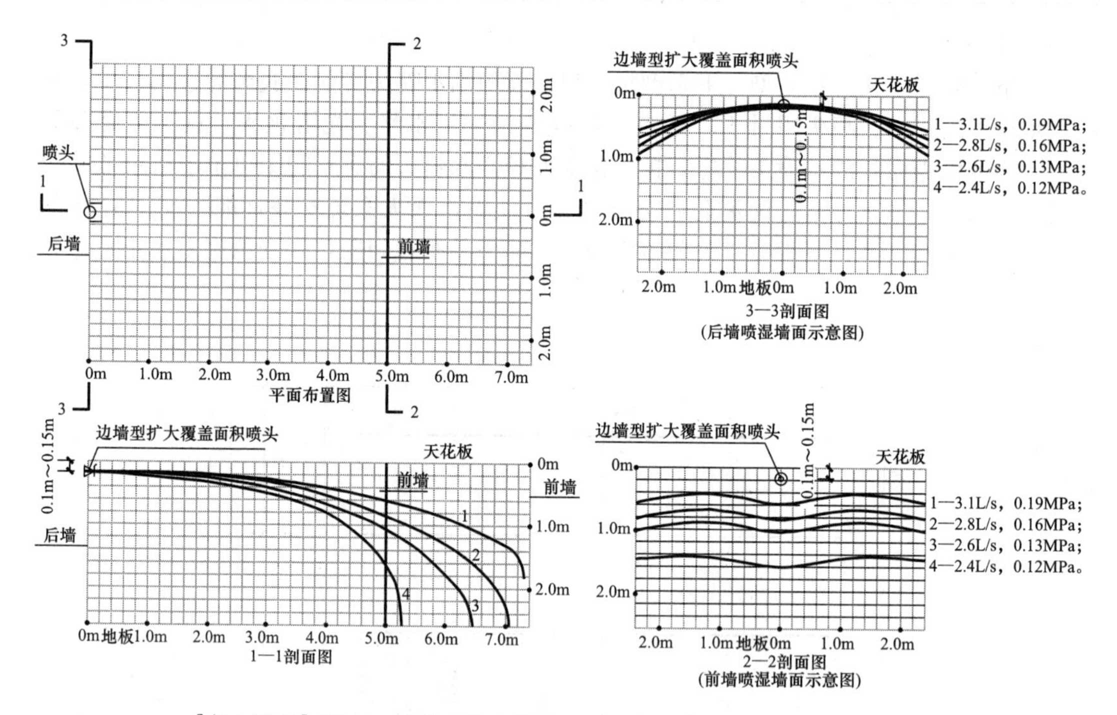

〖条文说明〗图 11　边墙型扩大覆盖面积洒水喷头布水及喷湿墙面示意图

注：1　边墙型扩大覆盖面积喷头设计应由厂家提供喷头的前墙、后墙、侧墙喷水曲线及对应的喷头压力、流量。

2　本图仅作为边墙型扩大覆盖面积喷头喷水曲线示意图，不作为设计选型依据，应以厂家提供资料为准。

〖条文解析〗

【规范条文】7.1.6　除吊顶型洒水喷头及吊顶下设置的洒水喷头外，直立型、下垂型标准覆盖面积洒水喷头和扩大覆盖面积洒水喷头溅水盘与顶板的距离应为 75mm～150mm，并应符合下列规定：

1　当在梁或其他障碍物底面下方的平面上布置洒水喷头时，溅水盘与顶板的距离不应大于 300mm，同时溅水盘与梁等障碍物底面的垂直距离应为 25mm～100mm。

2　当在梁间布置洒水喷头时，洒水喷头与梁的距离应符合本规范第 7.2.1 条的规定。确有困难时，溅水盘与顶板的距离不应大于 550mm。梁间布置的洒水喷头，溅水盘与顶板距离达到 550mm 仍不能符合本规范第 7.2.1 条的规定时，应在梁底面的下方增设洒水喷头。

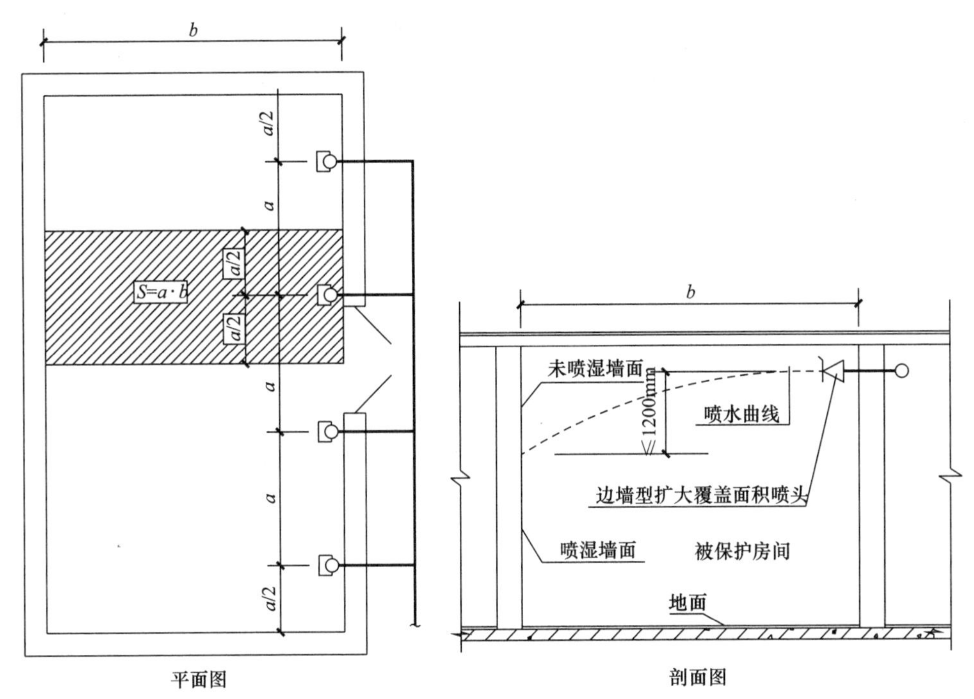

〖条文解析〗图 7.1.5 水平式边墙型喷头布置示意图

a—喷头间距（m）；b—喷头最大保护跨度（m）；S——只喷头的保护面积（m^2）

注：喷水强度按下式计算 $q=60 \cdot Q/S$。

式中：q—设计喷水强度［$L/(min \cdot m^2)$］；

Q——只喷头设计流量（L/s），由厂家技术资料确定；

S——只喷头保护面积（m^2）。

3 密肋梁板下方的洒水喷头，溅水盘与密肋梁板底面的垂直距离应为 25mm～100mm。

4 无吊顶的梁间洒水喷头布置可采用不等距方式，但喷水强度仍应符合本规范表 5.0.1、表 5.0.2 和表 5.0.4-1～表 5.0.4-5 的要求。

【规范条文】7.1.7 除吊顶型洒水喷头及吊顶下设置的洒水喷头外，直立型、下垂型早期抑制快速响应喷头、特殊应用喷头和家用喷头溅水盘与顶板的距离应符合表 7.1.7 的规定。

喷头溅水盘与顶板的距离（mm） **表 7.1.7**

喷头类型		喷头溅水盘与顶板的距离 S_L
早期抑制快速响应喷头	直立型	$100 \leqslant S_L \leqslant 150$
	下垂型	$150 \leqslant S_L \leqslant 360$
特殊应用喷头		$150 \leqslant S_L \leqslant 200$
家用喷头		$25 \leqslant S_L \leqslant 100$

7.1.6、7.1.7〖条文说明〗

这两条是对原条文的修改和补充。

这两条参考美国消防协会标准《自动喷水灭火系统安装标准》NFPA 13 的规定，提出了相应的要求。规定喷头溅水盘与顶板的距离，目的是使喷头热敏元件处于“易于接触热气流”的最佳位置。溅水盘距离顶板太近不易安装维护，且洒水易受影响；太远则升温较慢，甚至不能接触到热烟气流，使喷头不能及时开放。吊顶型喷头和吊顶下安装的喷头，其安装位置不存在远离热烟气流的现象，故不受此项规定的限制（见〖条文说明〗图 12、〖条文说明〗图 13)。

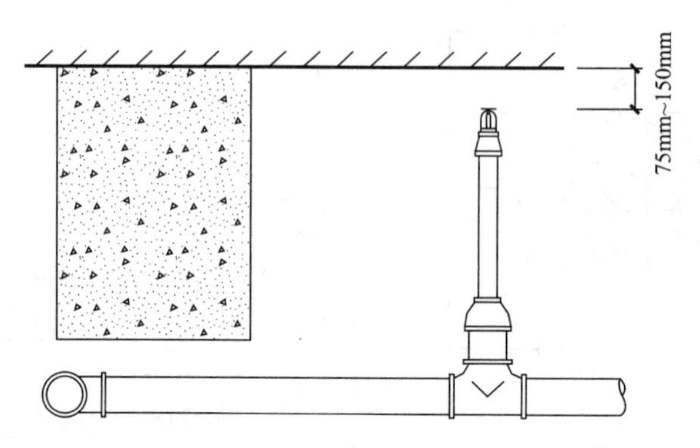

〖条文说明〗图 12　直立或下垂型标准覆盖面积洒水喷头和扩大覆盖面积洒水喷头溅水盘与顶板距离

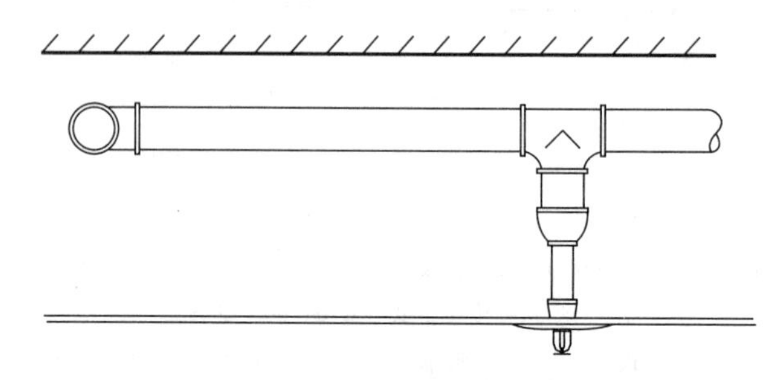

〖条文说明〗图 13　吊顶下喷头安装示意图

梁的高度大或间距小，使顶板下布置喷头的困难增大。然而，由于梁同时具有挡烟蓄热作用，有利于位于梁间的喷头受热，为此对复杂情况提出布置喷头的补充规定。

本条第 1 款是指当梁或其他障碍物的高度不超过 300mm 时，喷头可直接布置在障碍物底面的下方，但应保证溅水盘与顶板的距离不大于 300mm。当梁的高度超过 300mm 时，应在梁间布置喷头，并符合第 2 款的规定。

执行第 2 款时，喷头溅水盘不能低于梁的底面。

第 4 款是指对于一些不设吊顶的场所，为避免喷头受梁、障碍物等的影响，喷头间距可按照第 7.1.2 条的规定采用不等距布置方式，但喷水强度应符合规范规定。

〖条文解析〗

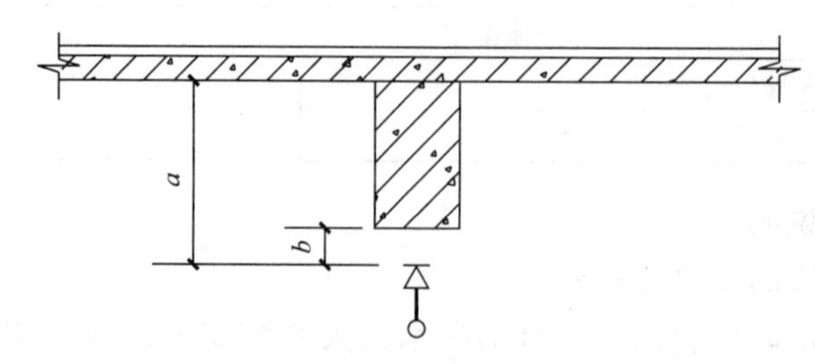

〖条文解析〗图 7.1.6-1　梁或其他障碍物底面下方布置喷头示意图

注：a≤300mm；25mm≤b≤100mm。

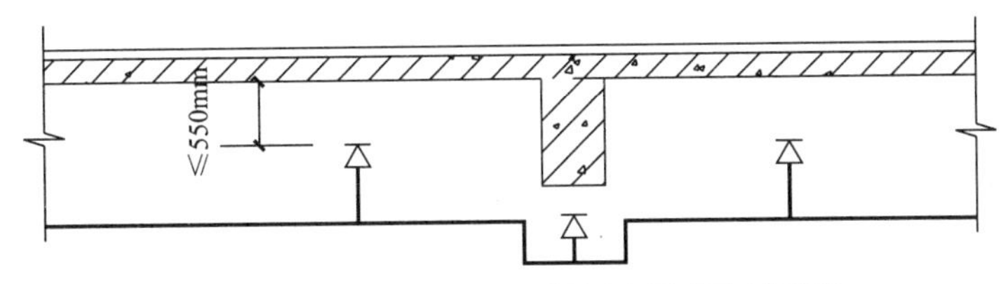

〖条文解析〗图 7.1.6-2 梁间布置喷头示意图

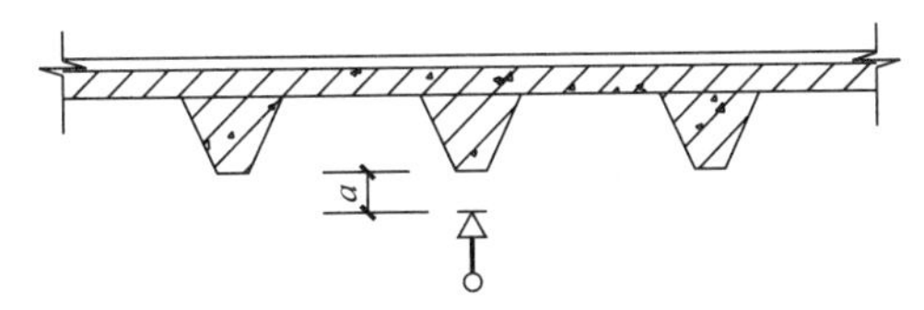

〖条文解析〗图 7.1.6-3 密肋梁板下方布置喷头示意图

注：25mm≤a≤100mm。

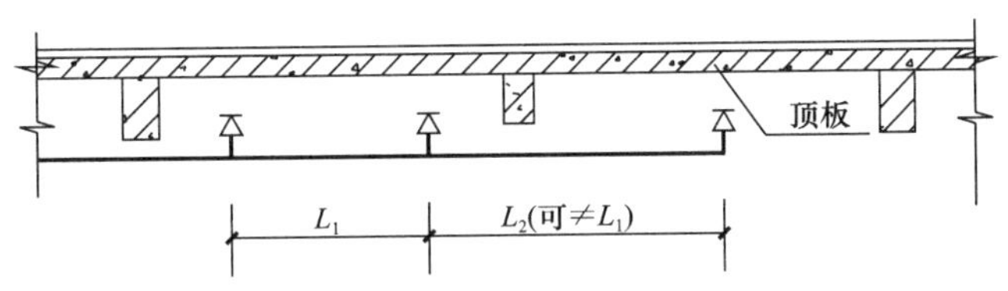

〖条文解析〗图 7.1.6-4 梁间喷头不等距布置示意图

【规范条文】7.1.8 图书馆、档案馆、商场、仓库中的通道上方宜设有喷头。喷头与被保护对象的水平距离不应小于 0.30m，喷头溅水盘与保护对象的最小垂直距离不应小于表 7.1.8 的规定。

喷头溅水盘与保护对象的最小垂直距离（mm） **表 7.1.8**

喷头类型	最小垂直距离
标准覆盖面积洒水喷头、扩大覆盖面积洒水喷头	450
特殊应用喷头、早期抑制快速响应喷头	900

〖条文说明〗

本条规定的适用对象由仓库扩展到包括图书馆、档案馆、商场等堆物较高的场所；规定喷头溅水盘与保护对象的最小垂直距离，是保证喷头的布水在其保护范围内能完全覆盖（见〖条文说明〗图 14）。

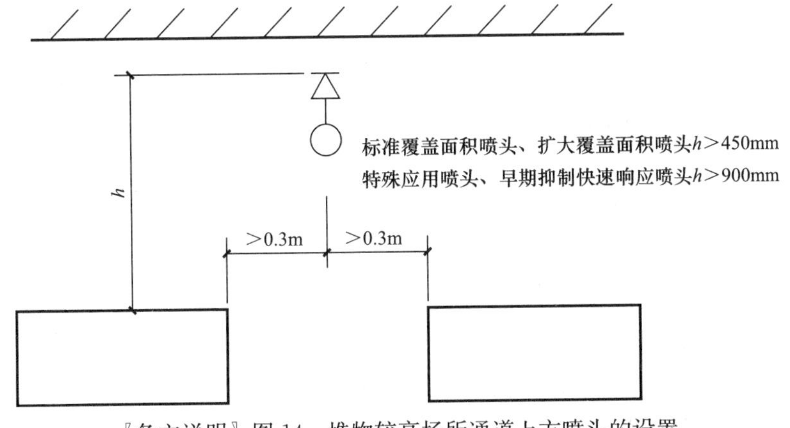

〖条文说明〗图 14 堆物较高场所通道上方喷头的设置

〖条文解析〗

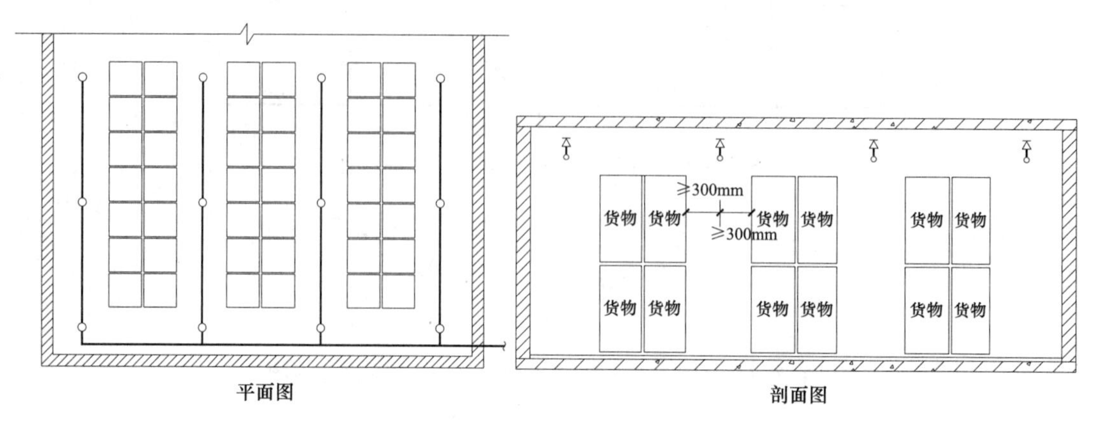

〖条文解析〗图 7.1.8　堆物较高场所通道上方喷头的设置

【规范条文】7.1.9　货架内置洒水喷头宜与顶板下洒水喷头交错布置，其溅水盘与上方层板的距离应符合本规范第 7.1.6 条的规定，与其下部储物顶面的垂直距离不应小于 150mm。

〖条文说明〗

货架内布置的喷头，如果其溅水盘与储物顶部的间距太小，喷头的洒水将因储物的阻挡而不能达到均匀分布的目的。

〖条文解析〗

详见〖条文解析〗图 5.0.8-2。

【规范条文】7.1.10　挡水板应为正方形或圆形金属板，其平面面积不宜小于 $0.12m^2$，周围弯边的下沿宜与洒水喷头的溅水盘平齐。除下列情况和相关规范另有规定外，其他场所或部位不应采用挡水板：

1　设置货架内置洒水喷头的仓库，当货架内置洒水喷头上方有孔洞、缝隙时，可在洒水喷头的上方设置挡水板；

2　宽度大于本规范第 7.2.3 条规定的障碍物，增设的洒水喷头上方有孔洞、缝隙时，可在洒水喷头的上方设置挡水板。

〖条文说明〗

本条是对原条文的修改和补充。

本条规定了挡水板的适用范围和不适用范围。喷头动作所需的热量主要来自热对流，需要热的烟气流经喷头才能实现。调研中发现，有的商场、超市等采用增设挡水板的方式使喷头悬空布置，喷头与顶板的距离过大，这种布置方式使得喷头的动作大大滞后。美国消防协会标准《自动喷水灭火系统安装标准》NFPA 13 也规定，不应采用挡水板作为辅助喷头启动的方式。

对于货架内置喷头和障碍物下方设置的喷头，如果恰好在喷头的上方有孔洞、缝隙，为防止上部的喷头动作后淋湿下方的喷头而影响喷头动作，规定可在其上方设置挡水板。英国标准《固定式灭火系统-自动喷水灭火系统-设计、安装和维护》BS EN 12845 规定，安装在货架内，或者有孔洞的隔板、平台、楼板或类似位置下的喷头，当较高的喷头动作时有可能淋湿下层喷头的感温元件，喷头应设有金属挡水板，并规定该挡水板的直径为 75mm～150mm。

对挡水板的具体规定是：要求采用金属板制作，形状为圆形或正方形，其平面面积不小于 0.12m²，并要求挡水板的周边向下弯边，弯边的高度要与喷头溅水盘平齐（见〖条文说明〗图 15）。

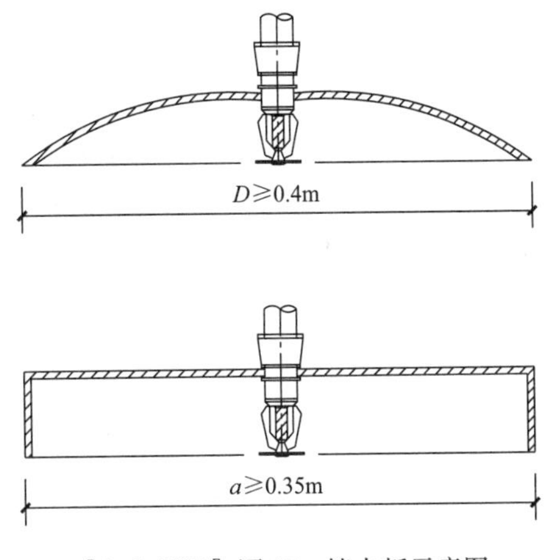

〖条文说明〗图 15 挡水板示意图

〖条文解析〗

【规范条文】7.1.11 净空高度大于 800mm 的闷顶和技术夹层内应设置洒水喷头，当同时满足下列情况时，可不设置洒水喷头：

1 闷顶内敷设的配电线路采用不燃材料套管或封闭式金属线槽保护；

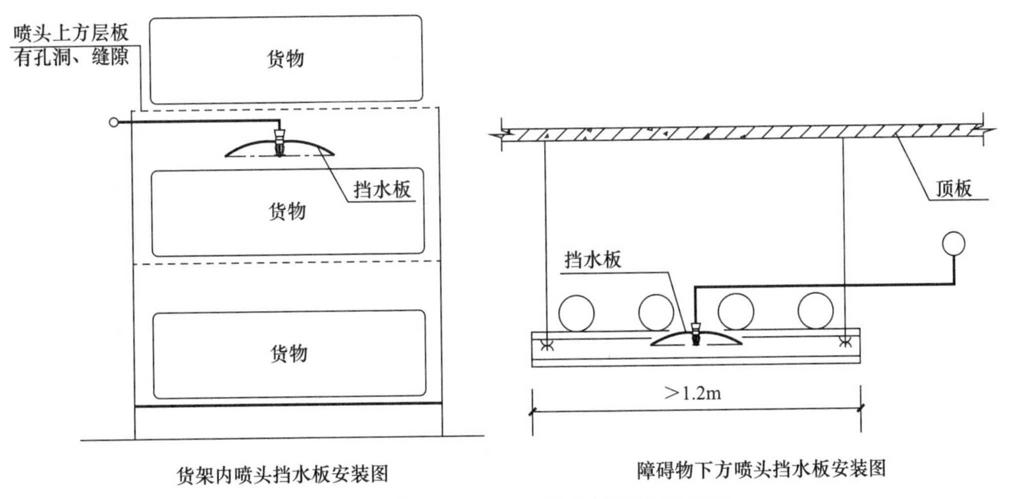

〖条文解析〗图 7.1.10 挡水板安装示意图

2 风管保温材料等采用不燃、难燃材料制作；

3 无其他可燃物。

〖条文说明〗

（略）

〖条文解析〗

【规范条文】7.1.12 当局部场所设置自动喷水灭火系统时，局部场所与相邻不设自动喷水灭火系统场所连通的走道和连通门窗的外侧，应设洒水喷头。

〖条文说明〗

本条强调当在建筑物的局部场所设置喷头时，其门、窗、孔洞等开口的外侧及与相邻不设喷头场所连通的走道，要求设置防止火灾从开口处蔓延的喷头。

此种做法可起很大作用。例如 1976 年 5 月上海第一百货公司八层的火灾：同在八层的服装厂与手工艺制品厂植绒车间仅一墙之隔，服装厂装有闭式系统，而植绒车间则未装。植绒车间发生火灾后，火势经隔墙上的连通窗口向服装厂蔓延。服装厂内喷头受热动作后，阻断了火灾向服装厂的扩展（见〖条文说明〗图 16）。

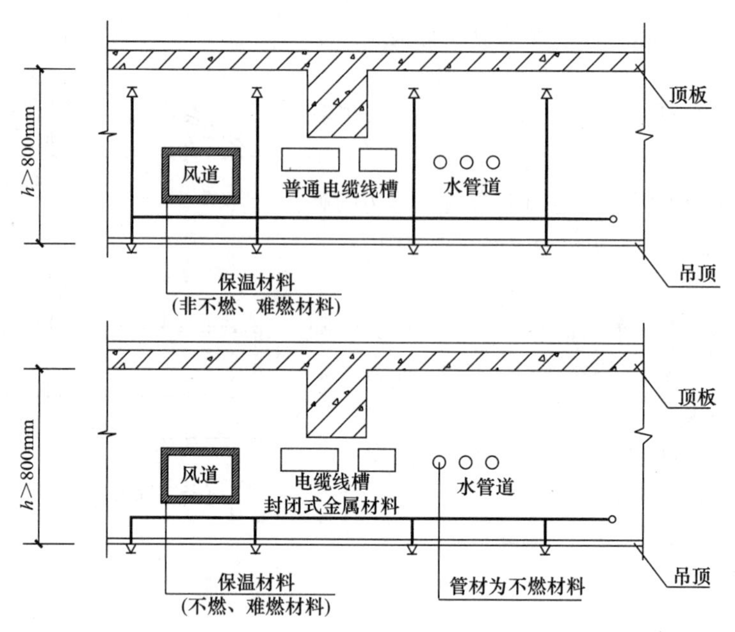

〖条文解析〗图 7.1.11　闷顶和技术夹层内喷头布置示意图

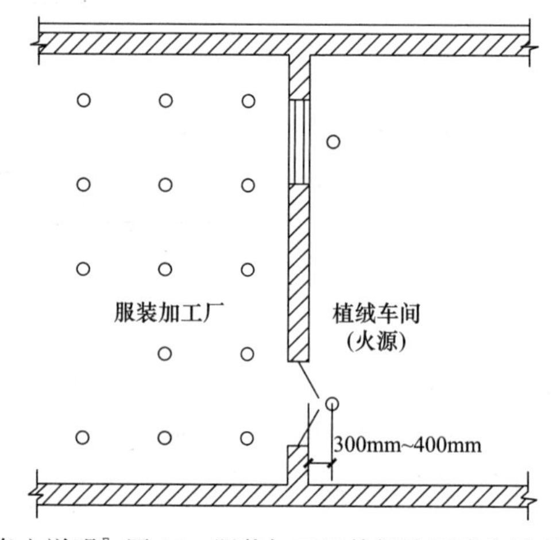

〖条文说明〗图 16　服装加工厂外侧设置喷头示意图

【规范条文】7.1.13　装设网格、栅板类通透性吊顶的场所，当通透面积占吊顶总面积的比例大于 70%时，喷头应设置在吊顶上方，并符合下列规定：

1　通透性吊顶开口部位的净宽度不应小于 10mm，且开口部位的厚度不应大于开口的最小宽度；

2　喷头间距及溅水盘与吊顶上表面的距离应符合表 7.1.13 的规定。

通透性吊顶场所喷头布置要求　　**表 7.1.13**

火灾危险等级	喷头间距 S(m)	喷头溅水盘与吊顶上表面的最小距离（mm）
轻危险级、中危险级Ⅰ级	S≤3.0	450
	3.0<S≤3.6	600
	S>3.6	900
中危险级Ⅱ级	S≤3.0	600
	S>3.0	900

〖条文说明〗

本条是对原条文的修改和补充。

通透性吊顶的形式、规格、种类多种多样，其设置在给建筑空间带来美观的同时，也会消弱喷头的动作性能、布水性能和灭火性能。本条从镂空率和开口形式等方面规定了不同类型吊顶下喷头的布置要求。

对于诸如垂片、挂板等纵向布置形成的格栅吊顶，本条要求其纵深厚度不应超过吊顶内镂空开口的最小宽度，以便即使通透率满足要求，吊顶自身的厚度也会改变喷头的洒水分布形式及水滴的冲击性能（见〖条文说明〗图 17）。

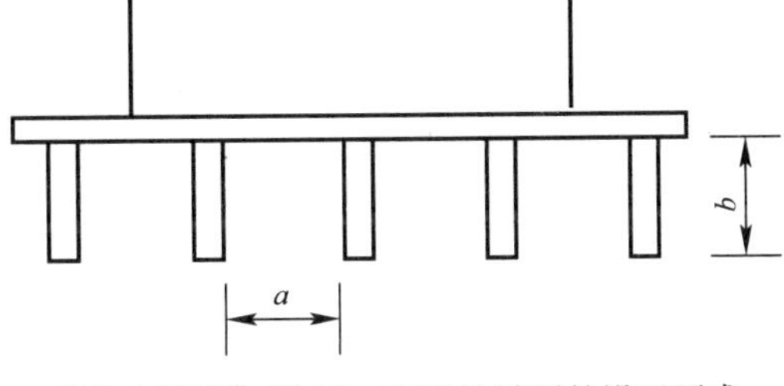

〖条文说明〗图 17 通透性吊顶的设置要求

技术要求：$b \leqslant a$。

〖条文解析〗

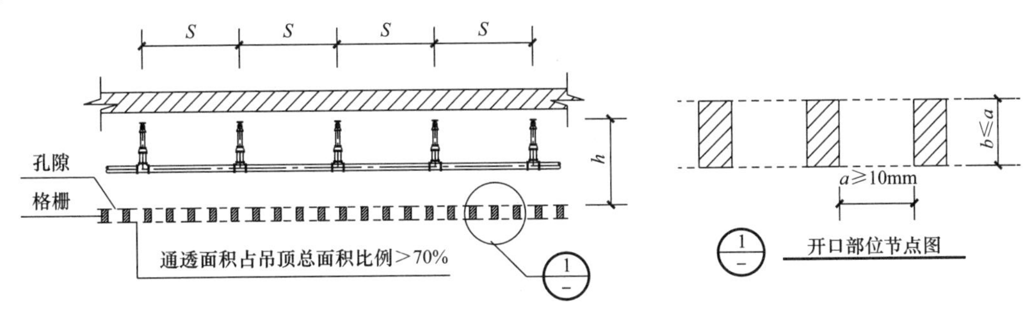

〖条文解析〗图 7.1.13 通透性吊顶的设置要求

【规范条文】**7.1.14** 顶板或吊顶为斜面时，喷头的布置应符合下列要求：

1 喷头应垂直于斜面，并应按斜面距离确定喷头间距；

2 坡屋顶的屋脊处应设一排喷头，当屋顶坡度不小于 1/3 时，喷头溅水盘至屋脊的垂直距离不应大于 800mm；当屋顶坡度小于 1/3 时，喷头溅水盘至屋脊的垂直距离不应大于 600mm。

〖条文说明〗

本条要求在倾斜的屋面板、吊顶下布置的喷头，垂直于斜面安装，喷头的间距按斜面的距离确定。当房间为坡屋顶时，要求屋脊处布置一排喷头。为利于系统尽快启动和便于安装，按屋顶坡度规定了喷头溅水盘与屋脊的垂直距离：屋顶坡度≥1/3 时，h 不应大于 0.8m；屋顶坡度＜1/3 时，h 不应大于 0.6m（见〖条文说明〗图 18）。

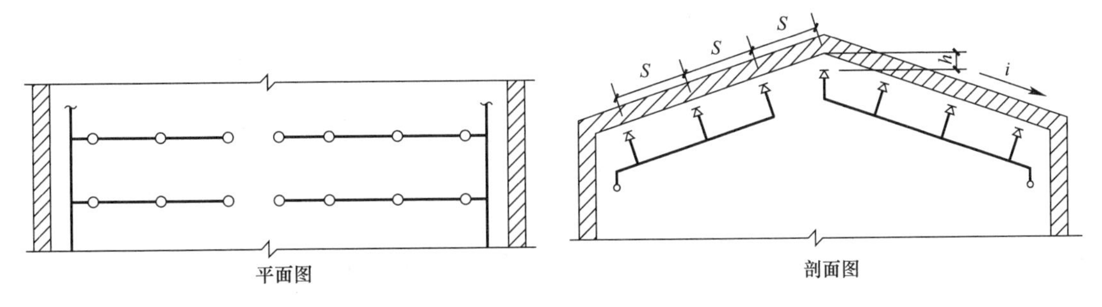

〖条文说明〗图 18 屋脊处设置喷头示意图

S—喷头沿斜面方向距离；h—屋脊喷头溅水盘至屋脊垂直距离；i—屋面坡度，$i \geqslant 1/3$ 时，$h \leqslant 0.8$m；$i < 1/3$ 时，$h \leqslant 0.6$m

【规范条文】7.1.15 边墙型洒水喷头溅水盘与顶板和背墙的距离应符合表7.1.15的规定。

边墙型洒水喷头溅水盘与顶板和背墙的距离（mm） **表7.1.15**

喷头类型		喷头溅水盘与顶板的距离 S_L	喷头溅水盘与背墙的距离 S_W
边墙型标准覆盖面积洒水喷头	直立式	$100 \leqslant S_L \leqslant 150$	$50 \leqslant S_W \leqslant 100$
	水平式	$150 \leqslant S_L \leqslant 300$	—
边墙型扩大覆盖面积洒水喷头	直立式	$100 \leqslant S_L \leqslant 150$	$100 \leqslant S_W \leqslant 150$
	水平式	$150 \leqslant S_L \leqslant 300$	—
边墙型家用喷头		$100 \leqslant S_L \leqslant 150$	—

〖条文说明〗

本条规定了边墙型洒水喷头与顶板及背墙的距离，目的是为了使喷头在受热时及时动作。〖条文说明〗图19为直立式边墙型标准覆盖面积洒水喷头安装示意图。

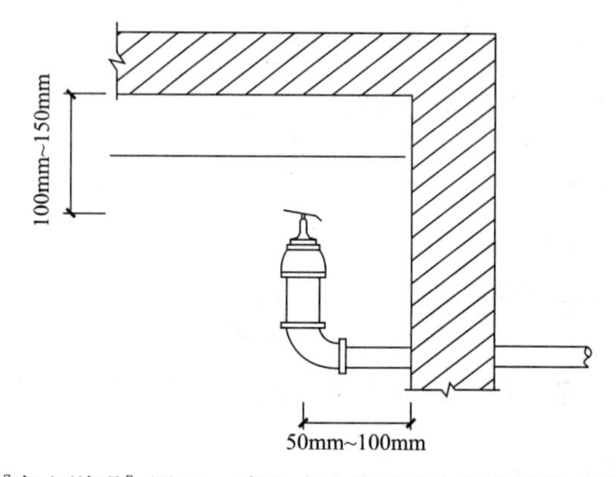

〖条文说明〗图19 直立式边墙型喷头的安装示意图

〖条文解析〗

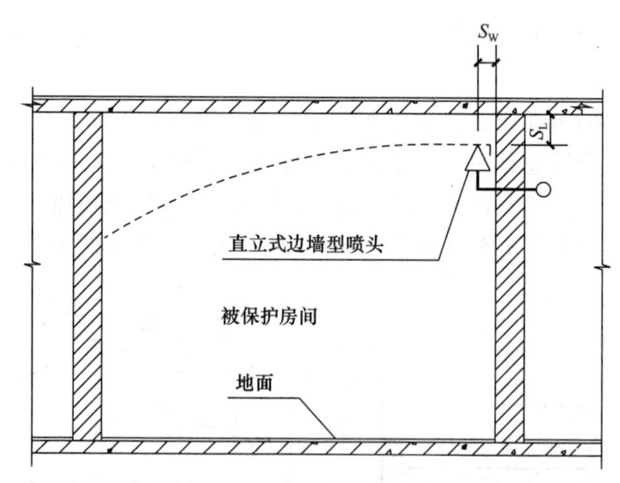

〖条文解析〗图7.1.15 直立式边墙型喷头的安装示意图

【规范条文】7.1.16 防火分隔水幕的喷头布置，应保证水幕的宽度不小于6m。采用水幕喷头时，喷头不应少于3排；采用开式洒水喷头时，喷头不应少于2排。防护冷却水幕的喷头宜布置成单排。

〖条文说明〗

本条按防火分隔水幕和防护冷却水幕，分别规定了布置喷头的排数及排间距。水幕喷头的布置应当符合喷水强度和均匀布水的要求。本规范规定水幕的喷水强度按直线分布衡量，并不能出现空白点。

(1) 防火分隔水幕采用开式洒水喷头时按不少于2排布置，采用水幕喷头时按不少于3排布置。多排布置喷头的目的是为了形成具有一定厚度的水墙或多层水帘。

(2) 防护冷却水幕与防火卷帘或防火幕等防火分隔设施配套使用时，要求喷头单排布置，并将水喷向防火卷帘或防火幕等保护对象。

〖条文解析〗

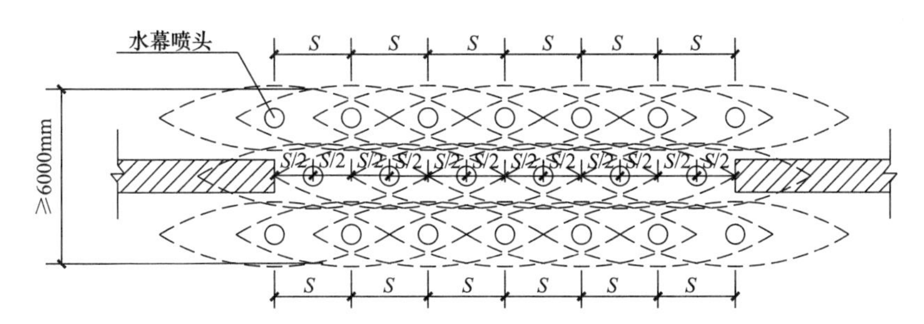

〖条文解析〗图 7.1.16-1　防火分隔水幕采用水幕喷头布置示意图

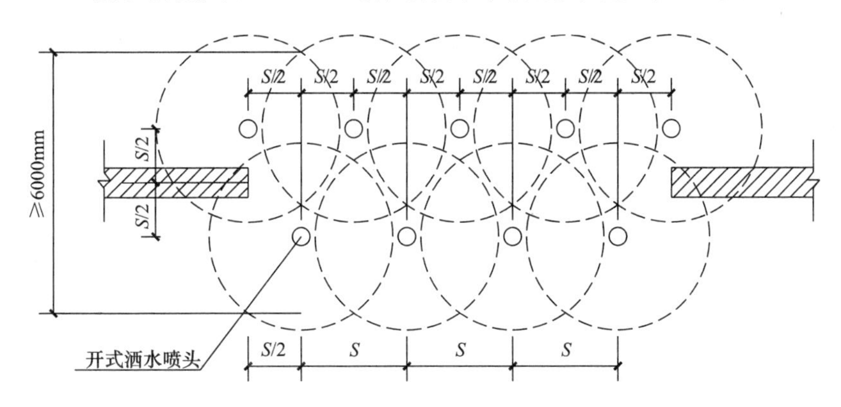

〖条文解析〗图 7.1.16-2　防火分隔水幕采用开式洒水喷头布置示意图

【规范条文】7.1.17　当防火卷帘、防火玻璃墙等防火分隔设施需采用防护冷却系统保护时，喷头应根据可燃物的情况一侧或两侧布置；外墙可只在需要保护的一侧布置。

〖条文解析〗

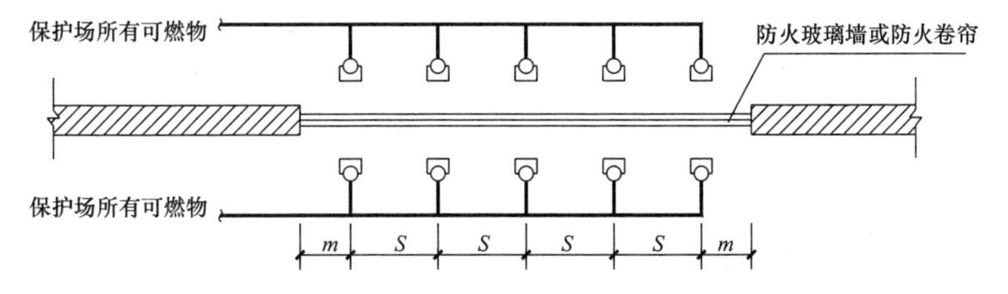

〖条文解析〗图 7.1.17-1　防护冷却系统洒水喷头两侧布置平面图

注：1.8m≤S≤2.4m；0.1m≤m≤1.2m。

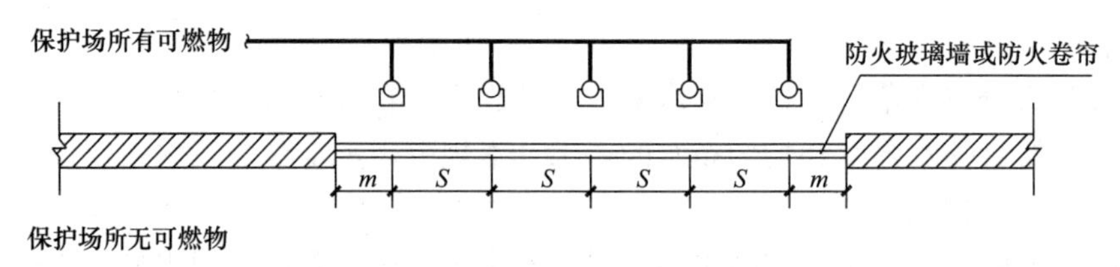

〖条文解析〗图 7.1.17-2　防护冷却系统洒水喷头单侧布置平面图

注：1.8m≤S≤2.4m；0.1m≤m≤1.2m。

7.2　喷头与障碍物的距离

【规范条文】7.2.1　直立型、下垂型喷头与梁、通风管道等障碍物的距离（图 7.2.1）宜符合表 7.2.1 的规定。

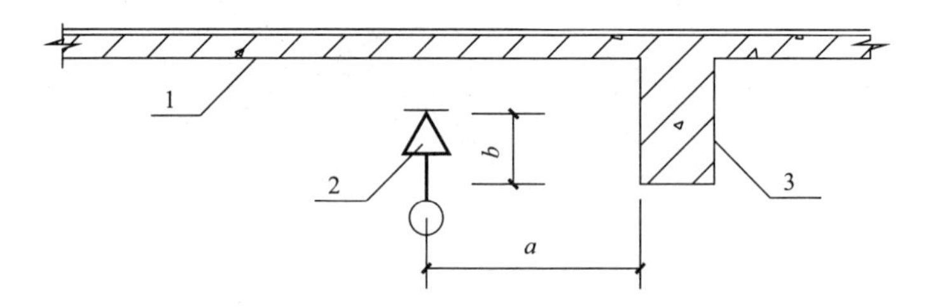

图 7.2.1　喷头与梁、通风管道等障碍物的距离

1—顶板；2—直立型喷头；3—梁（或通风管道）

喷头与梁、通风管道等障碍物的距离（mm）　　**表 7.2.1**

喷头与梁、通风管道的水平距离 a	喷头溅水盘与梁或通风管道的底面的垂直距离 b		
	标准覆盖面积洒水喷头	扩大覆盖面积洒水喷头、家用喷头	早期抑制快速响应喷头、特殊应用喷头
$a<300$	0	0	0
$300\leqslant a<600$	$b\leqslant 60$	0	$b\leqslant 40$
$600\leqslant a<900$	$b\leqslant 140$	$b\leqslant 30$	$b\leqslant 140$
$900\leqslant a<1200$	$b\leqslant 240$	$b\leqslant 80$	$b\leqslant 250$
$1200\leqslant a<1500$	$b\leqslant 350$	$b\leqslant 130$	$b\leqslant 380$
$1500\leqslant a<1800$	$b\leqslant 450$	$b\leqslant 180$	$b\leqslant 550$
$1800\leqslant a<2100$	$b\leqslant 600$	$b\leqslant 230$	$b\leqslant 780$
$a>2100$	$b\leqslant 880$	$b\leqslant 350$	$b\leqslant 780$

〖条文说明〗

本条是对原条文的修改和补充，细化了不同类型喷头与障碍物的距离要求。

当顶板下有梁、通风管道或类似障碍物，且在其附近布置喷头时，为避免梁、通风管道等障碍物对喷头洒水分布的影响，本条提出了喷头与障碍物的距离要求（见本规范图 7.2.1）。喷头的布置应当同时满足本规范 7.1 节中喷头溅水盘与顶板距离的规定，喷头与障碍物的水平间距不小于本规范表 7.2.1 的规定。如有困难，则要求增设喷头。

【规范条文】7.2.2　特殊应用喷头溅水盘以下 900mm 范围内，其他类型喷头溅水盘以下 450mm 范围内，当有屋架等间断障碍物或管道时，喷头与邻近障碍物的最小水平距离（图 7.2.2）应符合表 7.2.2 的规定。

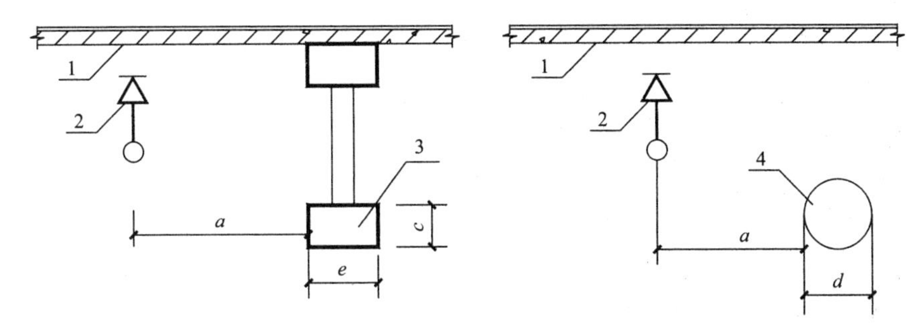

图 7.2.2 喷头与邻近障碍物的最小水平距离

1—顶板；2—直立型喷头；3—屋架等间断障碍物；4—管道

喷头与邻近障碍物的最小水平距离（mm） **表 7.2.2**

喷头类型	喷头与邻近障碍物的最小水平距离 a	
标准覆盖面积洒水喷头、特殊应用喷头	c、e 或 $d \leqslant 200$	$3c$ 或 $3e$（c 与 e 取大值）或 $3d$
	c、e 或 $d > 200$	600
扩大覆盖面积洒水喷头、家用喷头	c、e 或 $d \leqslant 225$	$4c$ 或 $4e$（c 与 e 取大值）或 $4d$
	c、e 或 $d > 225$	900

〖**条文说明**〗

本条是对原条文的修改和补充。

喷头附近如有屋架等间断障碍物或管道时，为使障碍物对喷头洒水的影响降至最小，规定喷头与上述障碍物保持一个最小的水平距离。这一水平距离，是由障碍物的最大截面尺寸或管道直径决定的（见本规范图 7.2.2）。需要说明的是，本条适用于直立型、下垂型以及边墙型喷头。

【规范条文】7.2.3 当梁、通风管道、成排布置的管道、桥架等障碍物的宽度大于 1.2m 时，其下方应增设喷头（图 7.2.3）；采用早期抑制快速响应喷头和特殊应用喷头的场所，当障碍物宽度大于 0.6m 时，其下方应增设喷头。

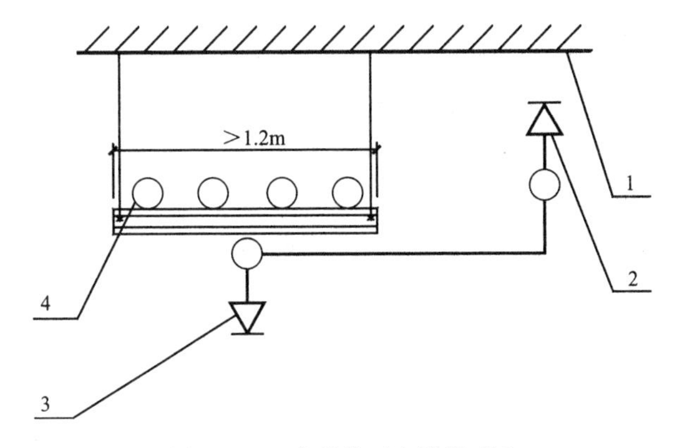

图 7.2.3 障碍物下方增设喷头

1—顶板；2—直立型喷头；3—下垂型喷头；4—成排布置的管道（或梁、通风管道、桥架等）

〖**条文说明**〗

本条是对原条文的修改和补充。

本条针对宽度大于1.2m的通风管道、成排布置的管道等水平障碍物对喷头洒水的遮挡作用，提出了增设喷头的规定，以补偿受阻部位的喷水强度，对早期抑制快速响应喷头和特殊应用喷头，提出当障碍物宽度大于0.6m时，就要求增设喷头（见本规范图7.2.3）。

【规范条文】7.2.4 标准覆盖面积洒水喷头、扩大覆盖面积洒水喷头和家用喷头与不到顶隔墙的水平距离和垂直距离（图7.2.4）应符合表7.2.4的规定。

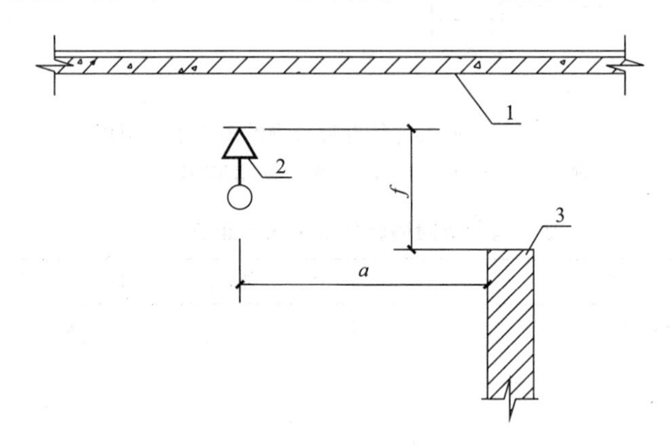

图7.2.4 喷头与不到顶隔墙的水平距离

1—顶板；2—喷头；3—不到顶隔墙

喷头与不到顶隔墙的水平距离和垂直距离（mm） **表7.2.4**

喷头与不到顶隔墙的水平距离 a	喷头溅水盘与不到顶隔墙的垂直距离 f
$a<150$	$f\geqslant 80$
$150\leqslant a<300$	$f\geqslant 150$
$300\leqslant a<450$	$f\geqslant 240$
$450\leqslant a<600$	$f\geqslant 310$
$600\leqslant a<750$	$f\geqslant 390$
$a\geqslant 750$	$f\geqslant 450$

〖条文说明〗

本条是对原条文的修改和补充。

喷头附近的不到顶隔墙，将可能阻挡喷头的洒水。为了保证喷头的洒水能到达隔墙的另一侧，本条提出了不同类型喷头其溅水盘与不到顶隔墙顶面的垂直距离与水平距离的规定（见本规范图7.2.4）。需要说明的是，本条适用于直立型、下垂型以及边墙型喷头。

【规范条文】7.2.5 直立型、下垂型喷头与靠墙障碍物的距离（图7.2.5）应符合下列规定：

1 障碍物横截面边长小于750mm时，喷头与障碍物的距离应按下式确定：

$$a \geqslant (e-200)+b \tag{7.2.5}$$

式中：a——喷头与障碍物的水平距离（mm）；

b——喷头溅水盘与障碍物底面的垂直距离（mm）；

e——障碍物横截面的边长（mm），$e<750$mm。

2 障碍物横截面边长等于或大于750mm或 a 的计算值大于本规范表7.1.2中喷头与端墙距离的规定时，应在靠墙障碍物下增设喷头。

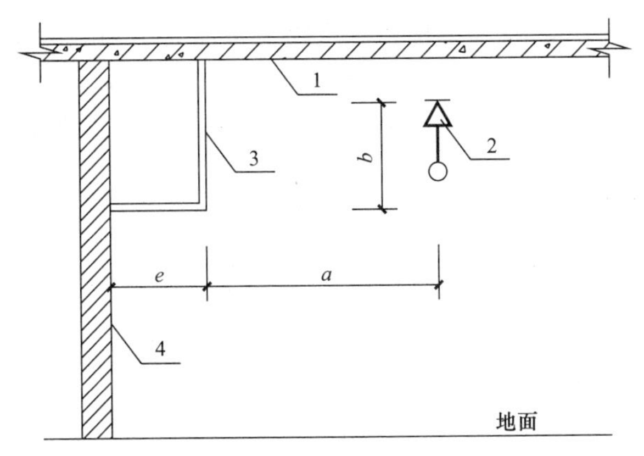

图 7.2.5 喷头与靠墙障碍物的距离

1—顶板；2—直立型喷头；3—靠墙障碍物；4—墙面

〖**条文说明**〗

顶板下靠墙处有障碍物时，将可能影响其邻近喷头的洒水。本条提出了保证洒水免受阻挡的规定。同时，还应保证障碍物下方喷头的洒水没有漏喷空白点（见本规范图 7.2.5）。

〖**条文解析**〗

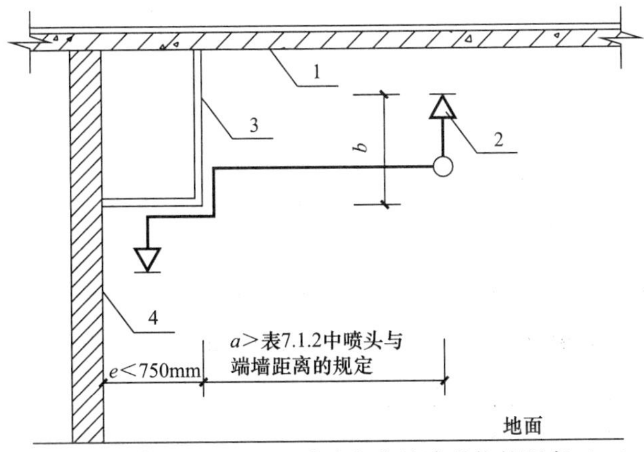

〖条文解析〗图 7.2.5-1 喷头与靠墙障碍物的距离（一）

1—顶板；2—直立型喷头；3—靠墙障碍物；4—墙面

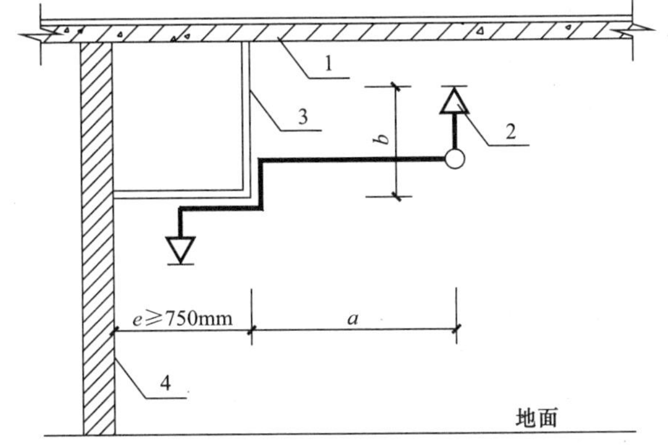

〖条文解析〗图 7.2.5-2 喷头与靠墙障碍物的距离（二）

1—顶板；2—直立型喷头；3—靠墙障碍物；4—墙面

【规范条文】7.2.6 边墙型标准覆盖面积洒水喷头正前方 1.2m 范围内，边墙型扩大覆盖面积洒水喷头和边墙型家用喷头正前方 2.4m 范围（图 7.2.6）内，顶板或吊顶下不应有阻挡喷水的障碍物，其布置要求应符合表 7.2.6-1 和表 7.2.6-2 的规定。

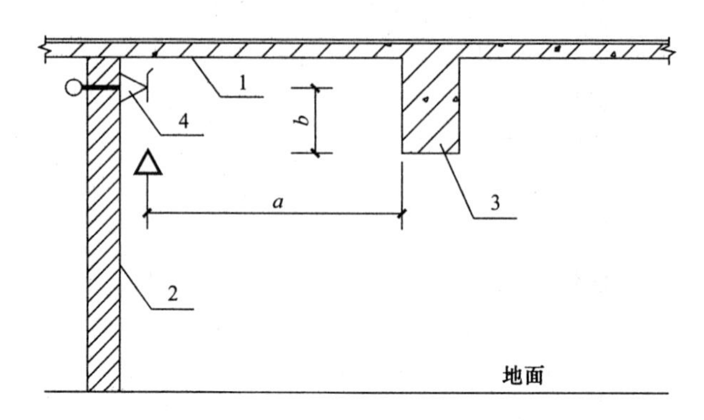

图 7.2.6 边墙型洒水喷头与正前方障碍物的距离

1—顶板；2—背墙；3—梁（或通风管道）；4—边墙型喷头

边墙型标准覆盖面积洒水喷头与正前方障碍物的垂直距离（mm） **表 7.2.6-1**

喷头与障碍物的水平距离 a	喷头溅水盘与障碍物底面的垂直距离 b
$a<1200$	不允许
$1200\leqslant a<1500$	$b\leqslant 25$
$1500\leqslant a<1800$	$b\leqslant 50$
$1800\leqslant a<2100$	$b\leqslant 100$
$2100\leqslant a<2400$	$b\leqslant 175$
$a\geqslant 2400$	$b\leqslant 280$

边墙型扩大覆盖面积洒水喷头和边墙型家用喷头与正前方障碍物的垂直距离（mm） **表 7.2.6-2**

喷头与障碍物的水平距离 a	喷头溅水盘与障碍物底面的垂直距离 b
$a<2400$	不允许
$2400\leqslant a<3000$	$b\leqslant 25$
$3000\leqslant a<3300$	$b\leqslant 50$
$3300\leqslant a<3600$	$b\leqslant 75$
$3600\leqslant a<3900$	$b\leqslant 100$
$3900\leqslant a<4200$	$b\leqslant 150$
$4200\leqslant a<4500$	$b\leqslant 175$
$4500\leqslant a<4800$	$b\leqslant 225$
$4800\leqslant a<5100$	$b\leqslant 280$
$a\geqslant 5100$	$b\leqslant 350$

【规范条文】7.2.7 边墙型洒水喷头两侧与顶板或吊顶下梁、通风管道等障碍物的距离（图 7.2.7），应符合表 7.2.7-1 和表 7.2.7-2 的规定。

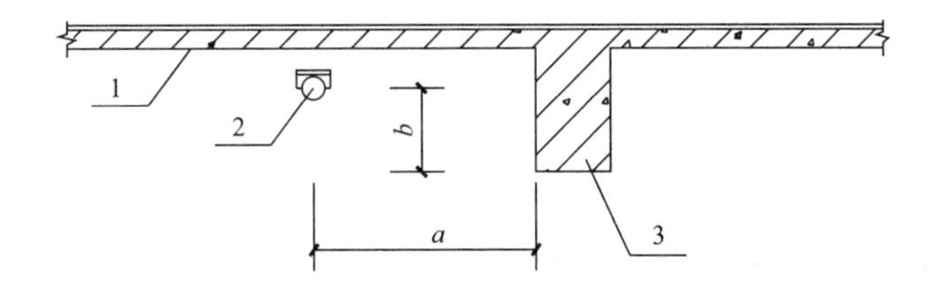

地面

图 7.2.7 边墙型洒水喷头与沿墙障碍物的距离

1—顶板；2—边墙型洒水喷头；3—梁（或通风管道）

边墙型标准覆盖面积洒水喷头与沿墙障碍物底面的垂直距离（mm） **表 7.2.7-1**

喷头与沿墙障碍物的水平距离 a	喷头溅水盘与沿墙障碍物底面的垂直距离 b
$a<300$	$b\leqslant25$
$300\leqslant a<600$	$b\leqslant75$
$600\leqslant a<900$	$b\leqslant140$
$900\leqslant a<1200$	$b\leqslant200$
$1200\leqslant a<1500$	$b\leqslant250$
$1500\leqslant a<1800$	$b\leqslant320$
$1800\leqslant a<2100$	$b\leqslant380$
$2100\leqslant a<2250$	$b\leqslant440$

边墙型扩大覆盖面积洒水喷头和边墙型家用喷头与沿墙障碍物底面的垂直距离（mm） **表 7.2.7-2**

喷头与沿墙障碍物的水平距离 a	喷头溅水盘与沿墙障碍物底面的垂直距离 b
$a\leqslant450$	0
$450<a\leqslant900$	$b\leqslant25$
$900<a\leqslant1200$	$b\leqslant75$
$1200<a\leqslant1350$	$b\leqslant125$
$1350<a\leqslant1800$	$b\leqslant175$
$1800<a\leqslant1950$	$b\leqslant225$
$1950<a\leqslant2100$	$b\leqslant275$
$2100<a\leqslant2250$	$b\leqslant350$

7.2.6、7.2.7〖条文说明〗

这两条是对原条文的修改和补充。

这两条提出了边墙型喷头与正前方障碍物及两侧障碍物的关系。规定这两条的目的，是为了防止障碍物影响边墙型喷头的洒水分布（见本规范图 7.2.6 和图 7.2.7）。

本节中各种障碍物对喷水形成的阻挡，将削弱系统的灭火能力。根据喷头洒水不留空白点的要求，要求对因遮挡而形成空白点的部位增设喷头。

8 管　　道

【规范条文】**8.0.1** 配水管道的工作压力不应大于1.20MPa，并不应设置其他用水设施。

〖条文说明〗

为保证系统的用水量，报警阀出口后的管道上不能设置其他用水设施。

【规范条文】**8.0.2** 配水管道可采用内外壁热镀锌钢管、涂覆钢管、铜管、不锈钢管和氯化聚氯乙烯（PVC-C）管。当报警阀入口前管道采用不防腐的钢管时，应在报警阀前设置过滤器。

〖条文说明〗

本条是对原条文的修改和补充。

本条规定了自动喷水灭火系统报警阀后的管道选型及设置要求。对于报警阀入口前的管道，当采用内壁未经防腐涂覆处理的钢管时，要求在这段管道的末端，即报警阀的入口前设置过滤器，过滤器的规格应符合国家有关标准规范的规定，以保证配水管道的质量，避免不必要的验修。

涂覆钢管具有内部光滑、摩擦阻力小等优点，但同时也存在附着力差、涂层易脱落、易堵塞喷头等缺点。因此，应加强该管道在进场、安装方面的要求，如严禁剧烈撞击和与尖锐物品碰触，不得抛、摔、滚、拖，不得在现场进行切割、焊接、压槽等操作等。在设计方面，涂覆钢管除水力计算与其他材质的管道不同外，其余内容基本一致。

【规范条文】**8.0.3** 自动喷水灭火系统采用氯化聚氯乙烯（PVC-C）管材及管件时，设置场所的火灾危险等级应为轻危险级或中危险级Ⅰ级，系统应为湿式系统，并采用快速响应洒水喷头，且氯化聚氯乙烯（PVC-C）管材及管件应符合下列要求：

1 应符合现行国家标准《自动喷水灭火系统　第19部分：塑料管道及管件》GB/T 5135.19的规定；

2 应用于公称直径不超过*DN*80的配水管及配水支管，且不应穿越防火分区；

3 当设置在有吊顶场所时，吊顶内应无其他可燃物，吊顶材料应为不燃或难燃装修材料；

4 当设置在无吊顶场所时，该场所应为轻危险级场所，顶板应为水平、光滑顶板，且喷头溅水盘与顶板的距离不应大于100mm。

〖条文说明〗

本条为新增条文。

本条结合国内外的相关标准的规定、试验情况以及应用现状，规定了自动喷水灭火系统采用氯化聚氯乙烯（PVC-C）管材及管件的技术要求。氯化聚氯乙烯（PVC-C）管由特殊的氯化聚氯乙烯热塑料制成，具有重量轻、连接方法快速、可靠以及表面光滑、摩擦阻力小等优点。20世纪80年代初，欧美等国家开始在一些改造系统中采用该管材，并逐步应用成熟。

（略）

我国也针对“自动喷水灭火系统用氯化聚氯乙烯（PVC-C）管道及管件”开展了试验研究。研究内容包括水压试验、灭火试验和环境试验等。其中在灭火试验中，在30min的灭火试验后，对整个管网进行水压试验，加压至1.2MPa，保持5min试件无破裂漏水现象，直至加压到7.71MPa，*DN*50管道才破裂。

在管网敷设方面，考虑到氯化聚氯乙烯（PVC-C）管材及管件的低温脆性以及承压能力受温差的影响较大等不利因素，应避免将氯化聚氯乙烯（PVC-C）管材及管件设置在阳光直射的区域，并远离供暖管道、蒸汽管道等热源，当确需设置在该场所时，应采取保护措施。

〖条文解析〗

PVC-C 管道设计说明：

1 产品标准

《自动喷水灭火系统 第 19 部分：塑料管道及管件》GB/T 5135.19—2010；

《自动喷水灭火系统 CPVC 管管道工程技术规程》CECS 234—2008。

2 设置要求

（1）设置场所的火灾危险等级应为轻危险级或中危险级Ⅰ级，系统应为湿式系统，并采用快速响应喷头。

（2）应用于公称直径不超过 *DN*80 的配水管及配水支管，且不应穿越防火分区。

（3）当设置在有吊顶场所时，吊顶内应无其他可燃物，吊顶材料应为不燃或难燃装修材料。

（4）当设置在无吊顶场所时，该场所应为轻危险级场所，顶板应为水平、光滑顶板，且喷头溅水盘与顶板的距离不应超过 100mm。

3 管道性能

PVC-C 管道物理、力学性能见〖条文解析〗表 8.0.3-1。

PVC-C 管道物理、力学性能　　〖条文解析〗表 8.0.3-1

项目	指标
密度（kg/m³）	1450～1650
树脂氯含量（质量分数）	≥67%
线膨胀系数［mm/(m·℃)］	0.06～0.07
导热率［W/(m·K)］	0.137
抗拉强度（MPa）	>48.3
泊松比	0.35～0.38
环刚度（kN/m）	≥6.3
工作压力（环境温度 23℃）（MPa）	>1.38

4 管道规格

PVC-C 管道规格及重量见〖条文解析〗表 8.0.3-2。

PVC-C 管道规格及重量　　〖条文解析〗表 8.0.3-2

规格（mm）				重量（kg/m）	
公称管径	管道外径	管道内径	壁厚	未充水	充水
20	26.7	22.2	2.25	0.25	0.64
25	33.4	28.4	2.50	0.39	1.01
32	42.2	35.4	3.40	0.62	1.61
40	48.3	40.6	3.85	0.82	2.11
50	60.3	50.9	4.70	1.28	3.31
70	73.0	61.5	5.75	1.87	4.84
80	88.9	75.0	6.95	2.78	7.19

5 管道安装

(1) 同质管道连接采用专用连接件及胶粘剂粘接。

(2) PVC-C管道与内外壁热镀锌钢管等连接采用PVC-C内嵌或外丝螺纹接头进行连接。

(3) 阀门等处通过PVC-C法兰管件连接。

(4) 与供暖管道、蒸汽管道等净距不应小于200mm，并不宜邻近灯具等发热装置安装，不满足时采取相应的隔热措施。

(5) 有防冻要求时，仅可采取保温措施，不得设置电伴热等发热装置。

(6) 管道热膨胀量可利用管道转弯等进行自然补偿，水平安装距离大于30m时，应设置膨胀环。

6 管道支、吊架

PVC-C管道可采用金属支、吊架固定，安装时紧固件不得损伤管壁，金属吊杆与管道表面距离不宜小于3mm，金属管卡与管道接触部位应设置橡胶垫等。

管道支、吊架最大间距见〖条文解析〗图8.0.3-1、〖条文解析〗表8.0.3-3、〖条文解析〗表8.0.3-4。

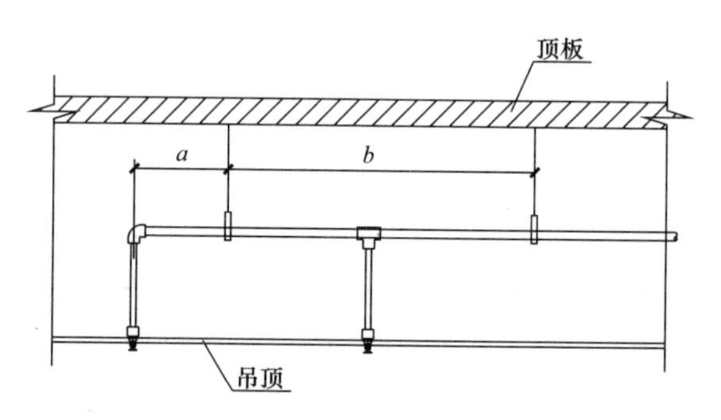

〖条文解析〗图8.0.3-1 PVC-C管道吊架示意图

管线中吊架最大间距 b(m) 〖条文解析〗表8.0.3-3

公称管径(mm)	系统压力≤0.69MPa	系统压力>0.69MPa
20	1.22	0.91
25	1.52	1.22
32	1.83	1.52
40～80	2.13	2.13

管线末端吊架最大间距 a(m) 〖条文解析〗表8.0.3-4

公称管径(mm)	系统压力≤0.69MPa	系统压力>0.69MPa
20	0.23	0.15
25	0.31	0.23
32	0.41	0.31
40～80	0.61	0.31

7 水力计算

(1) 管道单位长度的沿程阻力损失应按下式计算：

$$i = 6.05 \times \frac{q_g^{1.85}}{C_h^{1.85} \times d_j^{4.87}} \times 10^7$$

式中：i——管道单位长度的水头损失（kPa/m）；

d_j——管道计算内径（mm）；

q_g——管道设计流量（L/min）；

C_h——海澄-威廉系数，PVC-C 管取 150。

（2）PVC-C 管道的局部水头损失宜采用当量长度法计算，当量长度按〖条文解析〗表 8.0.3-5 取值。

PVC-C 管件当量长度表（m） **〖条文解析〗表 8.0.3-5**

管件	公称管径（mm）					
	25	32	40	50	65	80
45°弯头	0.453	0.453	0.906	0.906	1.359	1.359
90°弯头	0.906	1.359	1.812	2.265	2.718	3.171
三通或四通	2.265	2.718	3.624	4.530	5.587	6.946
异径接头	32/25	40/32	50/40	65/50	80/65	—
	0.302	0.453	0.453	0.755	0.906	—

【规范条文】8.0.4 洒水喷头与配水管道采用消防洒水软管连接时，应符合下列规定：

1 消防洒水软管仅适用于轻危险级或中危险级Ⅰ级场所，且系统应为湿式系统；

2 消防洒水软管应设置在吊顶内；

3 消防洒水软管的长度不应超过 1.8m。

〖条文说明〗

本条为新增条文。

消防洒水软管是自动喷水灭火系统中用于连接喷头与配水支管或短立管之间的管道，具有安装快速、简易以及具有防震防错位功能等优点，可方便调整喷头的高度和布置间距，以及防止由于建筑物等受到强大振动或冲击时使消防系统管道开裂或造成消防系统的崩溃等，目前，消防洒水软管在我国的应用较多，主要用于办公楼以及洁净室无尘车间等。本次修订增加了消防洒水软管的设置要求，包括设置场所的火灾危险等级、系统类型以及管道长度等。

【规范条文】8.0.5 配水管道的连接方式应符合下列要求：

1 镀锌钢管、涂覆钢管可采用沟槽式连接件（卡箍）、螺纹或法兰连接，当报警阀前采用内壁不防腐钢管时，可焊接连接；

2 铜管可采用钎焊、沟槽式连接件（卡箍）、法兰和卡压等连接方式；

3 不锈钢管可采用沟槽式连接件（卡箍）、法兰、卡压等连接方式，不宜采用焊接；

4 氯化聚氯乙烯（PVC-C）管材、管件可采用粘接连接，氯化聚氯乙烯（PVC-C）管材、管件与其他材质管材、管件之间可采用螺纹、法兰或沟槽式连接件（卡箍）连接；

5 铜管、不锈钢管、氯化聚氯乙烯（PVC-C）管应采用配套的支架、吊架。

〖条文说明〗

本条对不同材质配水管网的连接方式作出了规定。对于热镀锌钢管和涂覆钢管，采用沟槽式管道连接件（卡箍）、螺纹或法兰连接，不允许管段之间焊接。报警阀入口前的管道，因没有强制规定采用镀锌钢管，故管道的连接允许焊接。

对于“沟槽式管道连接件（卡箍）、螺纹或法兰连接”方式，本规范并列推荐，无先后之分。

【规范条文】8.0.6 系统中直径等于或大于100mm的管道，应分段采用法兰或沟槽式连接件（卡箍）连接。水平管道上法兰间的管道长度不宜大于20m；立管上法兰间的距离，不应跨越3个及以上楼层。净空高度大于8m的场所内，立管上应有法兰。

〖条文说明〗

为了便于检修，本条提出了要求管道分段采用法兰连接的规定，并对水平、垂直管道中法兰间的管段长度提出了要求。

【规范条文】8.0.7 管道的直径应经水力计算确定。配水管道的布置，应使配水管入口的压力均衡。轻危险级、中危险级场所中各配水管入口的压力均不宜大于0.40MPa。

〖条文说明〗

本条规定要求经水力计算确定管径，管道布置力求均衡配水管入口压力的规定。只有经过水力计算确定的管径，才能做到既合理又经济。在此基础上，提出了在保证喷头工作压力的前提下，限制轻、中危险级场所系统配水管入口压力不宜超过0.40MPa的规定。

【规范条文】8.0.8 配水管两侧每根配水支管控制的标准流量洒水喷头数量，轻危险级、中危险级场所不应超过8只，同时在吊顶上下设置喷头的配水支管，上下侧均不应超过8只。严重危险级及仓库危险级场所均不应超过6只。

【规范条文】8.0.9 轻危险级、中危险级场所中配水支管、配水管控制的标准流量洒水喷头数量，不宜超过表8.0.9的规定。

轻、中危险级场所中配水支管、配水管控制的标准流量洒水喷头数量　　表8.0.9

公称管径（mm）	控制的喷头数（只）	
	轻危险级	中危险级
25	1	1
32	3	3
40	5	4
50	10	8
65	18	12
80	48	32
100	—	64

8.0.8、8.0.9〖条文说明〗

这两条是对原条文的修改和补充。

控制配水管道上设置的喷头数以及限制各种直径管道控制的喷头数，目的是为了控制配水支管的长度，保证系统的可靠性和尽量均衡系统管道的水力性能，避免水头损失过大，国外标准也有类似规定（见〖条文说明〗表9-略）。需要说明的是，这两条仅适用于标准流量喷头，当采用其他类型喷头时，管道的直径仍应通过水力计算确定。

〖条文解析〗

【规范条文】8.0.10 短立管及末端试水装置的连接管，其管径不应小于25mm。

〖条文说明〗

为控制小管径管道的水头损失和防止杂物堵塞管道，本条提出短立管及末端试水装置的连接管的最小管径不小于25mm的规定。

【规范条文】8.0.11 干式系统、由火灾自动报警系统和充气管道上设置的压力开关开启预作用装置的预作用系统，其配水管道充水时间不宜大于 1min；雨淋系统和仅由火灾自动报警系统联动开启预作用装置的预作用系统，其配水管道充水时间不宜大于 2min。

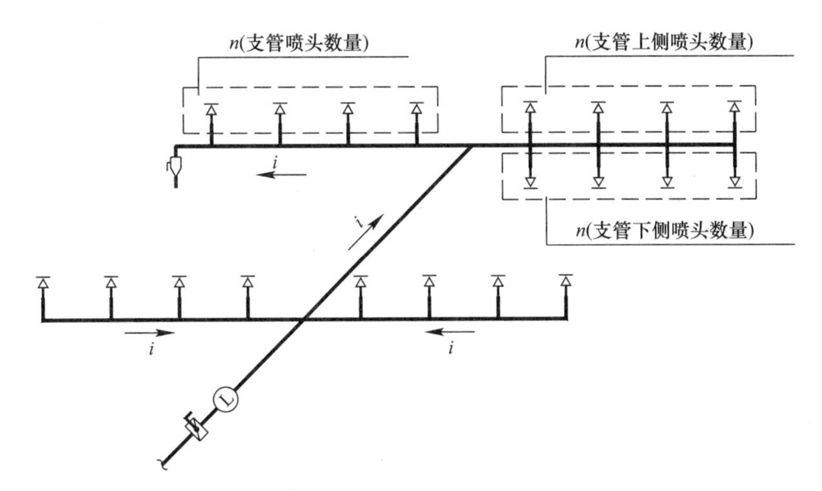

〖条文解析〗图 8.0.8 配水支管控制喷头数示意图

注：$n \leqslant 8$（轻危险级、中危险级）；$n \leqslant 6$（严重危险级、仓库危险级）；
$i \geqslant 2‰$（湿式系统）；$i \geqslant 4‰$（预作用系统、干式系统）。

〖条文说明〗

本条参考美国消防协会标准《自动喷水灭火系统安装标准》NFPA 13 的有关规定，对干式、预作用及雨淋系统报警阀出口后配水管道的充水时间提出了新的要求，其目的是为了达到系统启动后立即喷水的要求。

【规范条文】8.0.12 干式系统、预作用系统的供气管道，采用钢管时，管径不宜小于 15mm；采用铜管时，管径不宜小于 10mm。

【规范条文】8.0.13 水平设置的管道宜有坡度，并应坡向泄水阀。充水管道的坡度不宜小于 2‰，准工作状态不充水管道的坡度不宜小于 4‰。

〖条文说明〗

自动喷水灭火系统的管道要求有坡度，并坡向泄水管。规定此条的目的在于充水时易于排气，维修时易于排尽管内积水。

〖条文解析〗

详见〖条文解析〗图 8.0.8。

9 水力计算

9.1 系统的设计流量

【规范条文】9.1.1 系统最不利点处喷头的工作压力应计算确定，喷头的流量应按下式计算：

$$q = K\sqrt{10P} \tag{9.1.1}$$

式中：q——喷头流量（L/min）；

P——喷头工作压力（MPa）；

K——喷头流量系数。

〖条文说明〗

喷头流量的计算公式：

$$q = K\sqrt{\frac{P}{9.8\times10^4}} \tag{1}$$

此公式国际通用，当 P 采用 MPa 时约为：

$$q = K\sqrt{10P} \tag{2}$$

式中：P——喷头工作压力［公式（1）取 Pa，公式（2）取 MPa］；

K——喷头流量系数；

q——喷头流量（L/min）。

喷头最不利点处最低工作压力本规范已作出明确规定，设计中按本公式计算最不利点处作用面积内各个喷头的流量，使系统设计符合本规范要求。

【规范条文】9.1.2 水力计算选定的最不利点处作用面积宜为矩形，其长边应平行于配水支管，其长度不宜小于作用面积平方根的 1.2 倍。

〖条文说明〗

（略）

〖条文解析〗

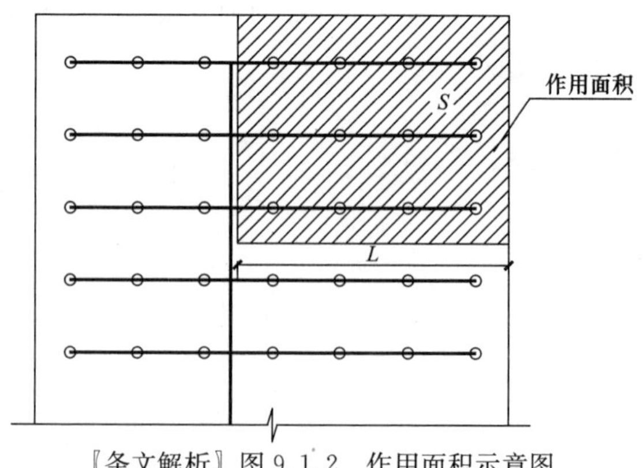

〖条文解析〗图 9.1.2 作用面积示意图

S—自动喷水灭火系统作用面积（m²）；L—作用面积的长边（m），应平行配水支管，$L\geqslant1.2\cdot\sqrt{S}$

【规范条文】9.1.3 系统的设计流量，应按最不利点处作用面积内喷头同时喷水的总流量确定，且应按下式计算：

$$Q=\frac{1}{60}\sum_{i=1}^{n}q_i \qquad (9.1.3)$$

式中：Q——系统设计流量（L/s）；

q_i——最不利点处作用面积内各喷头节点的流量（L/min）；

n——最不利点处作用面积内的洒水喷头数。

〖条文说明〗

本条规定提出了系统的设计流量应按最不利点处作用面积内的喷头全部开放喷水时，所有喷头的流量之和确定，并用本规范公式（9.1.3）表述上述含义。

（略）

【规范条文】9.1.4 保护防火卷帘、防火玻璃墙等防火分隔设施的防护冷却系统，系统的设计流量应按计算长度内喷头同时喷水的总流量确定。计算长度应符合下列要求：

1 当设置场所设有自动喷水灭火系统时，计算长度不应小于本规范第9.1.2条确定的长边长度；

2 当设置场所未设置自动喷水灭火系统时，计算长度不应小于任意一个防火分区内所有需保护的防火分隔设施总长度之和。

〖条文说明〗

本条为新增条文。

本条规定了采用防护冷却系统保护防火分隔设施时的系统用水量计算要求。设置场所设有自动喷水灭火系统时，发生火灾时可认为火灾不会蔓延出设定的作用面积之外，因此其保护长度也不会超出系统设计作用面积的长边长度。当该场所没有设置常规的自动喷水灭火系统时，则按照一个防火分区整体考虑。

〖条文解析〗

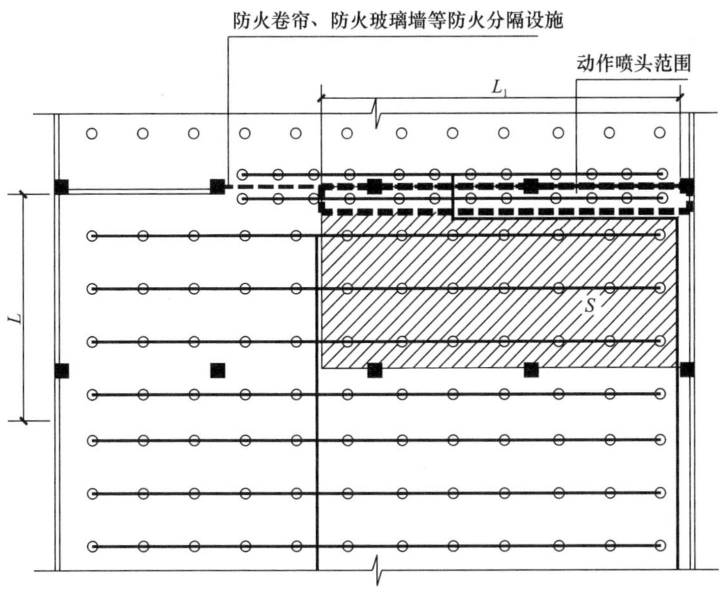

〖条文解析〗图 9.1.4-1 防护冷却系统设计流量计算示意图（保护场所设置自动喷水灭火系统）

S—自动喷水灭火系统作用面积（m²）；L—作用面积的长边（m），应平行配水支管，

$L \geqslant 1.2 \cdot \sqrt{S}$；$L_1$—防护冷却系统计算长度，$L_1 \geqslant L$

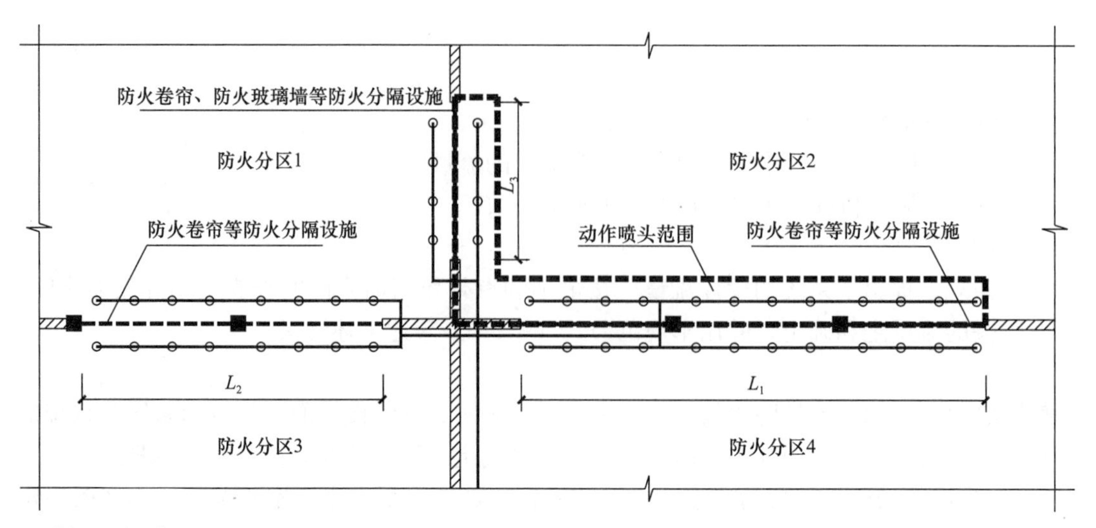

〖条文解析〗图 9.1.4-2　防护冷却系统设计流量计算示意图（保护场所未设置自动喷水灭火系统）

注：$L_1 > L_2 > L_3$；防护冷却系统计算长度 $L = L_1 + L_3$。

【规范条文】9.1.5　系统设计流量的计算，应保证任意作用面积内的平均喷水强度不低于本规范表 5.0.1、表 5.0.2 和表 5.0.4-1～表 5.0.4-5 的规定值。最不利点处作用面积内任意 4 只喷头围合范围内的平均喷水强度，轻危险级、中危险级不应低于本规范表 5.0.1 规定值的 85%；严重危险级和仓库危险级不应低于本规范表 5.0.1 和表 5.0.4-1～表 5.0.4-5 的规定值。

〖条文说明〗

本条规定对任意作用面积内的平均喷水强度及最不利点处作用面积内任意 4 只喷头围合范围内的平均喷水强度提出了要求。

【规范条文】9.1.6　设置货架内置洒水喷头的仓库，顶板下洒水喷头与货架内置洒水喷头应分别计算设计流量，并应按其设计流量之和确定系统的设计流量。

〖条文说明〗

本条规定了设有货架内置喷头自动喷水灭火系统的设计流量计算方法。对设有货架内置喷头的仓库，要求分别计算顶板下开放喷头和货架内开放喷头的设计流量后，再取二者之和，确定为系统的设计流量。

【规范条文】9.1.7　建筑内设有不同类型的系统或有不同危险等级的场所时，系统的设计流量应按其设计流量的最大值确定。

〖条文说明〗

本条是针对建筑物内设有多种类型系统，或按不同危险等级场所分别选取设计基本参数的系统，提出了出现此种复杂情况时确定系统设计流量的方法。

【规范条文】9.1.8　当建筑物内同时设有自动喷水灭火系统和水幕系统时，系统的设计流量应按同时启用的自动喷水灭火系统和水幕系统的用水量计算，并应按二者之和中的最大值确定。

〖条文说明〗

当建筑物内同时设置自动喷水灭火系统和水幕系统时，与自动喷水灭火系统作用面积交叉或连接的水幕，将可能在火灾中同时动作，因此系统的设计流量，要求按包括与自动喷水灭火系统同时工作的水幕系统的用水量计算，并取二者之和中的最大值确定。

【规范条文】9.1.9 雨淋系统和水幕系统的设计流量，应按雨淋报警阀控制的洒水喷头的流量之和确定。多个雨淋报警阀并联的雨淋系统，系统设计流量应按同时启用雨淋报警阀的流量之和的最大值确定。

〖**条文说明**〗

采用多套雨淋报警阀并分区逻辑组合控制保护面积的系统，其设计流量的确定，要求首先分别计算每套雨淋报警阀的流量，然后将需要同时开启的各雨淋报警阀的流量叠加，计算总流量，并选取不同条件下计算获得的各总流量中的最大值，确定为系统的设计流量。

〖**条文解析**〗

详见第三篇 1.1.5-2 及【案例五】。

【规范条文】9.1.10 当原有系统延伸管道、扩展保护范围时，应对增设洒水喷头后的系统重新进行水力计算。

〖**条文说明**〗

本条提出了建筑物因扩建、改建或改变使用功能等原因，需要对原有的自动喷水灭火系统延伸管道、扩展保护范围或增设喷头时，要求重新进行水力计算的规定，以便保证系统变化后的水力特性符合本规范的规定。

9.2 管道水力计算

【规范条文】9.2.1 管道内的水流速度宜采用经济流速，必要时可超过 5m/s，但不应大于 10m/s。

〖**条文说明**〗

采用经济流速是给水系统设计的基础要素，本条规定宜采用经济流速，必要时可采用较高流速。采用较高的管道流速，不利于均衡系统管道的水力特性并加大能耗；为降低管道摩阻而放大管径、采用低流速，将导致管道重量的增加，使设计的经济性能降低。

我国《给水排水设计手册》（第 3 册）建议，钢管内水的平均流速允许不大于 5m/s，铸铁管的允许值为 3m/s；

德国规范规定，必须保证在报警阀与喷头之间的管道内，水流速度不超过 10m/s，在组件配件内不超过 5m/s。

【规范条文】9.2.2 管道单位长度的沿程阻力损失应按下式计算：

$$i = 6.05 \times \frac{q_g^{1.85}}{C_h^{1.85} d_j^{4.87}} \times 10^7 \tag{9.2.2}$$

式中：i——管道单位长度的水头损失（kPa/m）；

d_j——管道计算内径（mm）；

q_g——管道设计流量（L/min）；

C_h——海澄-威廉系数，见表 9.2.2。

不同类型管道的海澄-威廉系数 **表 9.2.2**

管道类型	C_h 值
镀锌钢管	120
铜管、不锈钢管	140
涂覆钢管、氯化聚氯乙烯（PVC-C）管	150

〖条文说明〗

（略）

【规范条文】9.2.3 管道的局部水头损失宜采用当量长度法计算，且应符合本规范附录C的规定。

〖条文说明〗

（略）

【规范条文】9.2.4 水泵扬程或系统入口的供水压力应按下式计算：

$$H=(1.20\sim1.40)\sum P_p+P_0+Z-h_c \qquad (9.2.4)$$

式中：H——水泵扬程或系统入口的供水压力（MPa）；

$\sum P_p$——管道沿程和局部水头损失的累计值（MPa），报警阀的局部水头损失应按照产品样本或检测数据确定。当无上述数据时，湿式报警阀取值0.04MPa、干式报警阀取值0.02MPa、预作用装置取值0.08MPa、雨淋报警阀取值0.07MPa、水流指示器取值0.02MPa；

P_0——最不利点处喷头的工作压力（MPa）；

Z——最不利点处喷头与消防水池的最低水位或系统入口管水平中心线之间的高程差（MPa），当系统入口管或消防水池最低水位高于最不利点处喷头时，Z应取负值；

h_c——从城市市政管网直接抽水时城市管网的最低水压（MPa）；当从消防水池吸水时，h_c取0。

〖条文说明〗

本条是对原条文的修改和补充。

本条规定了水泵扬程或系统入口供水压力的计算方法。计算中对报警阀、水流指示器局部水头损失的取值，按照相关的现行标准作了规定，其中湿式报警阀局部水头损失的取值，随产品标准修订后的要求进行了修改。要求生产厂在产品样本中说明此项指标是否符合现行标准的规定，当不符合时，要求提出相应的数据。

报警阀的局部水头损失，系参照国家标准《自动喷水灭火系统　第4部分：干式报警阀》GB 5135.4—2003和《自动喷水灭火系统　第14部分　预作用装置》GB 5135.14—2011的规定。

9.3 减压设施

【规范条文】9.3.1 减压孔板应符合下列规定：

1 应设在直径不小于50mm的水平直管段上，前后管段的长度均不宜小于该管段直径的5倍；

2 孔口直径不应小于设置管段直径的30%，且不应小于20mm；

3 应采用不锈钢板材制作。

〖条文说明〗

本条规定了对设置减压孔板管段的要求。要求减压孔板采用不锈钢板制作，按常规确定的孔板厚度：Φ50mm～80mm时，δ=3mm；Φ100mm～150mm时，δ=6mm；Φ200mm时，δ=9mm。减压孔板的结构示意图见〖条文说明〗图22。

【规范条文】9.3.2 节流管应符合下列规定：

1 直径宜按上游管段直径的 1/2 确定；

2 长度不宜小于 1m；

3 节流管内水的平均流速不应大于 20m/s。

〖条文说明〗

节流管的结构示意图见〖条文说明〗图 23，$L_1=D_1$，$L_3=D_3$。

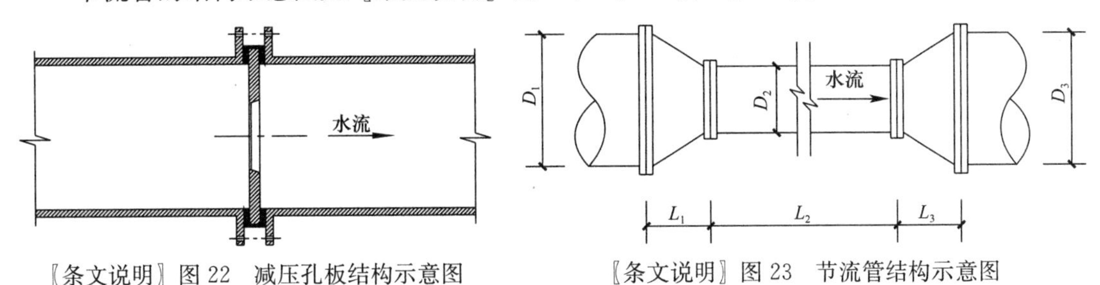

〖条文说明〗图 22 减压孔板结构示意图

〖条文说明〗图 23 节流管结构示意图

【规范条文】9.3.3 减压孔板的水头损失，应按下式计算：

$$H_k = \xi \frac{V_k^2}{2g} \tag{9.3.3}$$

式中：H_k——减压孔板的水头损失（10^{-2}MPa）；

V_k——减压孔板后管道内水的平均流速（m/s）；

ξ——减压孔板的局部阻力系数，取值应按本规范附录 D 确定。

〖条文说明〗

本条规定了减压孔板水头损失的计算公式。标准孔板水头损失的计算，有各种不同的计算公式。(略)

〖条文解析〗

***DN*100 管道减压孔板参数** 〖条文解析〗表 9.3.3-1

设计流量 Q(L/s)	流速 V(m/s)	管径 d_j(mm)	孔口直径 d_k(mm)	阻力系数 ξ	水头损失 H(m)
25	2.89	105	70	6.4	2.7
25	2.89	105	65	9.8	4.2
25	2.89	105	60	15.1	6.4
25	2.89	105	55	23.5	10.0
25	2.89	105	50	37.3	15.9
25	2.89	105	48	45.2	19.2
25	2.89	105	46	55.1	23.4
25	2.89	105	44	67.5	28.7
25	2.89	105	42	83.3	35.4

***DN*150 管道减压孔板参数** 〖条文解析〗表 9.3.3-2

设计流量 Q(L/s)	流速 V(m/s)	管径 d_j(mm)	孔口直径 d_k(mm)	阻力系数 ξ	水头损失 H(m)
30	1.59	155	80	25.3	3.3
30	1.59	155	75	34.6	4.5
30	1.59	155	70	47.9	6.2
30	1.59	155	65	67.3	8.7
30	1.59	155	60	96.5	12.4

续表

设计流量 Q(L/s)	流速 V(m/s)	管径 d_j(mm)	孔口直径 d_k(mm)	阻力系数 ξ	水头损失 H(m)
30	1.59	155	58	112.2	14.5
30	1.59	155	56	131.0	16.9
30	1.59	155	54	153.6	19.8
30	1.59	155	52	180.9	23.3
30	1.59	155	50	214.3	27.6
30	1.59	155	48	255.4	32.9

注：设计流量与表中不一致时，按下式计算：

$$H' = (Q'/Q)^2 \cdot H$$

式中：H'——设计水头损失（m）；

H——表中水头损失（m）；

Q'——设计流量（L/s）；

Q——表中设计流量（L/s）。

【规范条文】9.3.4 节流管的水头损失，应按下式计算：

$$H_g = \zeta \frac{V_g^2}{2g} + 0.00107 \cdot L \cdot \frac{V_g^2}{d_g^{1.3}} \qquad (9.3.4)$$

式中：H_g——节流管的水头损失（10^{-2}MPa）；

ζ——节流管中渐缩管与渐扩管的局部阻力系数之和，取值0.7；

V_g——节流管内水的平均流速（m/s）；

d_g——节流管的计算内径（m），取值应按节流管内径减1mm确定；

L——节流管的长度（m）。

〖条文说明〗

本条规定了节流管水头损失的计算公式。节流管的水头损失包括渐缩管、中间管段与渐扩管的水头损失。即：

$$H_j = H_{j1} + H_{j2} \qquad (9)$$

式中：H_j——节流管的水头损失（10^{-2}MPa）；

H_{j1}——渐缩管与渐扩管水头损失之和（10^{-2}MPa）；

H_{j2}——中间管段水头损失（10^{-2}MPa）。

渐缩管与渐扩管水头损失之和的计算公式为：

$$H_{j1} = \zeta \frac{V_j^2}{2g} \qquad (10)$$

中间管段水头损失的计算公式为：

$$H_{j2} = 0.00107 \cdot L \cdot \frac{V_j^2}{d_j^{1.3}} \qquad (11)$$

式中：V_j——节流管中间管段内水的平均流速（m/s）；

ζ——渐缩管与渐扩管的局部阻力系数之和；

d_j——节流管中间管段的计算内径（m）；

L——节流管中间管段的长度（m）。

节流管管径为系统配水管道管径的1/2，渐缩角与渐扩角取α=30°。由《建筑给水排水设计手册》（1992年版）查表得出渐缩管与渐扩管的局部阻力系数分别为0.24和0.46。取二者之和ζ=0.7。

【规范条文】9.3.5 减压阀的设置应符合下列规定：

1 应设在报警阀组入口前；

2 入口前应设过滤器，且便于排污；

3 当连接两个及以上报警阀组时，应设置备用减压阀；

4 垂直设置的减压阀，水流方向宜向下；

5 比例式减压阀宜垂直设置，可调式减压阀宜水平设置；

6 减压阀前后应设控制阀和压力表，当减压阀主阀体自身带有压力表时，可不设置压力表；

7 减压阀和前后的阀门宜有保护或锁定调节配件的装置。

〖条文说明〗

本条是对原条文的修改和补充。

本条提出了系统中设置减压阀的规定。近年来，在设计中采用减压阀作为减压措施已经较为普遍。本条规定：

第1款为了保证系统可靠动作，除水流指示器入口允许安装信号阀外，报警阀出口管道上不得随意安装其他阀件，因此要求减压阀应设置在报警阀入口前；

第2款为了防止堵塞，要求减压阀入口前设过滤器；

第3款是强调为检修时不关停系统，与并联安装的报警阀连接的减压阀应设有备用的减压阀（见〖条文说明〗图24）；

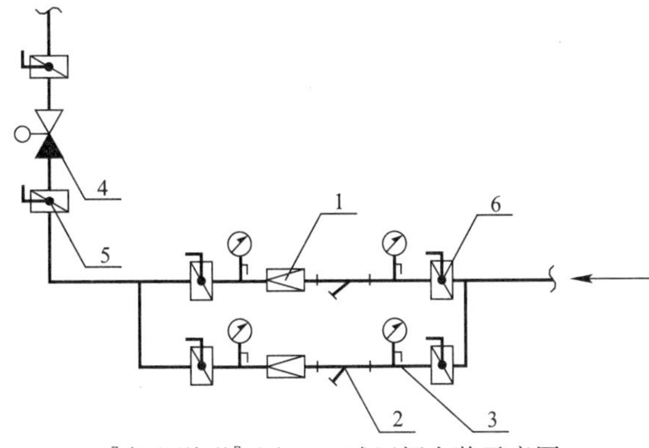

〖条文说明〗图24　减压阀安装示意图

1—减压阀；2—过滤器；3—压力表；4—报警阀；5—信号阀；6—蝶阀或闸阀（带信号）

第4款的目的是为了保证减压阀稳定正常的工作，当垂直安装时，要求按水流方向向下安装；

第6款规定当减压阀主阀体自身带有压力表时，可不设置压力表。

〖条文解析〗

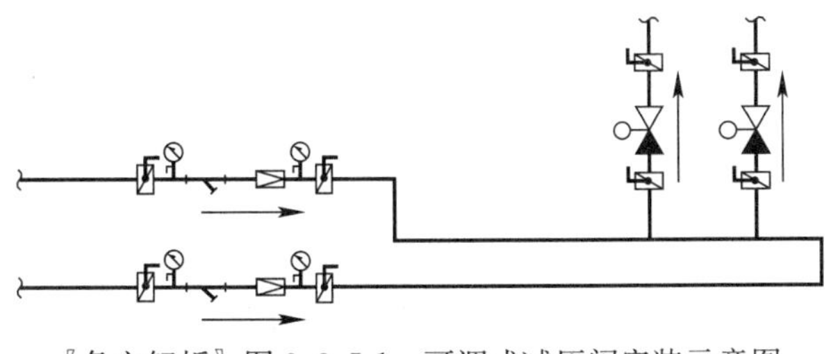

〖条文解析〗图9.3.5-1　可调式减压阀安装示意图

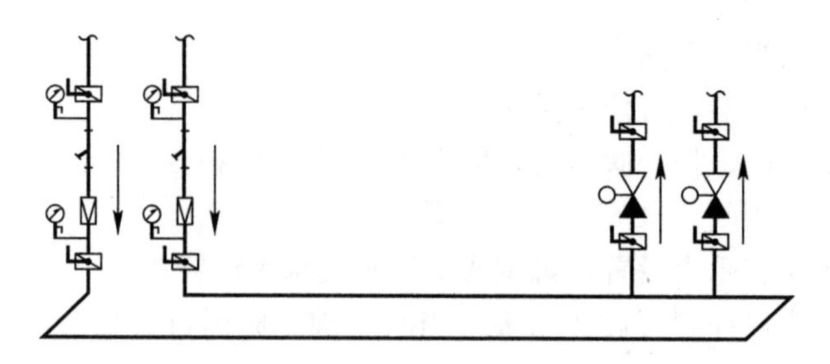

〖条文解析〗图 9.3.5-2　比例式减压阀安装示意图

10 供　　水

10.1 一 般 规 定

【规范条文】10.1.1 系统用水应无污染、无腐蚀、无悬浮物。可由市政或企业的生产、消防给水管道供给，也可由消防水池或天然水源供给，并应确保持续喷水时间内的用水量。

〖条文说明〗

本条在相关规范规定的基础上，对水源提出了“无污染、无腐蚀、无悬浮物”的水质要求，以及保证持续供水时间内用水量的补充规定。

目前我国对自动喷水灭火系统采用的水源及其供水方式有：由市政给水管网供水；采用消防水池和采用天然水源。

国外自动喷水灭火系统规范中也有类似的规定，例如：苏联《自动消防设计规范》中自动喷水灭火系统的供水可以是能够经常保证供给系统所需用水量的区域供水管、城市给水管和工业供水管道；河流、湖泊和池塘；井和自流井。英国《自动喷水灭火系统安装规则》规定可采用的水源有城市给水干管、高位专用水池、重力水箱、自动水泵、压力水罐。

上面所列举水源水量不足时，必须设消防水池。除上述规定外，还要求系统的用水中不能含有可堵塞管道的纤维物或其他悬浮物。

【规范条文】10.1.2 与生活用水合用的消防水箱和消防水池，其储水的水质应符合饮用水标准。

〖条文说明〗

对与生活用水合用的消防水池和消防水箱，要求其储水的水质符合饮用水标准，以防止污染生活用水。

【规范条文】10.1.3 严寒与寒冷地区，对系统中遭受冰冻影响的部分，应采取防冻措施。

〖条文说明〗

（略）

【规范条文】10.1.4 当自动喷水灭火系统中设有 2 个及以上报警阀组时，报警阀组前应设环状供水管道。环状供水管道上设置的控制阀应采用信号阀；当不采用信号阀时，应设锁定阀位的锁具。

〖条文说明〗

本条是对原条文的修改和补充。

自动喷水灭火系统是有效的自救灭火设施，将在无人操纵的条件下自动启动喷水灭火，扑救初期火灾的功效优于消火栓系统。由于该系统的灭火成功率与供水的可靠性密切相关，因此要求供水的可靠性不低于消火栓系统。出于上述考虑，对于设置两个及以上报警阀组的系统，按室内消火栓供水管道的设置标准，提出“报警阀组前应设环状供水管道”的规定（见〖条文说明〗图 25）。

本条强调在报警阀前的控制阀应采用信号阀或设置锁定阀位的锁具，目的是防止阀门误关闭，导致系统供水中断。因为环状供水管道上设置的阀门，既是报警阀的水源控制阀，又是管网检修控制阀，对于确保系统正常供水至关重要。根据美国消防协会 1925～1959 年的统计资料，在自动喷水灭火系统灭火失败的 2554 次案例中，由阀门关闭引起的有 909 次，占总数的 36%。

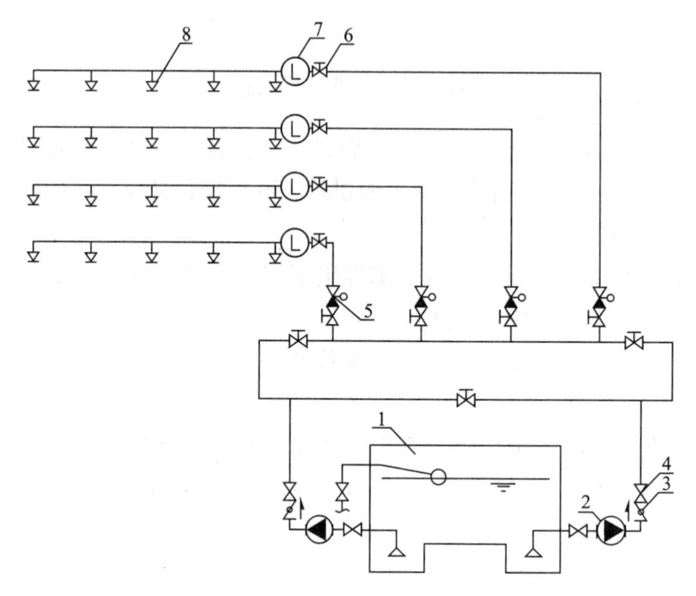

〖条文说明〗图 25 环状供水示意图

1—消防水池；2—水泵；3—止回阀；4—闸阀（信号阀）；5—报警阀组；6—信号阀；7—水流指示器；8—闭式喷头

〖条文解析〗

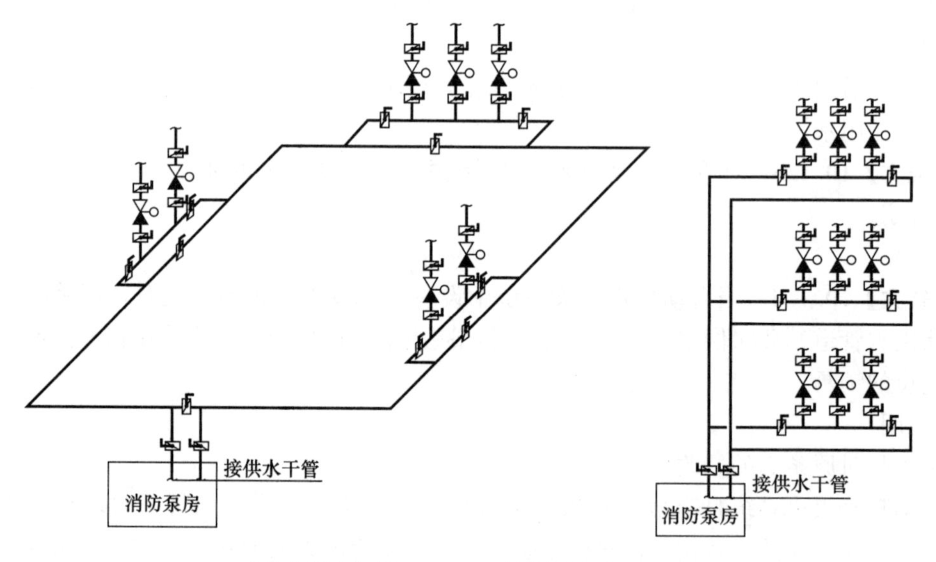

〖条文解析〗图 10.1.4 报警阀并联示意图

10.2 消 防 水 泵

【规范条文】10.2.1 采用临时高压给水系统的自动喷水灭火系统，宜设置独立的消防水泵，并应按一用一备或二用一备，及最大一台消防水泵的工作性能设置备用泵。当与消火栓系统合用消防水泵时，系统管道应在报警阀前分开。

〖条文说明〗

本条是对原条文的修改。

本条提出了采用临时高压给水系统的自动喷水灭火系统宜设置独立消防水泵的规定。规定此条的目的，是为了保证系统供水的可靠性与防止干扰。按一用一备或二用一备的要求设置备用泵，比例较合理而且便于管理。

对系统独立设置消防水泵确有困难的场所，本条规定自动喷水灭火系统可与消火栓系统合用消防水泵，但当合用消防水泵时，系统管道应在报警阀前分开，并采取措施确保消火栓系统用水不会影响自动喷水灭火系统用水。

〖条文解析〗

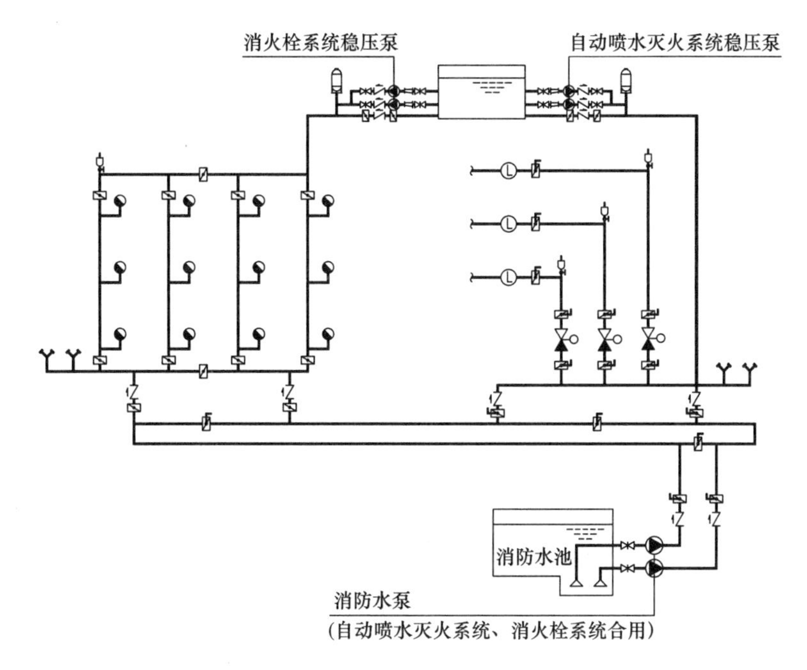

〖条文解析〗图 10.2.1 与消火栓系统合用供水系统示意图

【规范条文】10.2.2 按二级负荷供电的建筑，宜采用柴油机泵作备用泵。

〖条文说明〗

可靠的动力保障，也是保证可靠供水的重要措施。因此，提出了按二级负荷供电的系统，要求采用柴油机泵组作备用泵的规定。

【规范条文】10.2.3 系统的消防水泵、稳压泵，应采用自灌式吸水方式。采用天然水源时，消防水泵的吸水口应采取防止杂物堵塞的措施。

〖条文说明〗

在本规范中重申了系统的消防水泵、稳压泵，应采取自灌式吸水方式，以及水泵吸水口要求采取防止杂物堵塞措施的规定。

【规范条文】10.2.4 每组消防水泵的吸水管不应少于 2 根。报警阀入口前设置环状管道的系统，每组消防水泵的出水管不应少于 2 根。消防水泵的吸水管应设控制阀和压力表；出水管应设控制阀、止回阀和压力表，出水管上还应设置流量和压力检测装置或预留可供连接流量和压力检测装置的接口。必要时，应采取控制消防水泵出口压力的措施。

〖条文说明〗

本条是对原条文的修改。

本条对系统消防水泵进出口管道及其阀门等附件的配置提出了要求。对有必要控制消防水泵出口压力的系统，提出了要求采取相应措施的规定。

在消防水泵出水管上设置流量和压力检测装置或预留可供连接流量压力检测装置的接口，是用于消防水泵启动运行试验时检测水泵能否满足设计所需的流量和压力要求。

〖条文解析〗

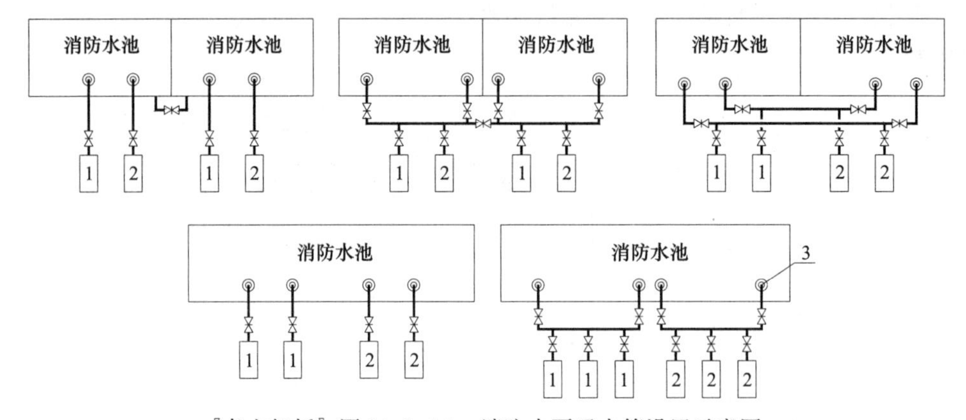

〖条文解析〗图 10.2.4-1　消防水泵吸水管设置示意图

1—自动喷水灭火系统供水泵；2—消火栓系统供水泵；3—吸水喇叭口或旋流防止器

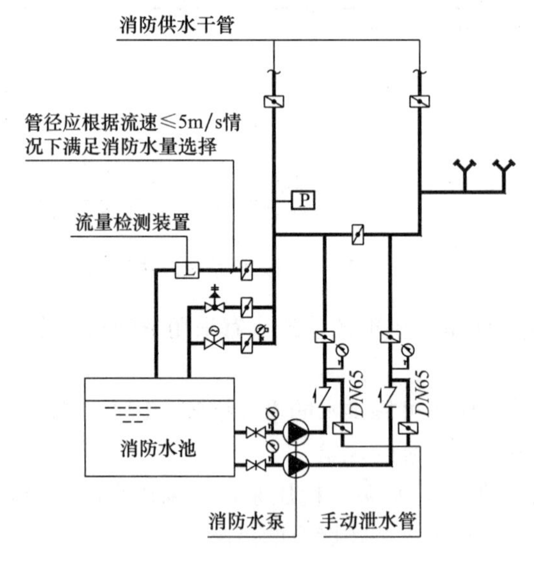

〖条文解析〗图 10.2.4-2　消防水泵出水管设置示意图

注：1　消防水泵的吸水管上应设置明杆闸阀或带自锁装置的蝶阀，但当设置暗杆阀门时应设有开启刻度和标志；当管径超过 DN300 时，宜设置电动阀门。

2　消防水泵的出水管上应设止回阀、明杆闸阀；当采用蝶阀时，应带有自锁装置；当管径大于 DN300 时，宜设置电动阀门。

3　超压泄水装置可采用持压泄压阀或电动阀/电接点压力表形式，可根据工程实际情况或当地消防部门要求选用其中一种或两种设置。

10.3 高位消防水箱

【规范条文】10.3.1 采用临时高压给水系统的自动喷水灭火系统，应设高位消防水箱。自动喷水灭火系统可与消火栓系统合用高位消防水箱，其设置应符合现行国家标准《消防给水及消火栓系统技术规范》GB 50974 的要求。

〖条文说明〗

本条规定了采用临时高压给水系统的自动喷水灭火系统，要求设置高位消防水箱，且允许高位消防水箱合用。设置高位消防水箱的目的在于：

（1）利用位差为系统提供准工作状态下所需要的水压，达到使管道内的充水保持一定压力的目的；

（2）提供系统启动初期的用水量和水压，在消防水泵出现故障的紧急情况下应急供水，确保喷头开放后立即喷水，控制初期火灾和为外援灭火争取时间。

由于位差的限制，高位消防水箱向建筑物的顶层或距离较远部位供水时会出现水压不足现象，使在高位消防水箱供水期间，系统的喷水强度不足，因此将削弱系统的控、灭火能力。为此，要求高位消防水箱要满足供水不利楼层和部位喷头的最低工作压力和喷水强度。

〖条文解析〗

高位消防水箱有效容积　　〖条文解析〗表 10.3.1

<table>
<tr><th>序号</th><th>建筑性质</th><th>建筑高度（m）</th><th>有效容积（m³）</th><th>消火栓最不利点静水压力（MPa）</th><th>自动喷水灭火系统最不利点静水压力（MPa）</th></tr>
<tr><td rowspan="3">1</td><td rowspan="3">一类高层公共建筑</td><td>—</td><td>≥36</td><td>应≥0.10</td><td rowspan="11">应根据喷头灭火需求压力确定，且不应小于 0.10</td></tr>
<tr><td>>100</td><td>≥50</td><td rowspan="2">应≥0.15</td></tr>
<tr><td>>150</td><td>≥100</td></tr>
<tr><td rowspan="2">2</td><td rowspan="2">多层公共建筑、二类高层公共建筑、一类高层住宅</td><td>—</td><td>≥18</td><td rowspan="3">宜≥0.07</td></tr>
<tr><td>>100</td><td>≥36</td></tr>
<tr><td>3</td><td>二类高层住宅</td><td>—</td><td>≥12</td></tr>
<tr><td>4</td><td>多层住宅</td><td>>21</td><td>≥6</td><td>应≥0.07</td></tr>
<tr><td rowspan="2">5</td><td>工业建筑（室内消防给水设计流量≤25L/s）</td><td>—</td><td>≥12</td><td rowspan="2">应≥0.10；V<2 万 m³，宜≥0.07</td></tr>
<tr><td>工业建筑（室内消防给水设计流量>25L/s）</td><td>—</td><td>≥18</td></tr>
<tr><td rowspan="2">6</td><td>商店建筑（总建筑面积>10000m²且≤30000m²）</td><td>—</td><td>≥36</td><td rowspan="2">宜≥0.07</td></tr>
<tr><td>商店建筑（总建筑面积>30000m²）</td><td>—</td><td>≥50</td></tr>
</table>

注：1 当第 6 项规定与第 1 项不一致时应取其较大值。
2 高位消防水箱容积指屋顶水箱，不含转输水箱兼高位消防水箱。
3 当高位消防水箱不能满足表中静水压力的要求时，应设增压稳压设施。

【规范条文】10.3.2 高位消防水箱的设置高度不能满足系统最不利点处喷头的工作压力时，系统应设置增压稳压设施，增压稳压设施的设置应符合现行国家标准《消防给水及消火栓系统技术规范》GB 50974 的规定。

〖条文说明〗

本条为新增条文。

自动喷水灭火系统中，高位消防水箱由于受到位差的限制，在向建筑物的顶层或距离较远部位供水时会出现水压不足现象，使在高位消防水箱供水期间系统的喷水强度不足，将削弱系统的控灭火能力。为此，本条提出系统高位消防水箱在不能满足最不利点处喷头的最低工作压力时，要求设置增压稳压设施。增压稳压设施一般由稳压泵和气压罐组成，稳压泵的作用是保证管网处于充满水的状态，并保证管网内的压力。因此，稳压泵的扬程应满足最不利点处喷头的最低工作压力要求。设置气压罐的目的是防止稳压泵频繁启停，并提供一定的初期水量。

【规范条文】10.3.3 采用临时高压给水系统的自动喷水灭火系统，当按现行国家标准《消防给水及消火栓系统技术规范》GB 50974 的规定可不设置高位消防水箱时，系统应设气压供水设备。气压供水设备的有效水容积，应按系统最不利处 4 只喷头在最低工作压力下的 5min 用水量确定。干式系统、预作用系统设置的气压供水设备，应同时满足配水管道的充水要求。

〖条文说明〗

本条是对原条文的修改和补充。

对于一些建筑高度不高的民用建筑，或者屋顶无法设置高位消防水箱的工业建筑，本条提出允许采用气压供水设备代替高位消防水箱。现行国家标准《消防给水及消火栓系统技术规范》GB 50974—2014 规定，消防水泵在机械应急情况下应确保在报警后 5min 内正常工作。本条参照上述要求，规定气压供水设备的有效水容积按最不利处 4 只喷头在最低工作压力下的 5min 用水量计算。

【规范条文】10.3.4 高位消防水箱的出水管应符合下列规定：

1 应设止回阀，并应与报警阀入口前管道连接；

2 出水管管径应经计算确定，且不应小于 100mm。

〖条文说明〗

本条对高位消防水箱的出水管提出了要求。要求出水管设有止回阀，是为了防止水泵及消防水泵接合器的供水倒流入水箱；要求在报警阀前接入系统管道，是为了保证及时报警；规定采用较大直径的管道，是为了减少水头损失。

〖条文解析〗

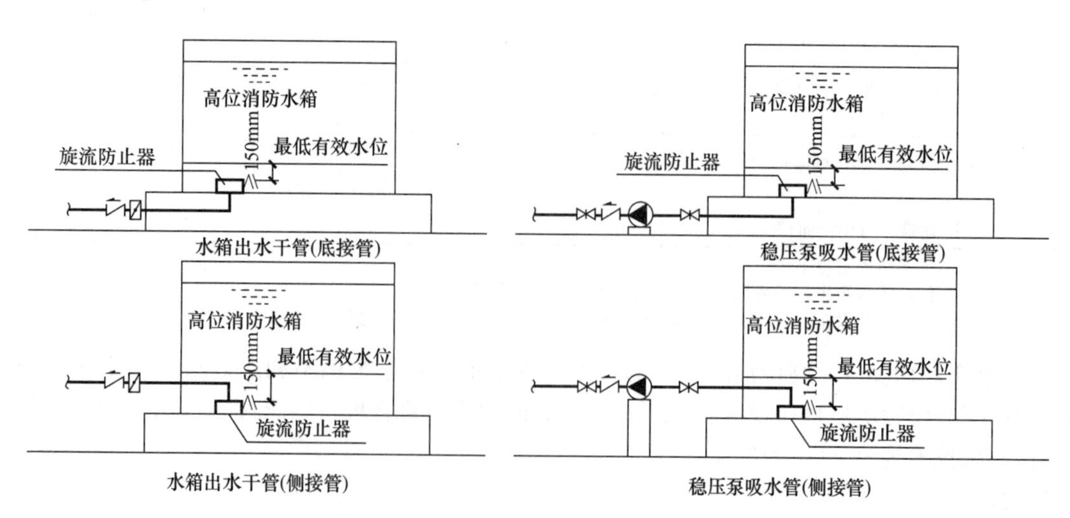

〖条文解析〗图 10.3.4 高位消防水箱出水管设置示意图

10.4 消防水泵接合器

【规范条文】10.4.1 系统应设消防水泵接合器，其数量应按系统的设计流量确定，每个消防水泵接合器的流量宜按 10L/s～15L/s 计算。

〖条文说明〗

本条提出了设置消防水泵接合器的规定。消防水泵接合器是用于外部增援供水的措施，当系统消防水泵不能正常供水时，由消防车连接消防水泵接合器向系统的管道供水。美国巴格斯城的 K 商业中心仓库 1981 年 6 月 21 日发生火灾，由于没有设置消防水泵接合器，在缺水和过早断电的情况下，消防车无法向自动喷水灭火系统供水。上述案例说明了设置消防水泵接合器的必要性。消防水泵接合器的设置数量，要求按系统的流量与消防水泵接合器的选型确定。

【规范条文】10.4.2 当消防水泵接合器的供水能力不能满足最不利点处作用面积的流量和压力要求时，应采取增压措施。

〖条文说明〗

受消防车供水压力的限制，超过一定高度的建筑，通过消防水泵接合器由消防车向建筑物的较高部位供水，将难以实现一步到位。为解决这个问题，根据某些省市消防局的经验，规定在当地消防车供水能力接近极限的部位，设置接力供水设施。接力供水设施由接力水箱和固定的电力泵或柴油机泵、手抬泵等接力泵，以及消防水泵接合器或其他形式的接口组成。

接力供水设施示意图见〖条文说明〗图 26。

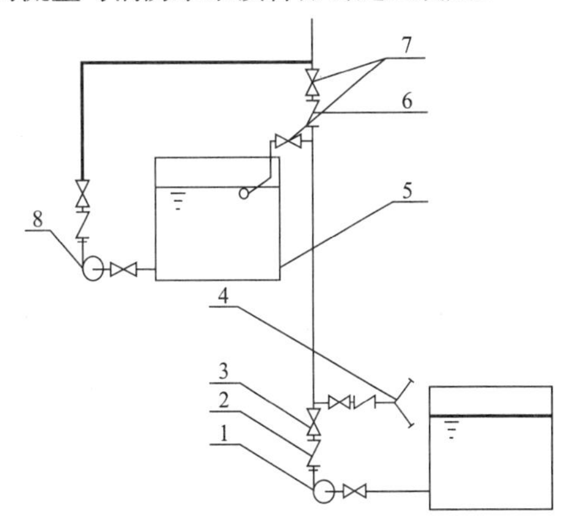

〖条文说明〗图 26 接力供水设施示意图

1—水泵；2—止回阀；3—闸阀；4—消防水泵接合器；5—接力水箱；6—止回阀；7—闸阀（常开）；8—接力水泵（固定或移动）

〖条文解析〗

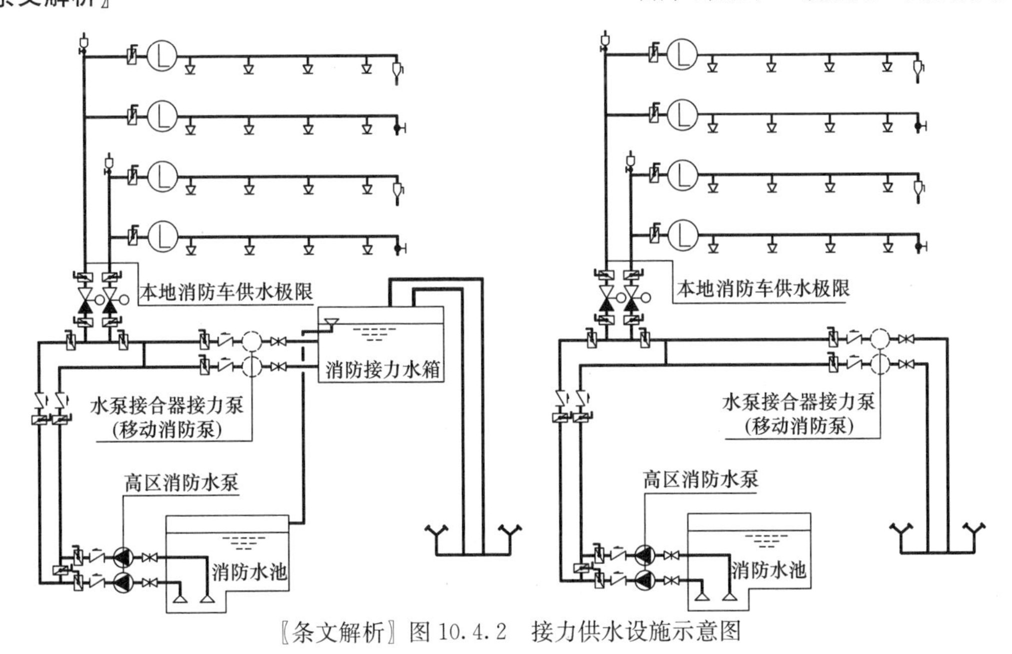

〖条文解析〗图 10.4.2 接力供水设施示意图

11　操作与控制

【规范条文】11.0.1　湿式系统、干式系统应由消防水泵出水干管上设置的压力开关、高位消防水箱出水管上的流量开关和报警阀组压力开关直接自动启动消防水泵。

〖条文解析〗

以临时高压有增压稳压设施的湿式系统为例，绘制自动启泵示意图见〖条文解析〗图 11.0.1。

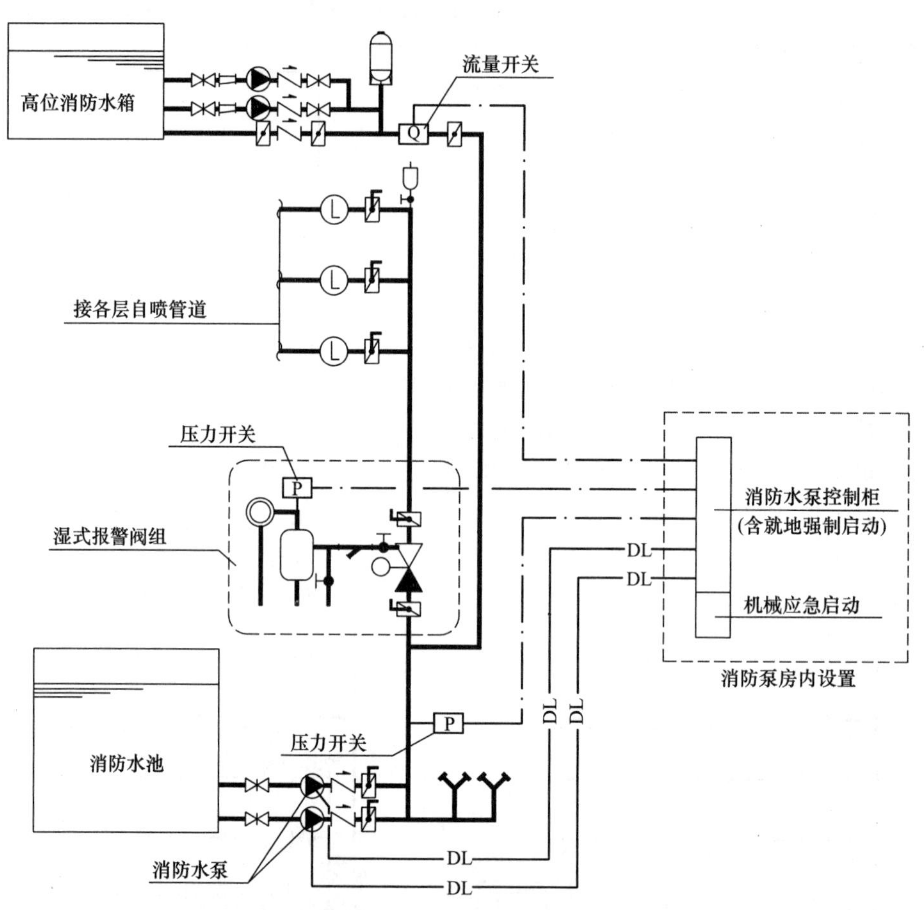

〖条文解析〗图 11.0.1　湿式系统自动启泵示意图（临时高压/有增压稳压设施）

【规范条文】11.0.2　预作用系统应由火灾自动报警系统、消防水泵出水干管上设置的压力开关、高位消防水箱出水管上的流量开关和报警阀组压力开关直接自动启动消防水泵。

〖条文解析〗

以临时高压有增压稳压设施的预作用系统为例，绘制自动启泵示意图见〖条文解析〗图 11.0.2-1、〖条文解析〗图 11.0.2-2。

【规范条文】11.0.3　雨淋系统和自动控制的水幕系统，消防水泵的自动启动方式应符合下列要求：

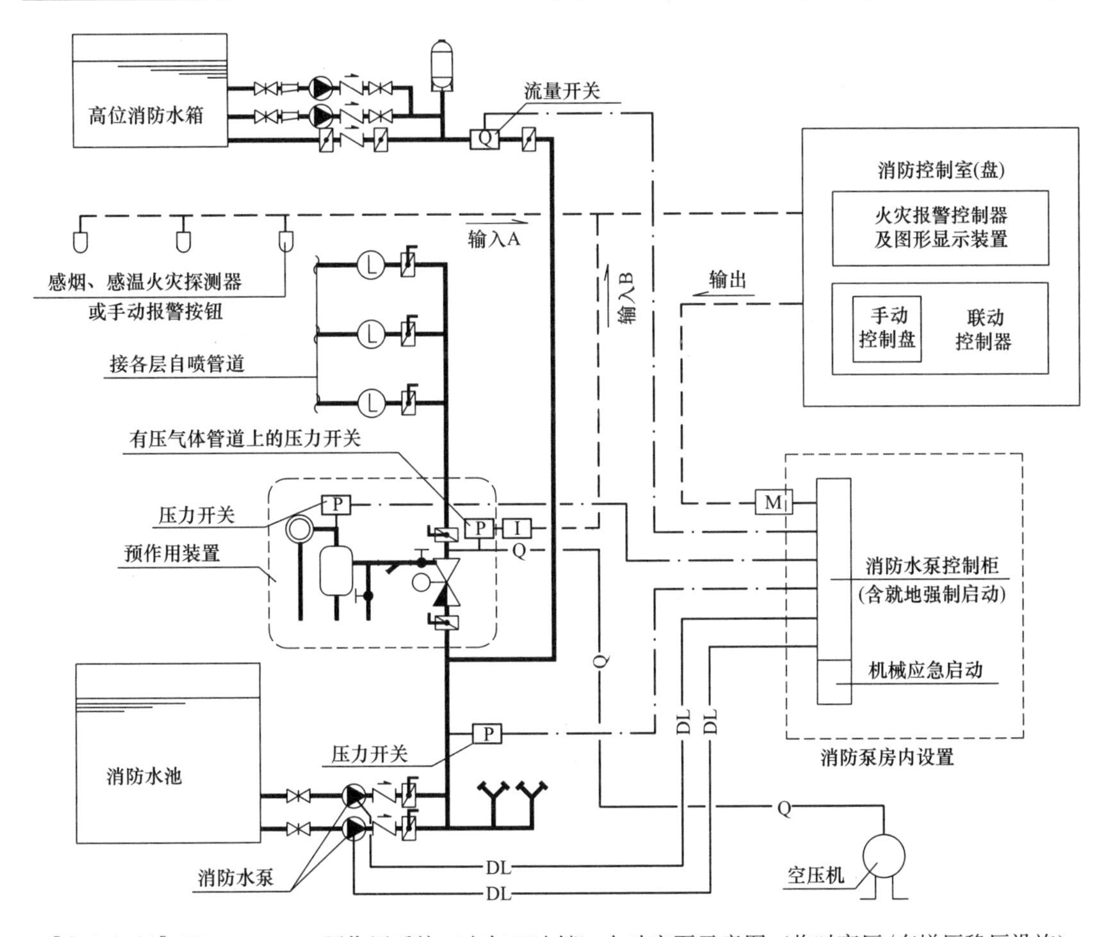

〖条文解析〗图 11.0.2-1 预作用系统（充气双连锁）自动启泵示意图（临时高压/有增压稳压设施）

1 当采用火灾自动报警系统控制雨淋报警阀时，消防水泵应由火灾自动报警系统、消防水泵出水干管上设置的压力开关、高位消防水箱出水管上的流量开关和报警阀组压力开关直接自动启动；

2 当采用充液（水）传动管控制雨淋报警阀时，消防水泵应由消防水泵出水干管上设置的压力开关、高位消防水箱出水管上的流量开关和报警阀组压力开关直接启动。

〖条文解析〗

以临时高压有增压稳压设施的雨淋系统为例，绘制自动启泵示意图见〖条文解析〗图 11.0.3-1、〖条文解析〗图 11.0.3-2。

11.0.1～11.0.3〖条文说明〗

这三条是对原条文的修改和补充。

这三条是根据目前国内外自动喷水灭火系统消防水泵启泵方式的应用现状，分别规定了不同类型自动喷水灭火系统消防水泵的启动方式，并与国家标准《消防给水及消火栓系统技术规范》GB 50974 协调一致。需要说明的是，规定不同的启泵方式，并不是要求系统均应设置这几种启泵方式，而是指任意一种方式均应能直接启动消防水泵。

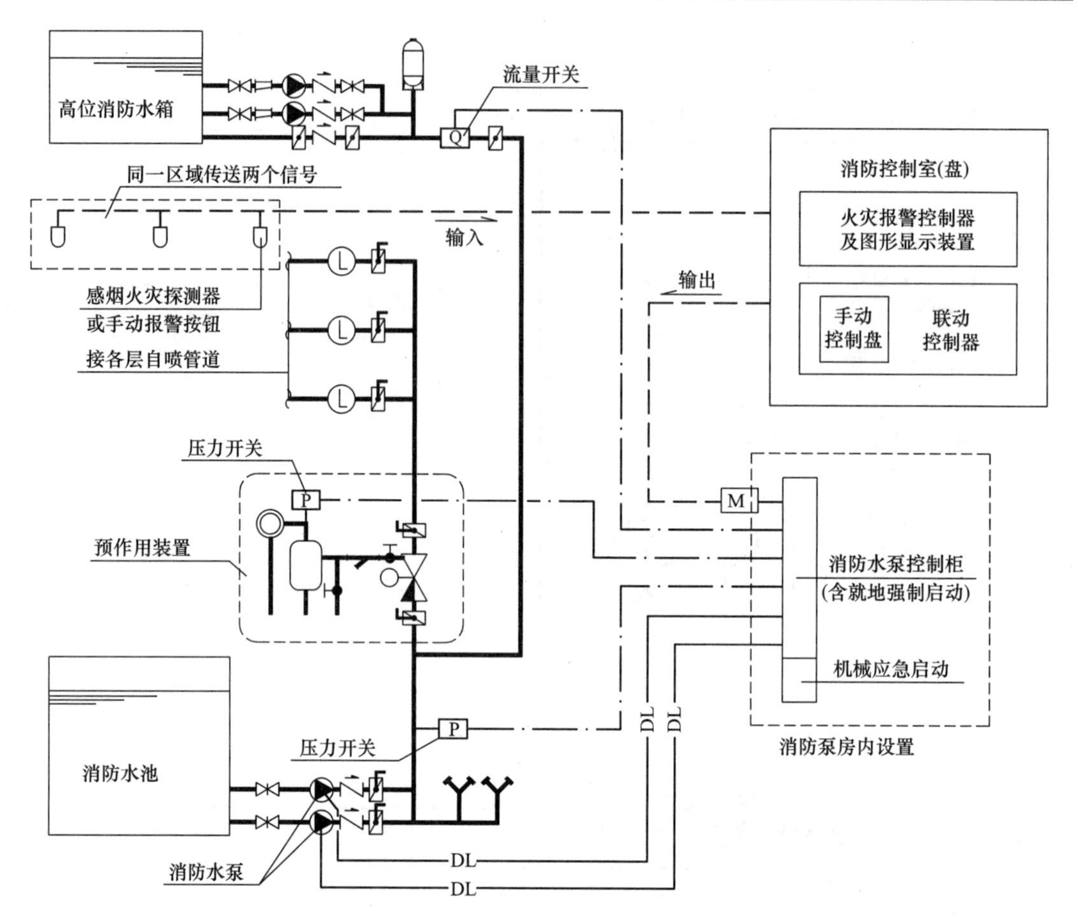

〖条文解析〗图 11.0.2-2 预作用系统（不充气单连锁）自动启泵示意图（临时高压/有增压稳压设施）

对湿式与干式系统，原规范规定仅采用报警阀压力开关信号直接连锁启泵这一种启泵方式，但根据目前应用现状，压力开关存在易堵塞、启泵时间长等缺点。因此，第 11.0.1 条在维持原有启泵方式的基础上，新增了采用消防水泵出水干管上设置的压力开关、高位消防水箱出水管上的流量开关直接启泵方式。

对于预作用系统，除上述启泵方式外，国内也采用火灾自动报警系统直接自动启动消防水泵的做法，即火灾自动报警系统除控制预作用装置外，另有一组信号启动消防水泵。

对雨淋系统及自动控制的水幕系统，由于其有火灾自动报警系统控制和充液（水）传动管控制两种类型，第 11.0.3 条分别规定了这两种类型系统的启泵方式。

【规范条文】11.0.4 消防水泵除具有自动控制启动方式外，还应具备下列启动方式：

1 消防控制室（盘）远程控制；

2 消防水泵房现场应急操作。

〖条文说明〗

本条规定了消防水泵的启泵方式，要求具有自动、远程启动和现场手动应急操作三种启动消防水泵的方式。

〖条文解析〗

本条中“消防控制室（盘）远程控制”包括自动和手动两种状态。详见第二篇第 1 章。

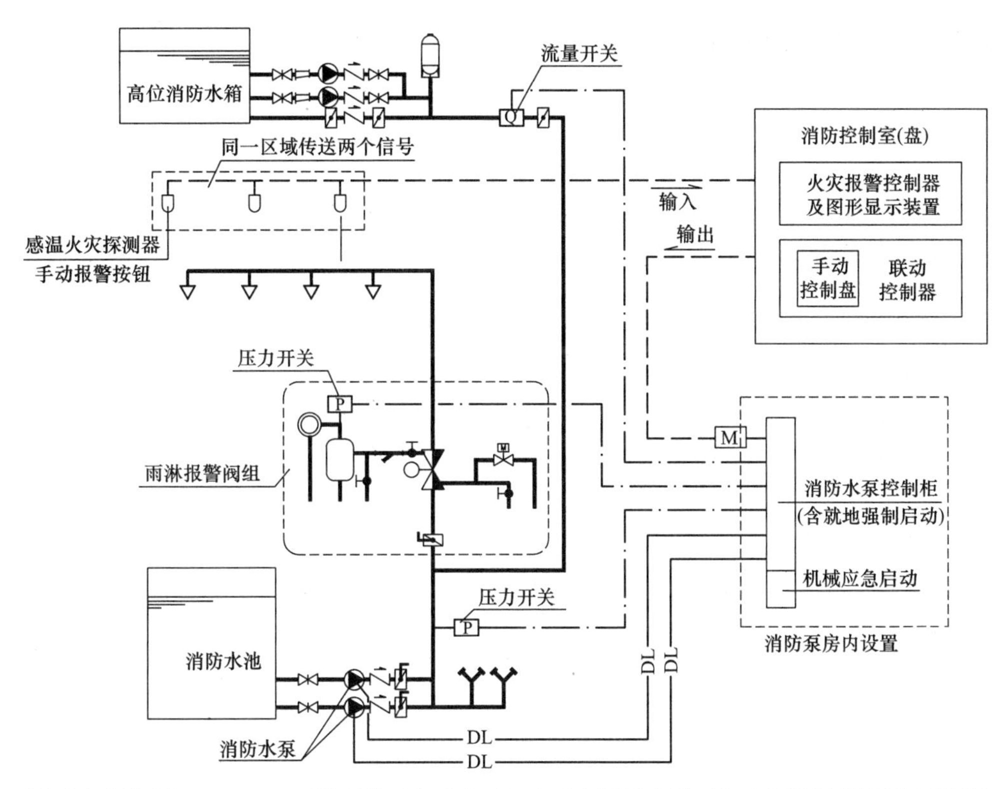

〖条文解析〗图 11.0.3-1 雨淋系统（电动启动）自动启泵示意图（临时高压/有增压稳压设施）

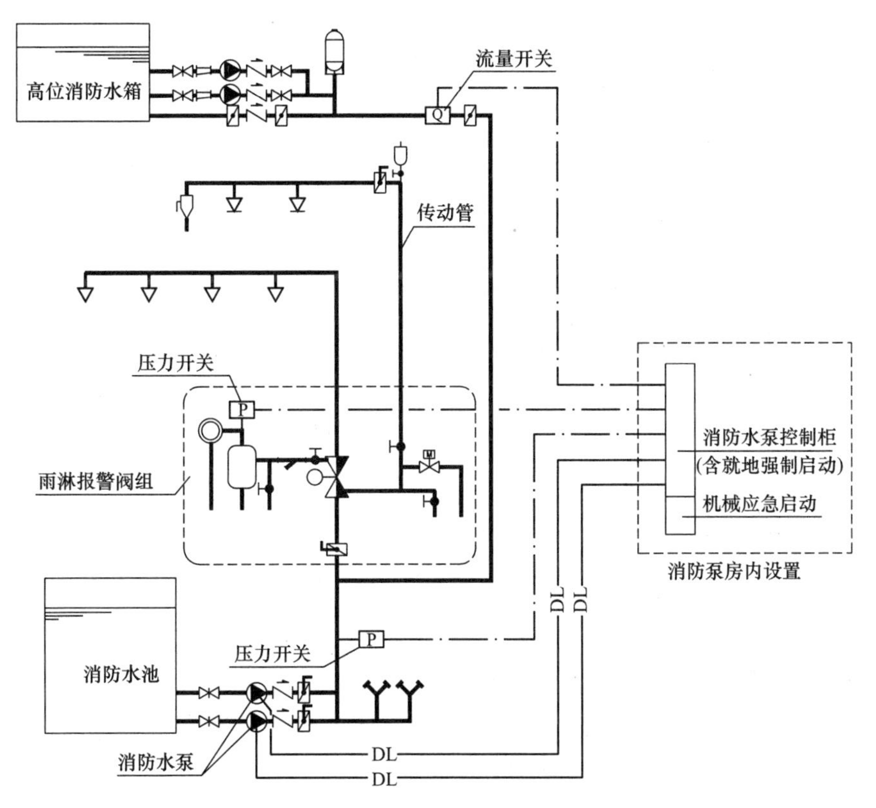

〖条文解析〗图 11.0.3-2 雨淋系统（传动管启动）自动启泵示意图（临时高压/有增压稳压设施）

【规范条文】11.0.5 预作用装置的自动控制方式可采用仅由火灾自动报警系统直接控制，或由火灾自动报警系统和充气管道上设置的压力开关控制，并应符合下列要求：

1 处于准工作状态时严禁误喷的场所，宜采用仅由火灾自动报警系统直接控制的预作用系统；

2 处于准工作状态时严禁管道充水的场所和用于替代干式系统的场所，宜采用由火灾自动报警系统和充气管道上设置的压力开关控制的预作用系统。

〖条文说明〗

本条为新增条文。本条规定了不同类型场所设置预作用系统时，预作用装置推荐采用的自动控制方式。

1 准工作状态时严禁误喷的场所，采用火灾探测器一组探测信号，只有火灾探测器动作后才开启预作用装置，能有效防止喷头误动作时开启供水，造成水渍污染。

2 准工作状态时严禁管道充水的场所和用于替代干式系统的场所，采用火灾探测器和闭式洒水喷头（充气管道上设置的压力开关）两组探测信号，组成"与"门，在两组信号都动作之后才打开预作用装置，能够防止其中一组探测元件误动作时启动系统。

〖条文解析〗

规范中"仅由火灾自动报警系统直接控制的预作用系统"即单连锁系统，见〖条文解析〗图 11.0.5-1；"由火灾自动报警系统和充气管道上设置的压力开关控制的预作用系统"即双连锁系统，见〖条文解析〗图 11.0.5-2。

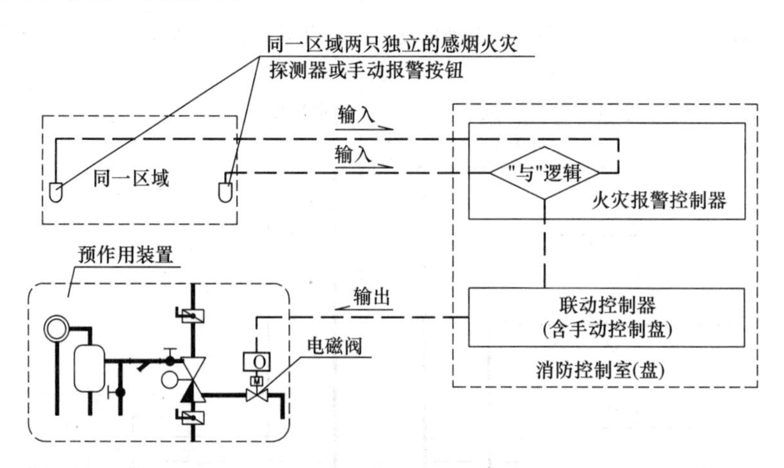

〖条文解析〗图 11.0.5-1 预作用装置（不充气单连锁）自动控制示意图

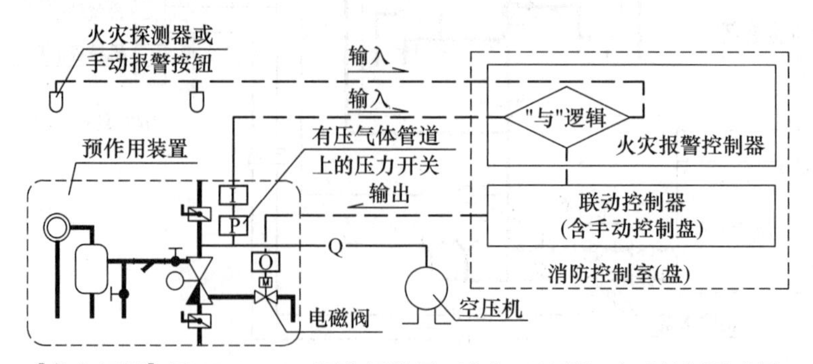

〖条文解析〗图 11.0.5-2 预作用装置（充气双连锁）自动控制示意图

【规范条文】11.0.6 雨淋报警阀的自动控制方式可采用电动、液（水）动或气动。当雨淋报警阀采用充液（水）传动管自动控制时，闭式喷头与雨淋报警阀之间的高程差，应根据雨淋报警阀的性能确定。

〖条文说明〗

本条提出了雨淋系统和自动控制的水幕系统中雨淋报警阀的自动控制方式，允许采用电动、液（水）动或气动控制。

控制充液（水）传动管上闭式喷头与雨淋报警阀之间的高程差，是为了控制与雨淋报警阀连接的充液（水）传动管内的静压、保证传动管上闭式喷头动作后能可靠地开启雨淋报警阀。

〖条文解析〗

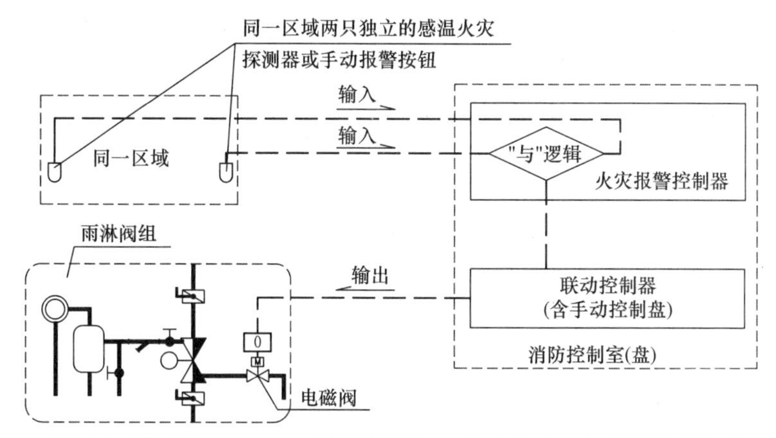

〖条文解析〗图 11.0.6 雨淋报警阀组（电动启动）自动控制示意图

【规范条文】11.0.7 预作用系统、雨淋系统和自动控制的水幕系统，应同时具备下列三种开启报警阀组的控制方式：

1 自动控制；

2 消防控制室（盘）远程控制；

3 预作用装置或雨淋报警阀处现场手动应急操作。

〖条文说明〗

本条是对原条文的修改和补充。

对预作用系统、雨淋系统及自动控制的水幕系统，本条提出了要具有自动、远程启动和现场手动应急操作三种开启报警阀组的规定。手动是指现场手动启动报警阀组，控制室手动操作属远控启动。对于一些设置报警阀组数量多且布置分散的场所，可在报警阀组处设就地手动开阀设施，并设手动报警按钮。

【规范条文】11.0.8 当建筑物整体采用湿式系统，局部场所采用预作用系统保护且预作用系统串联接入湿式系统时，除应符合本规范第 11.0.1 条的规定外，预作用装置的控制方式还应符合本规范第 11.0.7 条的规定。

〖条文说明〗

本条为新增条文。本条提出对于建筑物局部场所采用预作用系统，且该系统串接在湿式系统上时，预作用装置也应具备第 11.0.7 条规定的三种控制方式。

〖条文解析〗

本条中“消防控制室（盘）远程控制”是指：消防控制室（盘）中联动控制器的手动

控制盘远程手动启动。

“预作用装置或雨淋报警阀处现场手动应急操作”是指：通过手动开启预作用装置或雨淋报警阀控制管路上的手动泄水阀开启上述报警阀组的方式。

【规范条文】11.0.9 快速排气阀入口前的电动阀应在启动消防水泵的同时开启。

〖条文说明〗

本条规定了与快速排气阀连接的电动阀的控制要求，是保证干式、预作用系统有压充气管道迅速排气的措施之一。

〖条文解析〗

《火灾自动报警系统设计规范》GB 50116—2013 中要求，快速排气阀前的电动阀的启动和停止按钮，用专用线路直接连接至设置在消防控制室内的消防联动控制器手动控制盘上。

【规范条文】11.0.10 消防控制室（盘）应能显示水流指示器、压力开关、信号阀、消防水泵、消防水池及水箱水位、有压气体管道气压，以及电源和备用动力等是否处于正常状态的反馈信号，并应能控制消防水泵、电磁阀、电动阀等的操作。

〖条文说明〗

自动喷水灭火系统灭火失败的教训，很多是由于维护不当和误操作等原因造成的。加强对系统状态的监视与控制，能有效消除事故隐患。对系统的监视与控制要求，包括：

（1）监视电源及备用动力的状态；

（2）监视系统的水源、水箱（罐）及信号阀的状态；

（3）可靠控制水泵的启动并显示反馈信号；

（4）可靠控制雨淋报警阀、电磁阀、电动阀的开启并显示反馈信号；

（5）监视水流指示器、压力开关的动作和复位状态；

（6）可靠控制补气装置，并显示气压。

〖条文解析〗

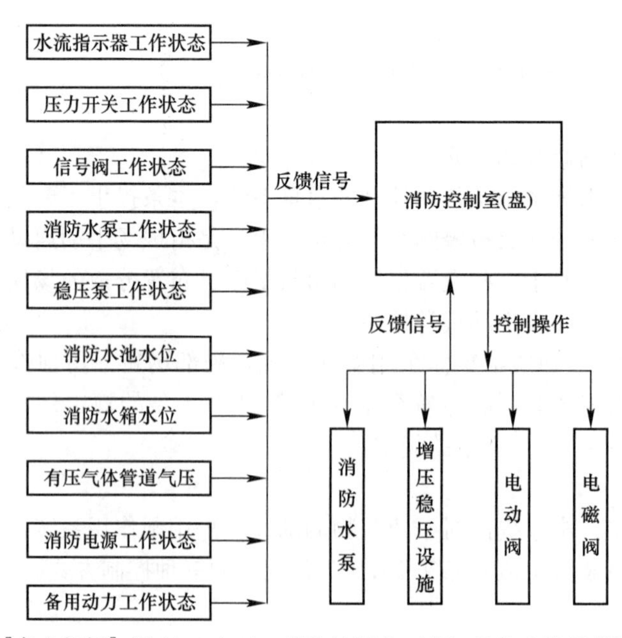

〖条文解析〗图 11.0.10-1 消防控制室（盘）必备功能示意图

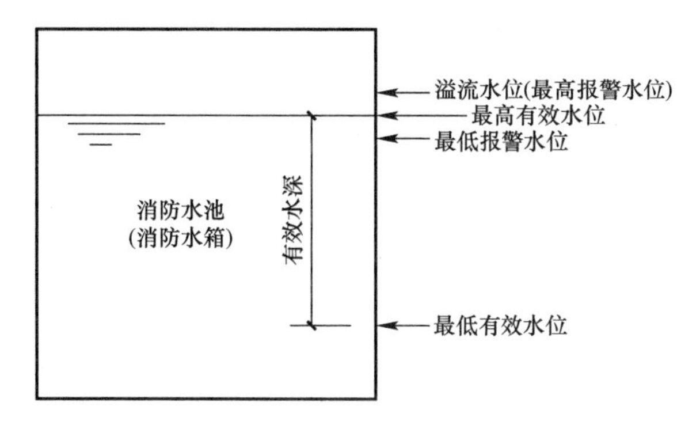

〖条文解析〗图 11.0.10-2 消防水池（箱）水位示意图

注：图中标注的最高报警水位、最高有效水位、最低报警水位均需要传至消防控制室（盘）。

12 局部应用系统

【规范条文】12.0.1 局部应用系统应用于室内最大净空高度不超过8m的民用建筑中，为局部设置且保护区域总建筑面积不超过1000m² 的湿式系统。设置局部应用系统的场所应为轻危险级或中危险级Ⅰ级场所。

〖**条文说明**〗

本条是对原条文的修改和补充。本条规定了局部应用系统的适用范围。

近年来，随着人们对消防意识的不断加强，自动喷水灭火系统的使用日益受到人们的重视，其使用范围也得到了不同程度的增加，一些中小型商店、超市等都增设了自动喷水灭火系统。这些场所大多数是由其他用途的建筑改造或扩建而成，大多未设置自动喷水灭火系统，若按标准配置追加设置自动喷水灭火系统较为困难。

局部应用系统与标准配置的自动喷水灭火系统相比，具有结构简单、安装方便和维护管理容易等优点，但同时存在供水可靠度低等缺点，因此在推广应用局部应用系统的同时，还应严格限制该系统的规模。

【规范条文】12.0.2 局部应用系统应采用快速响应洒水喷头，喷水强度应符合本规范第5.0.1条的规定，持续喷水时间不应低于0.5h。

〖**条文说明**〗

本条是对原条文的修改和补充。

本条规定了局部应用系统的设计基本参数要求。建筑物中局部设置自动喷水灭火系统时，按现行规范原规定条文设置供水设施往往比较困难，为此参照国内外相关规范的最低限度要求，按“保证足够喷水强度，在消防队投入增援灭火之前保证足够喷水面积和持续喷水时间”的原则，提出设计局部应用系统的具体指标，包括：喷水强度、作用面积和持续喷水时间等。

娱乐性场所内陈设、装修装饰及悬挂的物品较多，而且多数为木材、塑料、纺织品、皮革等易燃材料制作，点燃时容易酿成火灾，且发生火灾时蔓延速度较快、放热速率的增长较快。对于一些中小型商店、超市等，此类场所可燃物品较多，且用电设施较多，因此发生火灾的可能性较大。此外，这些场所多属于人员密集场所，火灾时极易造成拥挤现象。

规定采用快速响应喷头，是为了控制系统投入喷水、开始灭火的时间，有利于保护现场人员疏散、控制火灾及弥补作用面积的不足。局部应用系统的主要目的是扑救初期火灾，并防止火灾的大范围扩散，为人员疏散赢得时间，因此只要求持续喷水时间为0.5h，因为0.5h可以得到人员疏散和请求消防队员支援的时间。

【规范条文】12.0.3 局部应用系统保护区域内的房间和走道均应布置喷头。喷头的选型、布置和按开放喷头数确定的作用面积应符合下列规定：

1 采用标准覆盖面积洒水喷头的系统，喷头布置应符合轻危险级或中危险级Ⅰ级场所的有关规定，作用面积内开放的喷头数量应符合表12.0.3的规定。

采用标准覆盖面积洒水喷头时作用面积内开放喷头数量 **表 12.0.3**

保护区域总建筑面积和最大厅室建筑面积	开放喷头数量
保护区域总建筑面积超过 $300m^2$ 或 最大厅室建筑面积超过 $200m^2$	10
保护区域总建筑面积不超过 $300m^2$	最大厅室内喷头数+2 当少于 5 只时，取 5 只；当多于 8 只时，取 8 只

2 采用扩大覆盖面积洒水喷头的系统，喷头布置应符合本规范第 7.1.4 条的规定。作用面积内开放喷头数量应按不少于 6 只确定。

〖**条文说明**〗

本条是对原条文的修改和补充。

本章根据“在消防队投入增援灭火之前保证足够喷水面积和持续喷水时间”的原则，确定了局部应用系统的作用面积和持续喷水时间。由于局部应用系统的作用面积小于本规范表 5.0.1 的规定值，所以按本章规定设计的系统，控制火灾的能力偏低于按本规范第 5.0.1 条规定数据设计的系统。

局部应用系统保护区域内的最大厅室，指由符合相关规范规定的隔墙围护的区域。

采用标准覆盖面积洒水喷头可减少洒水受阻的可能性。采用扩大覆盖面积洒水喷头时要求严格执行本规范第 1.0.4 条的规定。任何不符合现行国家标准的其他喷头，本规范都不允许使用。

美国消防协会标准《自动喷水灭火系统安装标准》NFPA 13 规定，局部应用系统的作用面积按 $100m^2$ 确定，当小于 $100m^2$ 时，按房间实际面积计算，当采用扩大覆盖面积洒水喷头时，计算喷头数不应小于 4 只，当采用标准覆盖面积洒水喷头时，计算喷头数不小于 5 只。面积较小房间布置的喷头较少，应将房间外 2 只喷头计入作用面积，此要求在 NFPA 中是必需的、基本的要求。

〖**条文解析**〗

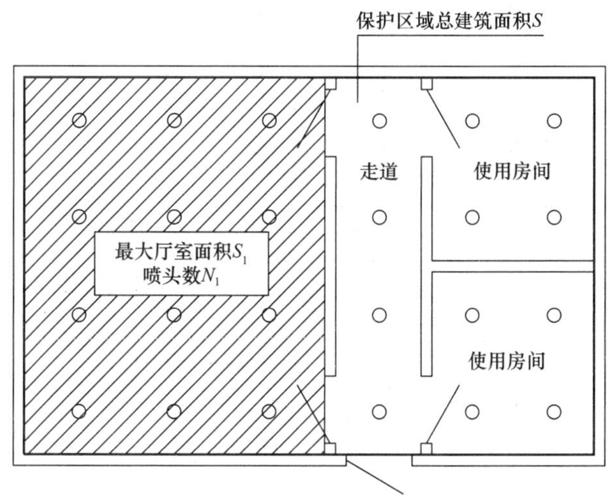

〖条文解析〗图 12.0.3-1 标准覆盖面积洒水喷头开放喷头数量示意图

注：$S>300m^2$ 或 $S_1>200m^2$ 时，开放喷头数 $N=10$；

$S\leqslant300m^2$ 且 $S_1\leqslant200m^2$ 时，开放喷头数 $N=N_1+2$；

$N<5$ 时，取 $N=5$；$N>8$ 时，取 $N=8$。

【规范条文】12.0.4　当室内消火栓系统的设计流量能满足局部应用系统设计流量时，局部应用系统可与室内消火栓合用室内消防用水量、稳压设施、消防水泵及供水管道等。当不满足时应按本规范第12.0.9条执行。

〖条文说明〗

本条允许局部应用系统与室内消火栓合用消防用水量和稳压设施、消防水泵及供水管道，有利于降低造价，便于推广。

举例说明：按室内消防用水量10L/s、火灾延续时间2h确定室内消防用水量的建筑物，其消防水池除了供给10只开放喷头的用水量外，尚可供2支水枪工作约1.5h。

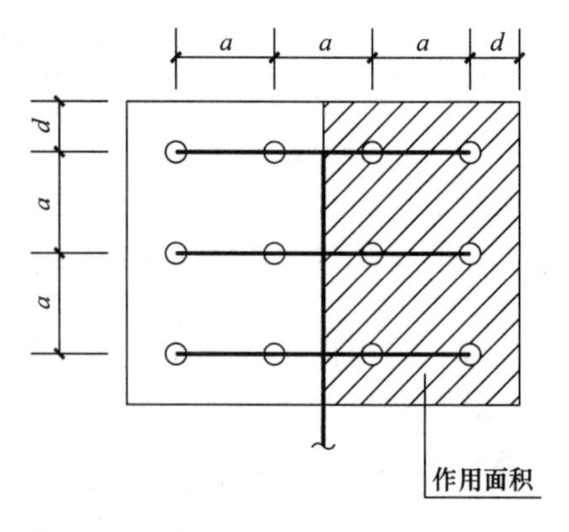

〖条文解析〗图12.0.3-2　扩大覆盖面积洒水喷头开放喷头数量示意图

按室内消防用水量5L/s、火灾延续时间2h确定室内消防用水量的建筑物，其消防水池除了供给10只开放喷头的流量外，尚可供1支水枪工作约1h。

〖条文解析〗

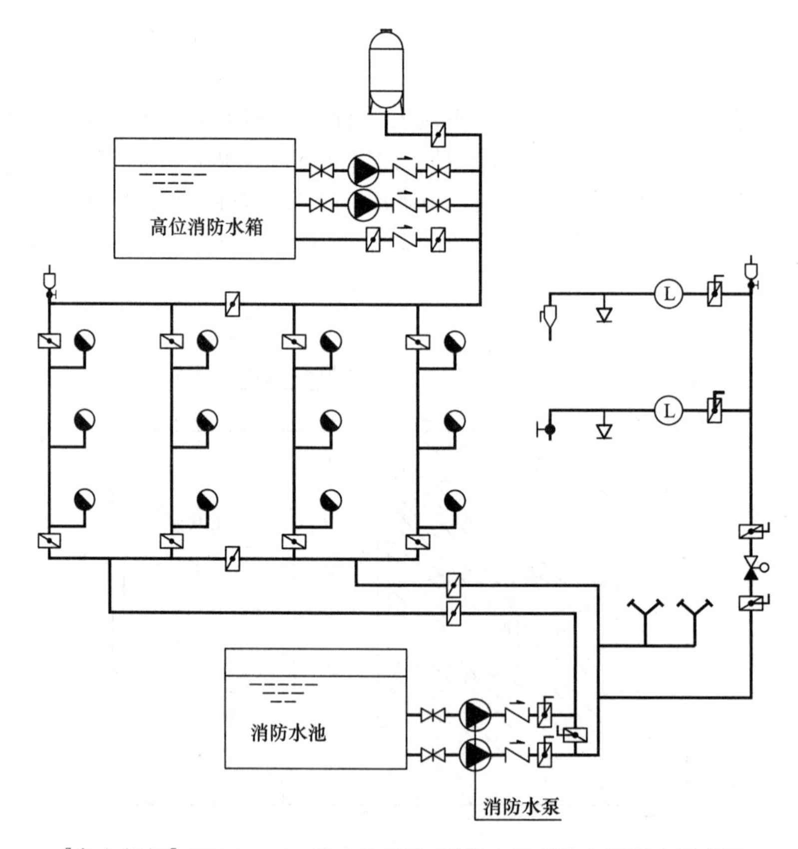

〖条文解析〗图12.0.4　消火栓系统/局部应用系统合用供水示意图

【规范条文】12.0.5　采用标准覆盖面积洒水喷头且喷头总数不超过20只，或采用扩大覆盖面积洒水喷头且喷头总数不超过12只的局部应用系统，可不设报警阀组。

〖**条文说明**〗

本条参考美国消防协会标准《自动喷水灭火系统安装标准》NFPA 13 中“喷头数量少于 20 只的系统可不设报警阀组”的规定，提出小规模系统可省略报警阀组、简化系统构成的规定。

〖**条文解析**〗

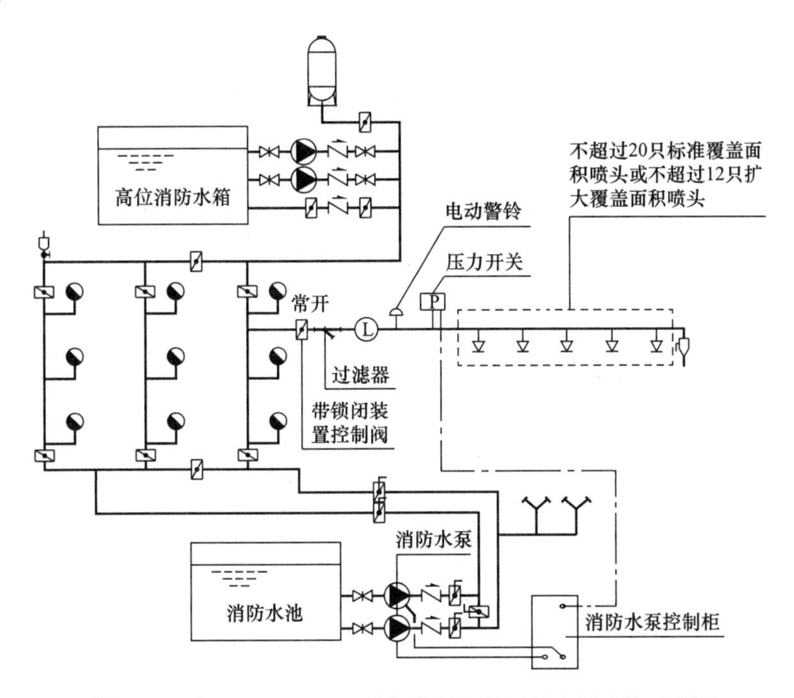

〖条文解析〗图 12.0.5 不设报警阀组的局部应用系统示意图

【**规范条文**】**12.0.6** 不设报警阀组的局部应用系统，配水管可与室内消防竖管连接，其配水管的入口处应设过滤器和带有锁定装置的控制阀。

【**规范条文**】**12.0.7** 局部应用系统应设报警控制装置。报警控制装置应具有显示水流指示器、压力开关及消防水泵、信号阀等组件状态和输出启动消防水泵控制信号的功能。

【**规范条文**】**12.0.8** 不设报警阀组或采用消防水泵直接从市政供水管吸水的局部应用系统，应采取压力开关联动消防水泵的控制方式。不设报警阀组的系统可采用电动警铃报警。

【**规范条文**】**12.0.9** 无室内消火栓的建筑或室内消火栓系统的设计流量不能满足局部应用系统要求时，局部应用系统的供水应符合下列规定：

1 市政供水能够同时保证最大生活用水量和系统的流量与压力时，城市供水管可直接向系统供水；

2 市政供水不能同时保证最大生活用水量和系统的流量与压力，但允许消防水泵从城市供水管直接吸水时，系统可设直接从城市供水管吸水的消防水泵；

3 市政供水不能同时保证最大生活用水量和系统的流量与压力，也不允许从市政供水管直接吸水时，系统应设储水池（罐）和消防水泵，储水池（罐）的有效容积应按系统用水量确定，并可扣除系统持续喷水时间内仍能连续补水的补水量；

4 可按三级负荷供电，且可不设备用泵；

5 应设置倒流防止器或采取其他有效防止污染生活用水的措施。

〖**条文说明**〗

本条是对原条文的修改和补充。

本条提出了局部应用系统的供水要求，规定系统可结合自身特点和使用场所以及工程实际情况，选择市政管网供水或生活管网供水等方式。

本条第5款参照国家标准《建筑给水排水设计规范》GB 50015的要求，提出了从城市供水管网上接出消防用水管道时，应设置管道倒流防止器或其他有效防止倒流污染的措施。

〖**条文解析**〗

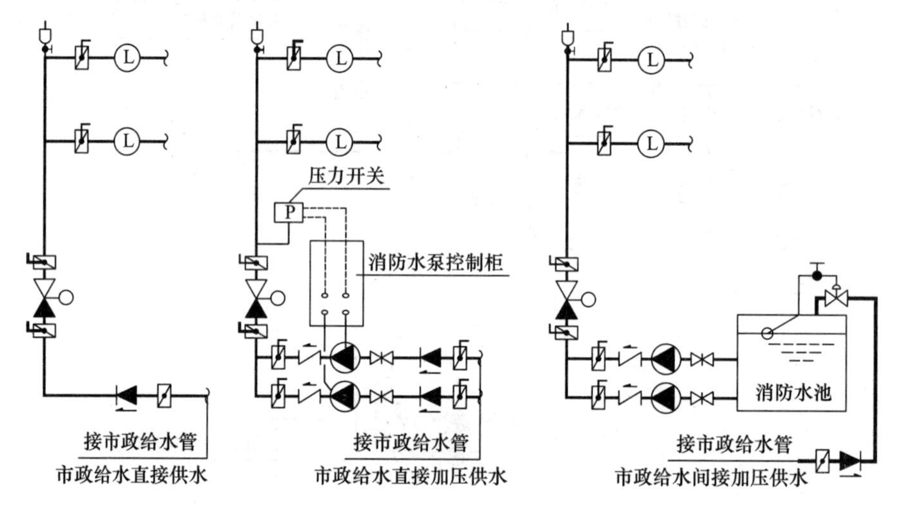

〖条文解析〗图12.0.9 局部应用系统市政供水示意图

附录A 设置场所火灾危险等级分类

设置场所火灾危险等级分类 **表A**

<table>
<tr><th colspan="2">火灾危险等级</th><th>设置场所分类</th></tr>
<tr><td colspan="2">轻危险级</td><td>住宅建筑、幼儿园、老年人建筑、建筑高度为24m及以下的旅馆、办公楼；仅在走道设置闭式系统的建筑等</td></tr>
<tr><td rowspan="2">中危险级</td><td>Ⅰ级</td><td>1）高层民用建筑：旅馆、办公楼、综合楼、邮政楼、金融电信楼、指挥调度楼、广播电视楼（塔）等；
2）公共建筑（含单多高层）：医院、疗养院；图书馆（书库除外）、档案馆、展览馆（厅）；影剧院、音乐厅和礼堂（舞台除外）及其他娱乐场所；火车站、机场及码头的建筑；总建筑面积小于5000m^{2}的商场、总建筑面积小于1000m^{2}的地下商场等；
3）文化遗产建筑：木结构古建筑、国家文物保护单位等；
4）工业建筑：食品、家用电器、玻璃制品等工厂的备料与生产车间等；冷藏库、钢屋架等建筑构件</td></tr>
<tr><td>Ⅱ级</td><td>1）民用建筑：书库、舞台（葡萄架除外）、汽车停车场（库）、总建筑面积5000m^{2}及以上的商场、总建筑面积1000m^{2}及以上的地下商场、净空高度不超过8m、物品高度不超过3.5m的超级市场等；
2）工业建筑：棉毛麻丝及化纤的纺织、织物及制品、木材木器及胶合板、谷物加工、烟草及制品、饮用酒（啤酒除外）、皮革及制品、造纸及纸制品、制药等工厂的备料与生产车间</td></tr>
<tr><td rowspan="2">严重危险级</td><td>Ⅰ级</td><td>印刷厂、酒精制品、可燃液体制品等工厂的备料与车间、净空高度不超过8m、物品高度超过3.5m的超级市场等</td></tr>
<tr><td>Ⅱ级</td><td>易燃液体喷雾操作区域、固体易燃物品、可燃的气溶胶制品、溶剂清洗、喷涂油漆、沥青制品等工厂的备料及生产车间、摄影棚、舞台葡萄架下部等</td></tr>
<tr><td rowspan="3">仓库危险级</td><td>Ⅰ级</td><td>食品、烟酒；木箱、纸箱包装的不燃、难燃物品等</td></tr>
<tr><td>Ⅱ级</td><td>木材、纸、皮革、谷物及制品、棉毛麻丝化纤及制品、家用电器、电缆、B组塑料与橡胶及其制品、钢塑混合材料制品、各种塑料瓶盒包装的不燃、难燃物品及各类物品混杂储存的仓库等</td></tr>
<tr><td>Ⅲ级</td><td>A组塑料与橡胶及其制品；沥青制品等</td></tr>
</table>

注：表中的A组、B组塑料橡胶的分类见本规范附录B。

附录B　塑料、橡胶的分类

A组：丙烯腈-丁二烯-苯乙烯共聚物（ABS）、缩醛（聚甲醛）、聚甲基丙烯酸甲酯、玻璃纤维增强聚酯（FRP）、热塑性聚酯（PET）、聚丁二烯、聚碳酸酯、聚乙烯、聚丙烯、聚苯乙烯、聚氨基甲酸酯、高增塑聚氯乙烯（PVC，如人造革、胶片等）、苯乙烯-丙烯腈（SAN）等。

丁基橡胶、乙丙橡胶（EPDM）、发泡类天然橡胶、腈橡胶（丁腈橡胶）、聚酯合成橡胶、丁苯橡胶（SBR）等。

B组：醋酸纤维素、醋酸丁酸纤维素、乙基纤维素、氟塑料、锦纶（锦纶6、锦纶6/6）、三聚氰胺甲醛、酚醛塑料、硬聚氯乙烯（PVC，如管道、管件等）、聚偏二氟乙烯（PVDC）、聚偏氟乙烯（PVDF）、聚氟乙烯（PVF）、脲甲醛等。

氯丁橡胶、不发泡类天然橡胶、硅橡胶等。

粉末、颗粒、压片状的A组塑料。

附录C 当量长度表

镀锌钢管件和阀门的当量长度表（m） 表C

管件和阀门	公称直径（mm）								
	25	32	40	50	70	80	100	125	150
45°弯头	0.3	0.3	0.6	0.6	0.9	0.9	1.2	1.5	2.1
90°弯头	0.6	0.9	1.2	1.5	1.8	2.1	3.0	3.7	4.3
90°长弯管	0.6	0.6	0.6	0.9	1.2	1.5	1.8	2.4	2.7
三通或四通（侧向）	1.5	1.8	2.4	3.0	3.7	4.6	6.1	7.6	9.1
蝶阀	—	—	—	1.8	2.1	3.1	3.7	2.7	3.1
闸阀	—	—	—	0.3	0.3	0.3	0.6	0.6	0.9
止回阀	1.5	2.1	2.7	3.4	4.3	4.9	6.7	8.2	9.3
异径接头	32/25	40/32	50/40	70/50	80/70	100/80	125/100	150/125	200/150
	0.2	0.3	0.3	0.5	0.6	0.8	1.1	1.3	1.6

注：1 过滤器当量长度的取值，由生产厂提供。

2 当异径接头的出口直径不变而入口直径提高1级时，其当量长度应增大0.5倍；提高2级或2级以上时，其当量长度应增大1.0倍。

3 当采用铜管或不锈钢管时，当量长度应乘以系数1.33；当采用涂覆钢管、氯化聚氯乙烯（PVC-C）管时，当量长度应乘以系数1.51。

附录D　减压孔板的局部阻力系数

减压孔板的局部阻力系数，取值应按下式计算或按表D确定：

$$\xi=\left[1.75\frac{d_j^2}{d_k^2}\cdot\frac{1.1-\frac{d_k^2}{d_j^2}}{1.175-\frac{d_k^2}{d_j^2}}-1\right]^2$$

式中：d_k——减压孔板的孔口直径（m）。

减压孔板的局部阻力系数　　**表D**

d_k/d_j	0.3	0.4	0.5	0.6	0.7	0.8
ξ	292	83.3	29.5	11.7	4.75	1.83

本规范用词说明

1 为便于在执行本规范条文时区别对待，对要求严格程度不同的用词说明如下：

1）表示很严格，非这样做不可的：

正面词采用“必须”，反面词采用“严禁”；

2）表示严格，在正常情况下均应这样做的：

正面词采用“应”，反面词采用“不应”或“不得”；

3）表示允许稍有选择，在条件许可时首先应这样做的：

正面词采用“宜”，反面词采用“不宜”；

4）表示有选择，在一定条件下可以这样做的，采用“可”。

2 条文中指明应按其他有关标准执行的写法为：“应符合……的规定”或“应按……执行”。

引用标准名录

《消防给水及消火栓系统技术规范》GB 50974

《自动喷水灭火系统　第19部分：塑料管道及管件》GB/T 5135.19

第二篇
典型自喷系统原理及控制

自动喷水灭火系统（以下简称“自喷系统”）运行的可靠性与系统控制息息相关。关于自喷系统的控制要求，《自动喷水灭火系统设计规范》GB 50084—2017（以下简称《喷规》）、《消防给水及消火栓系统技术规范》GB 50974—2014（以下简称《消水规》《火灾自动报警系统设计规范》GB 50116—2013（以下简称《报警规范》）中都有相应条款，但由于规范编制的时间不同，所以条款中有些要求不尽相同。

本篇为便于读者对自喷系统原理及控制的理解，以几类典型自喷系统为例，根据上述规范以及实际操作对自喷系统原理及控制进行了梳理。

本篇编制了典型自喷系统的“系统控制要求一览表”，该表既可以作为设计要点、校审重点，也可以作为专业间互提资料清单。

目　　录

1 概　　述

1.0.1 《喷规》中对消防水泵控制方式的阐述，分为三类：即自动直接启动、消防控制室（盘）远程控制、现场手动应急操作。

1 自动直接启动方式，除了“消防水泵出水管上设置的压力开关或高位消防水箱出水管上的流量开关或报警阀组压力开关”的控制信号（注1），直接传至消防水泵控制柜，控制启动消防水泵外，在预作用系统、雨淋系统及水幕系统中，还包括“火灾自动报警系统”参与控制启动消防水泵的方式。即“充气管道上的压力开关、火灾探测器或手动报警按钮”报警信号传至消防控制室（盘），“消防联动控制盘”自动状态下，将上述信号作为触发信号，消防联动控制器自动启动消防水泵。

2 消防控制室（盘）远程控制方式，包含了自动状态，即“消防联动控制盘”联动自动控制；以及手动状态，即“手动控制盘”远程手动控制。

自动状态是指“消防联动控制盘”自动状态下，当火灾报警系统接收到“消防水泵出水管上设置的压力开关或高位消防水箱出水管上的流量开关或报警阀组压力开关”报警信号（注1）时，作为触发信号，消防联动控制器自动启动消防水泵。不包括“火灾探测器或手动报警按钮”参与自动启动消防水泵的方式。

手动状态的连线要求，在《报警规范》中有明确规定：应将消防水泵控制箱（柜）的启动、停止按钮用专用线路直接连接至设置在消防控制室内的消防联动控制器的手动控制盘上，直接手动控制消防水泵的启动、停止。

3 《喷规》中现场手动应急操作方式，包含了消防泵房内的就地强制启动与机械应急启动两种形式，设计中缺一不可。就地强制启动设置于消防水泵控制柜中，机械应急启动设置于专用装置柜中。

注1：“消防水泵出水管上设置的压力开关或高位消防水箱出水管上的流量开关或报警阀组压力开关”均为双节点，其中一组节点传送控制信号至消防水泵控制柜；另一组节点传送报警信号至消防控制室（盘）。

1.0.2 《报警规范》中对消防水泵启泵方式的阐述，分为两类：即联动控制方式、手动控制方式。

1 《报警规范》中的“联动控制方式”对应《喷规》中的“自动直接启动”。但由于《报警规范》编制时间早，对于预作用系统、雨淋系统及水幕系统，并没有要求自动直接启动消防水泵，而是通过对预作用装置或报警阀组的自动开启控制来实现自动启泵。

2 《报警规范》中对不同类型“自喷系统”自动控制触发信号源做了明确规定，参考本章表1.0.3。

3 《报警规范》中的“手动控制方式”是指消防控制室远程手动控制。

1.0.3 结合《喷规》与《报警规范》，预作用系统、雨淋系统、水幕系统中对报警阀组的控制要求分为三类：即自动控制、消防控制室（盘）远程控制、现场手动应急操作。

1 自动控制：消防联动控制器处于自动状态下，通过火灾报警系统的触发信号，控制报警阀组的电磁阀开启，从而控制开启报警阀组。

各系统触发电信号源见表1.0.3。

报警阀组自动控制电信号源一览表 **表1.0.3**

<table>
<tr><th colspan="2">系统分类</th><th colspan="2">“与”逻辑关系信号源</th><th>备注</th></tr>
<tr><td rowspan="4">闭式系统</td><td rowspan="2">预作用系统
（充气双连锁）</td><td>火灾探测器（感烟或感温）</td><td>充气管道上压力开关</td><td>同一区域</td></tr>
<tr><td>手动火灾报警按钮</td><td>充气管道上压力开关</td><td>同一区域</td></tr>
<tr><td rowspan="2">预作用系统
（不充气单连锁）</td><td>感烟火灾探测器</td><td>感烟火灾探测器</td><td>同一区域</td></tr>
<tr><td>感烟火灾探测器</td><td>手动火灾报警按钮</td><td>同一区域</td></tr>
<tr><td rowspan="4">开式系统</td><td rowspan="2">雨淋系统
（电动启动）</td><td>感温火灾探测器</td><td>感温火灾探测器</td><td>同一区域</td></tr>
<tr><td>感温火灾探测器</td><td>手动火灾报警按钮</td><td>同一区域</td></tr>
<tr><td rowspan="2">水幕系统
（自动控制）</td><td>火灾探测器（感烟或感温）</td><td>防火卷帘限位开关</td><td>同一区域</td></tr>
<tr><td>手动火灾报警按钮</td><td>防火卷帘限位开关</td><td>同一区域</td></tr>
</table>

2 消防控制室（盘）远程控制，包含了自动状态，即“消防联动控制盘”联动自动控制；以及手动状态，即“手动控制盘”远程手动控制。

自动状态是指“消防联动控制盘”自动状态下，当火灾报警系统接收到“消防水泵出水管上设置的压力开关或高位消防水箱出水管上的流量开关”报警信号时，作为触发信号，消防联动控制器自动开启报警阀组控制管路上电磁阀，从而控制报警阀组开启。

手动状态的连线要求，在《报警规范》中有明确规定：报警阀组的电磁阀的启动和停止按钮，用专用线路直接连接至设置在消防控制室内的消防联动控制器手动控制盘上。通过远程手动开启报警阀组控制管路上电磁阀，从而控制报警阀组开启。

3 现场手动应急操作：通过在报警阀组安装现场，开启报警阀组控制管路上的泄水阀，开启报警阀组的方式。

1.0.4 消防控制室（盘）系统监视与控制要求：

消防控制室（盘）应能显示水流指示器、压力开关、信号阀、水泵、消防水池及高位消防水箱水位、有压气体管道气压，以及电源和备用动力等是否处于正常状态的反馈信号，并应能控制水泵、电磁阀、电动阀等的操作，包括：

1 监视电源及备用动力的状态；

2 监视系统的水源、水箱（罐）及信号阀的状态；

3 可靠控制水泵的启动并显示反馈信号；

4 可靠控制雨淋报警阀、电磁阀、电动阀的开启并显示反馈信号；

5 监视水流指示器、压力开关的动作和复位状态；

6 可靠控制补气装置，并显示气压。

1.0.5 本篇各类型“自喷系统”均以有增压稳压设施的临时高压系统为例。

1.0.6 图例见表1.0.6。

图例　　　　**表 1.0.6**

图例	名称	图例	名称
	湿式报警阀组 平面图/投影图		止回阀
	干式报警阀组 平面图/投影图		减压闸阀
	预作用装置 平面图/投影图		倒流防止器
	雨淋报警阀组 平面图/投影图		闸阀
L	水流指示器		蝶阀
	喷头上喷安装 平面图/投影图		信号蝶阀
	喷头下喷安装 平面图/投影图		电动阀
	喷头上下喷安装 平面图/投影图		电磁阀
	喷头侧喷安装 平面图/投影图		遥控浮球阀
	末端试水装置 平面图/投影图（含压力表）		持压泄压阀
	水力警铃		过滤器
	快速排气阀		减压孔板
P	压力开关		水泵
Q	流量开关		水泵接合器
	压力表	Q	压缩空气管道
	电接点压力表	DL	动力线
L	流量检测装置		报警信号总线
I / O	输入/输出		自动信号线
M	模块箱 （同时具备输入输出功能）	C	手动控制线
	空压机	S	信号线
	室内消火栓	S+D	信号线及电源线
	截止阀		喷淋管道

2 湿式系统

2.1 湿式系统组件

2.1.1 湿式系统由闭式喷头、水流指示器、湿式报警阀组，以及管道和供水设施等组成，准工作状态时管道内始终充满压力水，湿式报警阀处于关闭状态。湿式系统组件表，见表2.1.1。

湿式系统组件表　　**表2.1.1**

编号	名称	用途	系统分类		
			临时高压		高压
			增压稳压设施		
			有	无	
1	闭式喷头	感知火灾，出水灭火	√	√	√
2	水流指示器	输出电信号，指示火灾区域	√	√	√
3	信号阀	供水控制阀，阀门关闭时输出电信号	√	√	√
4	水力警铃	发出声响报警信号	√	√	√
5A	报警阀处压力开关	根据压力变化输出电信号（报警、启动消防水泵）	√	√	√
5B	消防水泵出水干管压力开关	根据压力变化输出电信号（报警、启动消防水泵）	√	—	—
6	延迟器	克服水压波动引起的误报警	√	√	√
7	湿式报警阀	系统控制阀，输出报警水流信号	√	√	√
8	消防水泵	提供消防压力水	√	√	—
9	消防稳压泵	提供最不利点处喷头足够的静水压力	√	—	—
10	消防稳压罐	缓冲压力波动及部分给水，避免稳压泵频繁启动	√	—	—
11	高位消防水箱出水干管流量开关	根据流量变化输出电信号（报警、启动消防水泵）（流量≥1个喷头流量＋系统泄漏量时启动）	√	√	—
11A	流量监测装置	测试消防水泵输出流量（管径应根据流速≤5m/s情况下满足消防水量选择）	√	√	√
12	持压泄压阀	根据系统的工作压力能自动开闭，保护系统安全	√	√	—
13	电接点压力表	根据压力变化输出电信号	√	√	—
14	电动超压泄水	根据13（电接点压力表）输出的电信号控制阀门启动并对其进行调节	√	√	—
15	水泵接合器	接入消防车供水	√	√	√
16	末端试水装置（含压力表）	试验末端水压、分区放水及模拟喷头喷水测试系统联动功能	√	√	√
17	试水阀	分区放水及模拟喷头喷水测试系统联动功能	√	√	√
18A	高位消防水箱液位传感器	根据液位高度，输出电信号	√	√	√
18B	消防水池液位传感器	根据液位高度，输出电信号	√	√	—
19	自动排气阀	系统排气	√	√	√

注：12与13＋14均为持压泄压作用，可仅设一组。

2.1.2 湿式系统组件示意图（临时高压/有增压稳压设施），见图2.1.2。

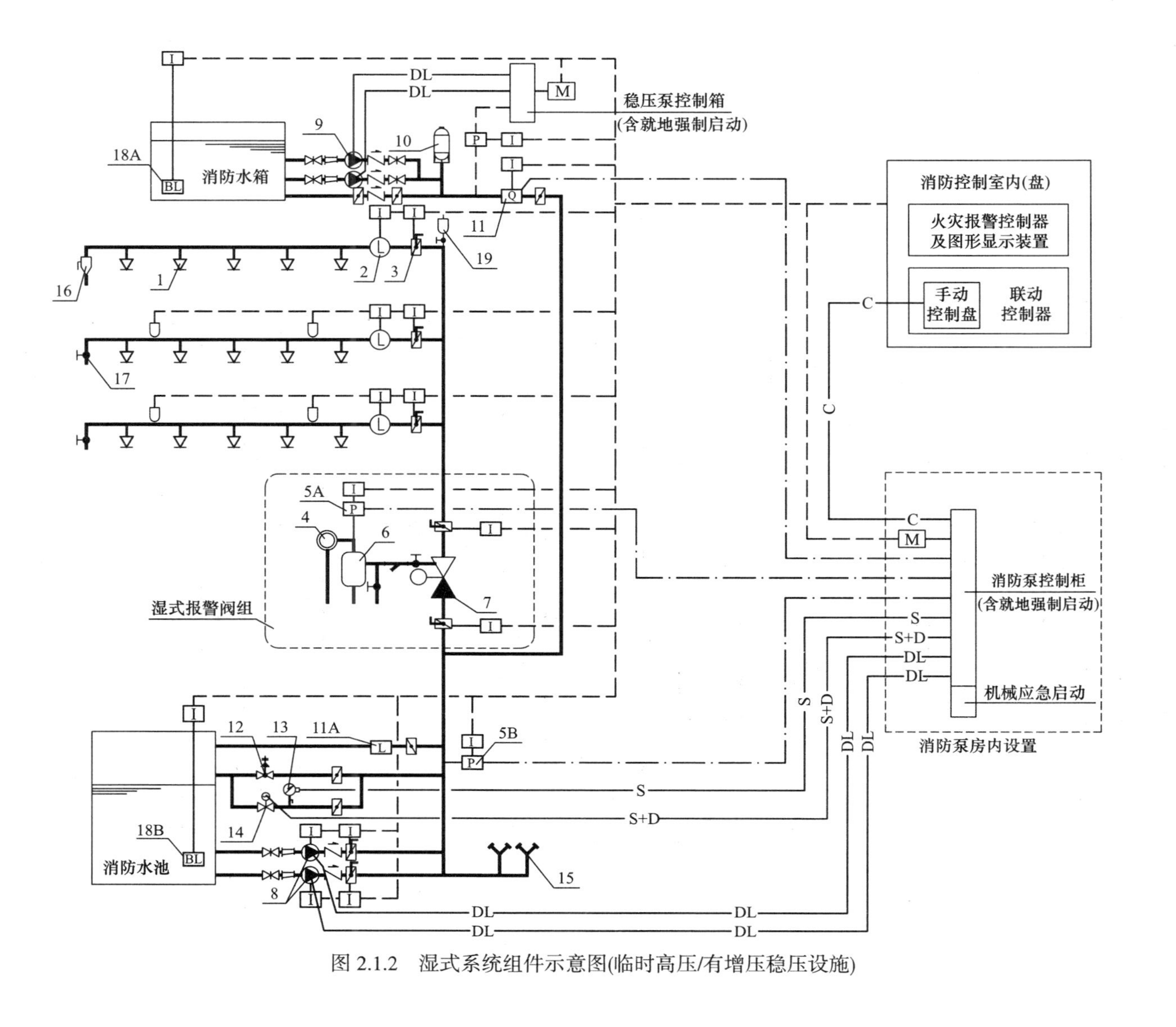

图 2.1.2　湿式系统组件示意图(临时高压/有增压稳压设施)

2.2 湿式系统原理及控制

2.2.1 湿式系统消防水泵控制原理图（临时高压/有增压稳压设施），见图 2.2.1。

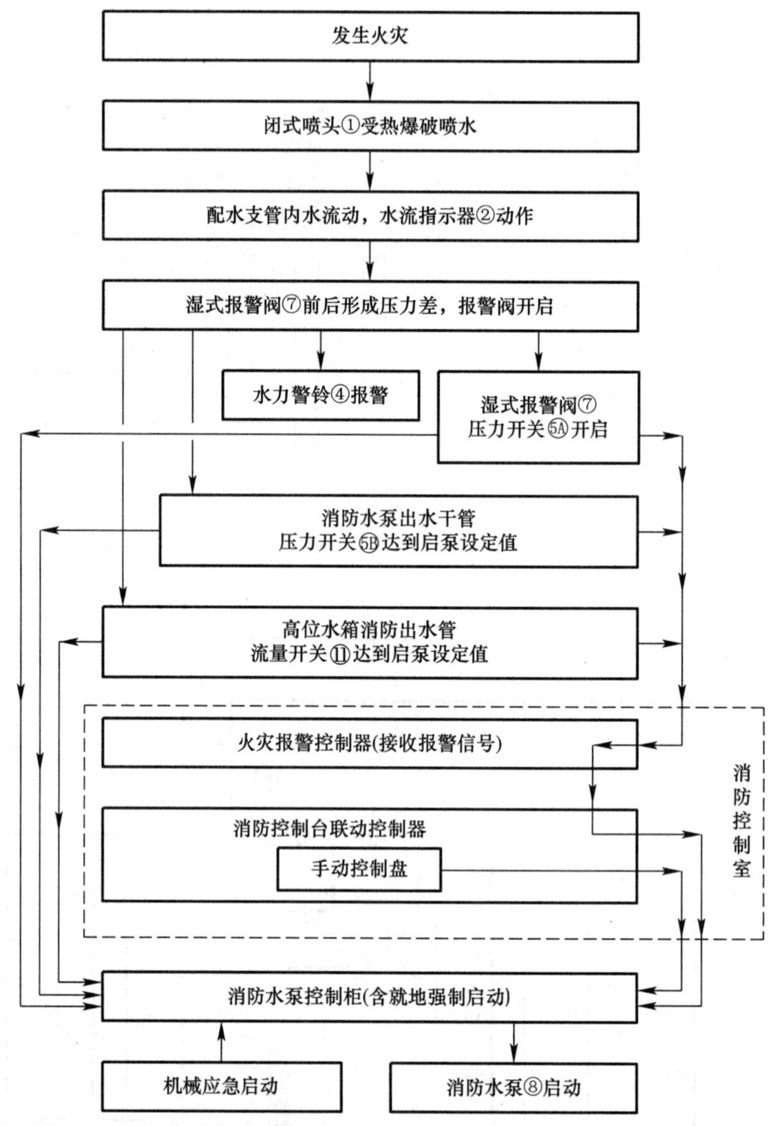

图 2.2.1 湿式系统消防水泵控制原理图（临时高压/有增压稳压设施）

2.2.2 湿式系统控制要求一览表，见表 2.2.2。

湿式系统控制要求一览表 **表 2.2.2**

分类	控制部位及要求			湿式系统形式		
				临时高压		高压
	控制分类	控制编号	部位	有增压稳压设施	无增压稳压设施	
消防水泵控制要求	自动启泵（禁止自动停泵）	C1	消防水泵出水干管上设置的压力开关直接自动启泵	●	—	—
		C2	高位消防水箱出水管上的流量开关直接自动启泵	●	●	—
		C3	报警阀处压力开关直接自动启泵	●	●	—

续表

分类	控制部位及要求				湿式系统形式		
					临时高压		高压
	控制分类	控制编号	部位		有增压稳压设施	无增压稳压设施	
消防水泵控制要求	消防控制室（盘）远程控制	C4	自动状态下接收右侧报警信号，通过联动控制器自动启泵	消防水泵出水干管上设置的压力开关	●	●	—
				高位消防水箱出水管上的流量开关	●	●	—
				报警阀组压力开关	●	●	—
		C5	手动状态，即通过手动控制盘手动控制（注2）		●	●	—
	现场手动应急操作	C6	消防泵房就地强制启停按钮		●	●	—
		C7	消防泵房内机械应急启动装置		●	●	—
	自动巡检	C8	巡检间隔时间根据当地有关部门规定设置（注3）		●	●	—
稳压泵控制要求	自动启停	C9	消防给水管网或气压罐上设置的压力开关或压力变送器控制联动自动启泵		●	—	—
	手动启停	C10	设置就地强制启停按钮		●	—	—
电动持压泄压阀控制要求	启闭调节	C11	当系统超压泄水采用电动持压泄压阀时，该阀控制原理为：由泄压管上电接点压力表传送信号至消防水泵控制柜，由消防水泵控制柜控制该阀的启闭及调节		☆	☆	—
消防控制室（盘）监视要求	监视	C12	电源及备用动力状态		●	●	—
		C13	信号阀状态		●	●	●
		C14	稳压泵的运行状态		●	—	—
		C15	报警阀处压力开关动作和复位状态		●	●	●
		C16	消防水泵出水干管上设置的压力开关动作和复位状态		●	●	—
		C17	稳压泵出水管压力开关动作和复位状态		○	—	—
		C18	消防水池液位状态（高水位、低水位报警信号，以及正常水位）		●	●	●
		C19	高位消防水箱液位状态（高水位、低水位报警信号，以及正常水位）		●	●	●
		C20	消防水泵的运行状态		●	●	—
		C21	水流指示器动作和复位状态		●	●	●
电伴热	电源要求	C22	消防电源		☆	☆	☆

注：1. ●为必须设置，—为无须设置，○为建议设置，☆为根据项目及系统需求设置。
2. 消防水泵控制箱（柜）的启动和停止按钮用专用线路直接连接至设置在消防控制室内的消防联动控制器手动控制盘上。
3. 自动巡检功能应符合《消水规》第11.0.16条的规定。

2.2.3　湿式系统火灾报警系统图（临时高压/有增压稳压设施），见图2.2.3。

2.2.4　自喷系统电气系统图，见图2.2.4。

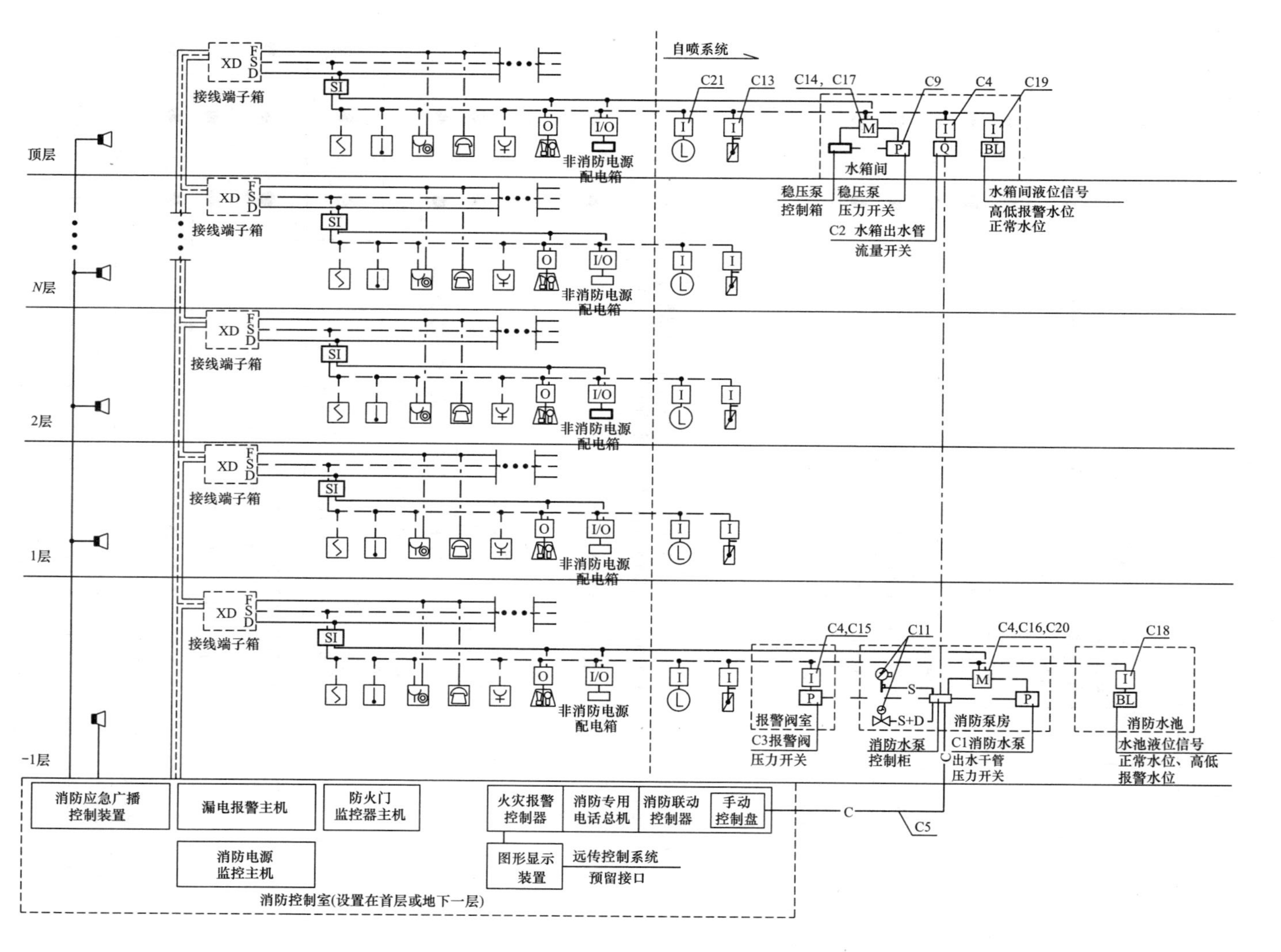

图 2.2.3　湿式系统火灾报警系统图（临时高压/有增压稳压设施）

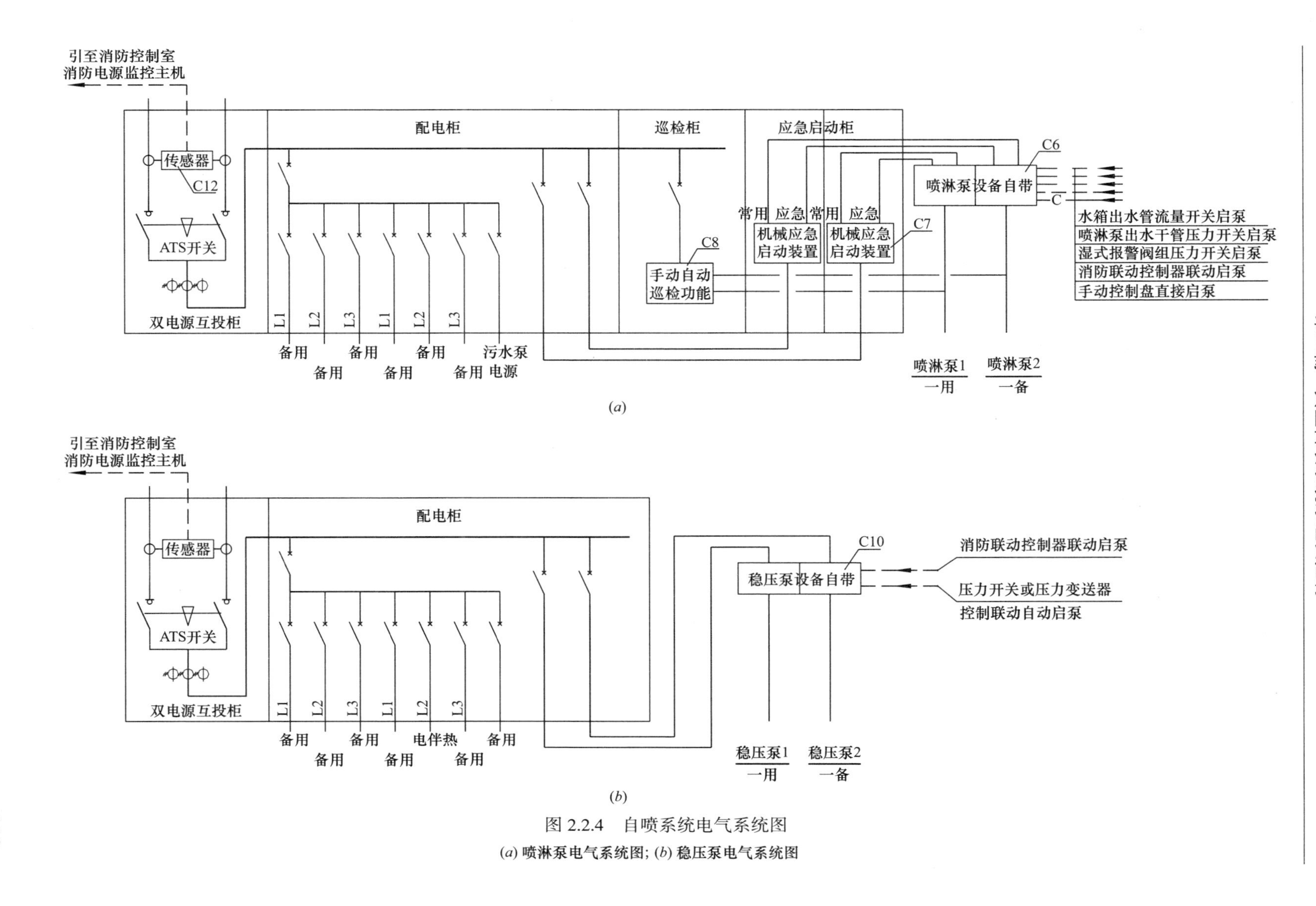

图 2.2.4　自喷系统电气系统图
(a) 喷淋泵电气系统图；(b) 稳压泵电气系统图

3 干式系统

3.1 干式系统组件

3.1.1 干式系统由闭式喷头、水流指示器、干式报警阀、充气装置、火灾自动报警系统，以及管道和供水设施等组成，准工作状态时，干式报警阀前（水源侧）管道内始终充满压力水，干式报警阀后（系统侧）管道充以有压气体，干式报警阀处于关闭状态。干式系统组件表，见表3.1.1。

干式系统组件表 **表3.1.1**

编号	名称	用途	系统分类		
			临时高压		高压
			增压稳压设施		
			有	无	
1	闭式喷头	感知火灾，出水灭火	√	√	√
2	水流指示器	输出电信号，指示火灾区域	√	√	√
3	信号阀	供水控制阀，阀门关闭时输出电信号	√	√	√
4	水力警铃	发出声响报警信号	√	√	√
5A	报警阀处压力开关	根据压力变化输出电信号（报警、启动消防水泵）	√	√	√
5B	消防水泵出水干管压力开关	根据压力变化输出电信号（报警、启动消防水泵）	√	—	—
5C	有压气体管道处压力开头	根据压力变化输出电信号（启闭空压机）	√	√	√
6	延迟器	克服水压波动引起的误报警	√	√	√
7	干式报警阀	系统控制阀，输出报警水流信号	√	√	√
8	消防水泵	提供消防压力水	√	√	—
9	消防稳压泵	提供最不利点处喷头足够的静水压力	√	—	—
10	消防稳压罐	缓冲压力波动及部分给水，避免稳压泵频繁启动	√	—	—
11	高位消防水箱出水干管流量开关	根据流量变化输出电信号（报警、启动消防水泵）（流量≥1个喷头流量+系统泄漏量时启动）	√	√	—
11A	流量监测装置	测试消防水泵输出流量（管径应根据流速≤5m/s情况下满足消防水量选择）	√	√	√
12	持压泄压阀	根据系统的工作压力能自动开闭，保护系统安全	√	√	—
13	电接点压力表	根据压力变化输出电信号	√	√	—
14	电动超压泄水	根据13（电接点压力表）输出的电信号控制阀门启动并对其进行调节	√	√	—
15	水泵接合器	接入消防车供水	√	√	√
16	末端试水装置（含压力表）	试验末端水压、分区放水及模拟喷头喷水测试系统联动功能	√	√	√
17	试水阀	分区放水及模拟喷头喷水测试系统联动功能	√	√	√

续表

编号	名称	用途	系统分类		
			临时高压		高压
			增压稳压设施		
			有	无	
18A	高位消防水箱液位传感器	根据液位高度，输出电信号	√	√	√
18B	消防水池液位传感器	根据液位高度，输出电信号	√	√	—
19	安全阀	超压泄压	√	√	√
20	电动阀	启动消防水泵时同时开启，快速排气阀排气	√	√	√

注：12 与 13+14 均为持压泄压作用，可仅设一组。

3.1.2 干式系统组件示意图（临时高压/有增压稳压设施），见图 3.1.2。

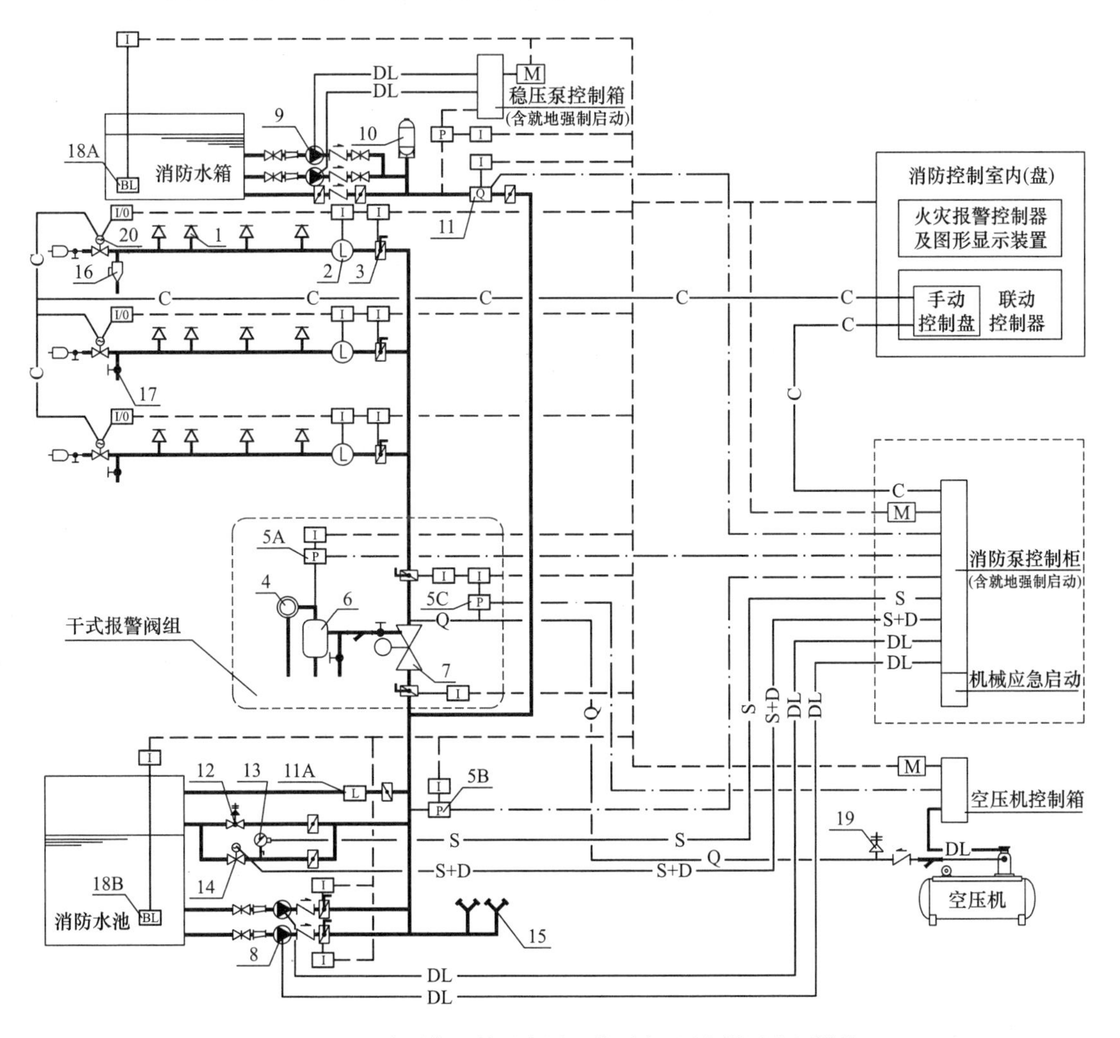

图 3.1.2　干式系统组件示意图（临时高压/有增压稳压设施）

3.2 干式系统原理及控制

3.2.1 干式系统消防水泵控制原理图（临时高压/有增压稳压设施），见图3.2.1。

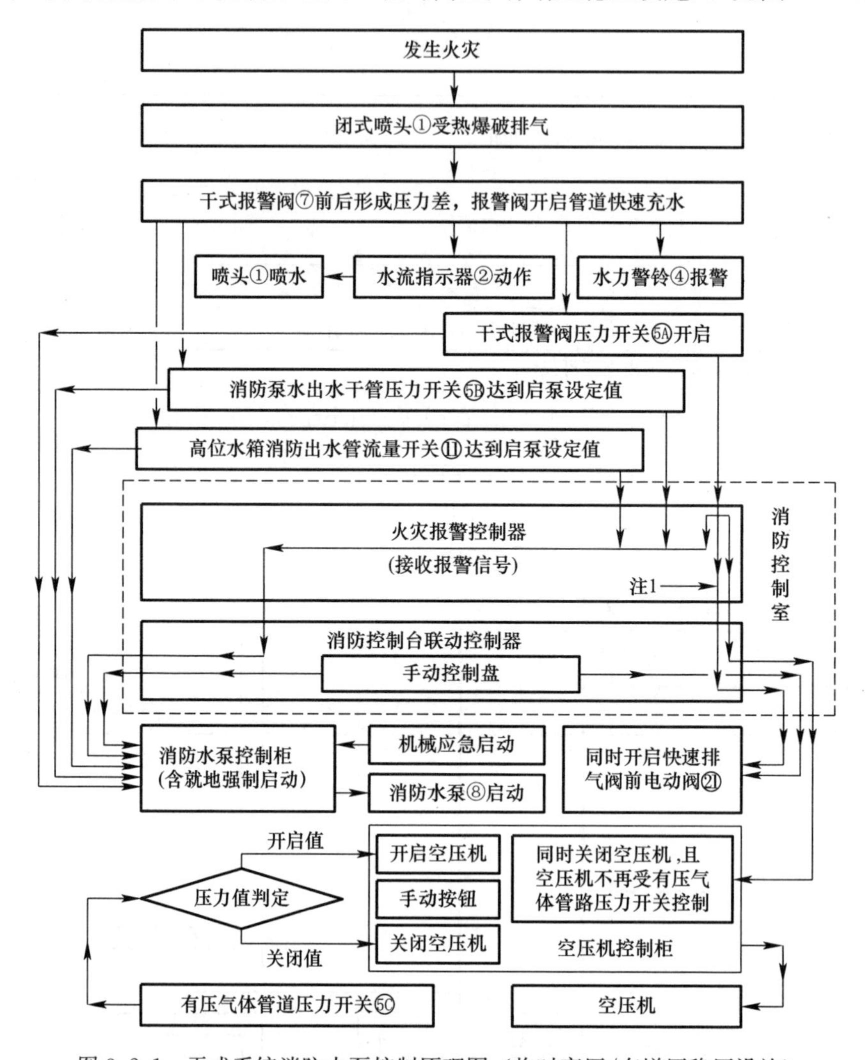

图3.2.1 干式系统消防水泵控制原理图（临时高压/有增压稳压设施）

3.2.2 干式系统空压机控制原理图，见图3.2.2。

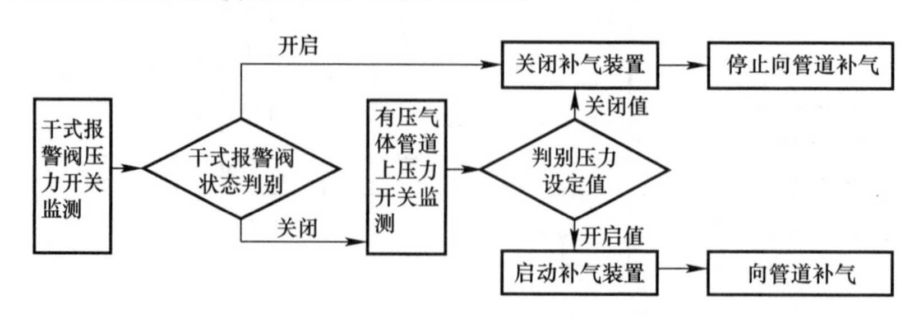

图3.2.2 干式系统空压机控制原理图

3.2.3 干式系统控制要求一览表，见表3.2.3。

干式系统控制要求一览表　　　　表 3.2.3

分类	控制部位及要求				临时高压		高压
	控制分类	控制编号	部位		增压稳压设施		
					有	无	
消防水泵控制要求	自动启泵（禁止自动停泵）	C1	消防水泵出水干管上设置的压力开关直接自动启泵		●	—	—
		C2	高位消防水箱出水管上的流量开关直接自动启泵		●	●	—
		C3	报警阀处压力开关直接自动启泵		●	●	—
	消防控制室（盘）远程控制	C4	自动状态下接收右侧报警信号，通过联动控制器自动启泵	消防水泵出水干管上设置的压力开关	●	●	—
				高位消防水箱出水管上的流量开关	●	●	—
				报警阀组压力开关	●	●	—
		C5	手动状态，即通过手动控制盘手动控制（注 2）		●	●	—
	现场手动应急操作	C6	消防泵房就地强制启停按钮		●	●	—
		C7	消防泵房内机械应急启动装置		●	●	—
	自动巡检	C8	巡检间隔时间根据当地有关部门规定设置（注 3）		●	●	—
稳压泵控制要求	自动启停	C9	消防给水管网或气压罐上设置的压力开关或压力变送器控制联动自动启泵		●	—	—
	手动启停	C10	设置就地强制启停按钮		●	—	—
电动持压泄压阀控制要求	启闭调节	C11	当系统超压泄水采用电动持压泄压阀时，该阀控制原理为：由泄压管上电接点压力表传送信号至消防水泵控制柜，由消防水泵控制柜控制该阀的启闭及调节		☆	☆	—
消防控制室（盘）监视要求	监视	C12	电源及备用动力状态		●	●	—
		C13	信号阀状态		●	●	●
		C14	稳压泵的运行状态		●	—	—
		C15	报警阀处压力开关动作和复位状态		●	●	●
		C16	消防水泵出水干管上设置的压力开关动作和复位状态		●	●	—
		C17	稳压泵出水管压力开关动作和复位状态		○	—	—
		C18	消防水池液位状态（高水位、低水位报警信号，以及正常水位）		●	●	●
		C19	高位消防水箱液位状态（高水位、低水位报警信号，以及正常水位）		●	●	●
		C20	消防水泵的运行状态		●	●	—
		C21	水流指示器动作和复位状态		●	●	●
		C22	快速排气阀入口前的电动阀的动作和状态		●	●	●
		C23	有压气体管道压力开关动作和复位状态		●	●	●
		C24	有压气体管道气压状态		●	●	●
		C25	补气装置的运行状态		●	●	●
补气装置控制要求	自动启停	C26	补气管上设置的压力开关自动控制补气装置启停		●	●	●
		C27	报警阀开启通过消防控制室（盘）联动关闭补气装置		●	●	●
快速排气阀前电动阀要求	自动控制	C28	应在启动消防水泵的同时自动开启电动阀		●	●	—
			应在报警阀压力开关开启后自动开启电动阀		—	—	●
	手动控制	C29	消防控制室（盘）远程控制（注 2）		●	●	●
电伴热	电源要求	C30	消防电源		☆	☆	☆

注：1. ●为必须设置，—为无须设置，○为建议设置，☆为根据项目及系统需求设置。
2. 消防水泵控制箱（柜）的启动和停止按钮及快速排气阀前的电动阀的启动和停止按钮，用专用线路直接连接至设置在消防控制室内的消防联动控制器手动控制盘上。
3. 自动巡检功能应符合《消水规》第 11.0.16 条的规定。

3.2.4　干式系统火灾报警系统图（临时高压/有增压稳压设施），见图 3.2.4。

3.2.5　自喷系统电气系统图，见图 2.2.4。

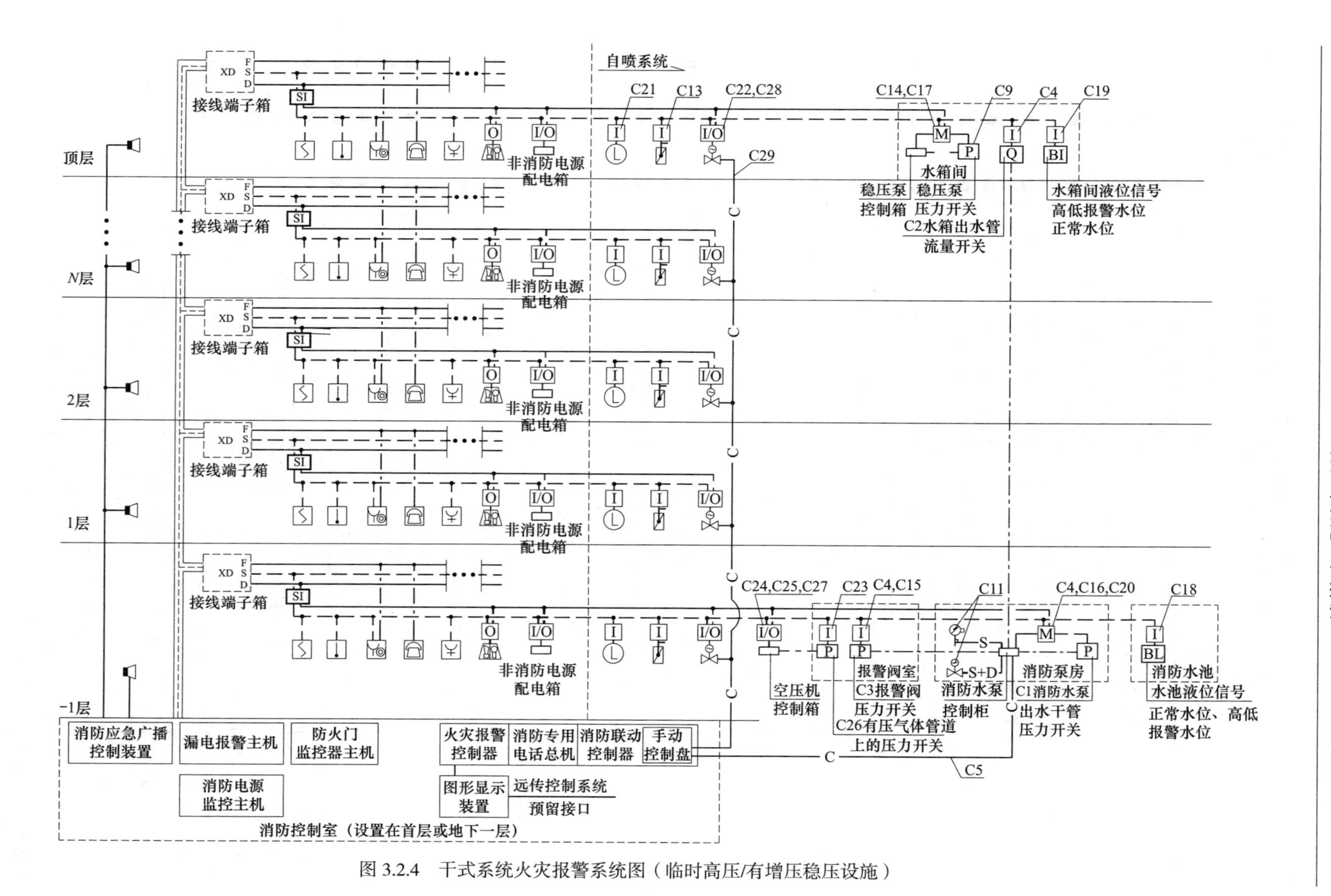

图 3.2.4　干式系统火灾报警系统图（临时高压/有增压稳压设施）

4 预作用系统

4.1 预作用系统组件

4.1.1 预作用系统由闭式喷头、水流指示器、预作用装置、充气装置（非必须）、火灾自动报警系统，以及管道和供水设施等组成，准工作状态时，预作用装置前（水源侧）管道内始终充满压力水，预作用装置后（系统侧）管道充以有压气体或不充气，预作用装置处于关闭状态。预作用系统组件表（临时高压/有增压稳压设施），见表 4.1.1。

预作用系统组件表（临时高压/有增压稳压设施） **表 4.1.1**

编号	名称	用途	不充气单连锁	充气双连锁
1	闭式喷头	感知火灾，出水灭火	√	√
2	水流指示器	输出电信号，指示火灾区域	√	√
3	信号阀	供水控制阀，阀门关闭时输出电信号	√	√
4	水力警铃	发出声响报警信号	√	√
5A	报警阀处压力开关	根据压力变化输出电信号（报警、启动消防水泵）	√	√
5B	消防水泵出水干管压力开关	根据压力变化输出电信号（报警、启动消防水泵）	√	√
5C	有压气体管道上压力开关	根据压力变化输出电信号 （启闭空压机，控制预作用装置电磁阀开启）	—	√
6	延迟器	克服水压波动引起的误报警	√	√
7	预作用装置	系统控制阀，输出报警水流信号	√	√
8	消防水泵	提供消防压力水	√	√
9	消防稳压泵	提供最不利点处喷头足够的静水压力	√	√
10	消防稳压罐	缓冲压力波动及部分给水，避免稳压泵频繁启动	√	√
11	高位消防水箱出水干管流量开关	根据流量变化输出电信号（报警、启动消防水泵） （流量≥1 个喷头流量＋系统泄漏量时启动）	√	√
11A	流量监测装置	测试消防水泵输出流量 （管径应根据流速≤5m/s 情况下满足消防水量选择）	√	√
12	持压泄压阀	根据系统的工作压力能自动开闭，保护系统安全	√	√
13	电接点压力表	根据压力变化输出电信号	√	√
14	电动超压泄水	根据 13（电接点压力表）输出的电信号控制阀门启动并对其进行调节	√	√
15	水泵接合器	接入消防车供水	√	√
16	末端试水装置（含压力表）	试验末端水压、分区放水及模拟喷头喷水测试系统联动功能	√	√

续表

编号	名称	用途	不充气单连锁	充气双连锁
17	试水阀	分区放水及模拟喷头喷水测试系统联动功能	√	√
18A	高位消防水箱液位传感器	根据液位高度，输出电信号	√	√
18B	消防水池液位传感器	根据液位高度，输出电信号	√	√
19	安全阀	超压泄压	√	√
20	电动阀	启动消防水泵时同时开启，快速排气阀排气	—	√
21	电磁阀	根据电信号，控制预作用装置开启	√	√
22	火灾探测器	感知火灾，自动报警	√	√

注：12 与 13＋14 均为持压泄压作用，可仅设一组。

4.1.2 预作用系统组件（临时高压/有增压稳压设施）

1 预作用系统组件示意图（不充气单连锁），见图 4.1.2-1。

2 预作用系统组件示意图（充气双连锁），见图 4.1.2-2。

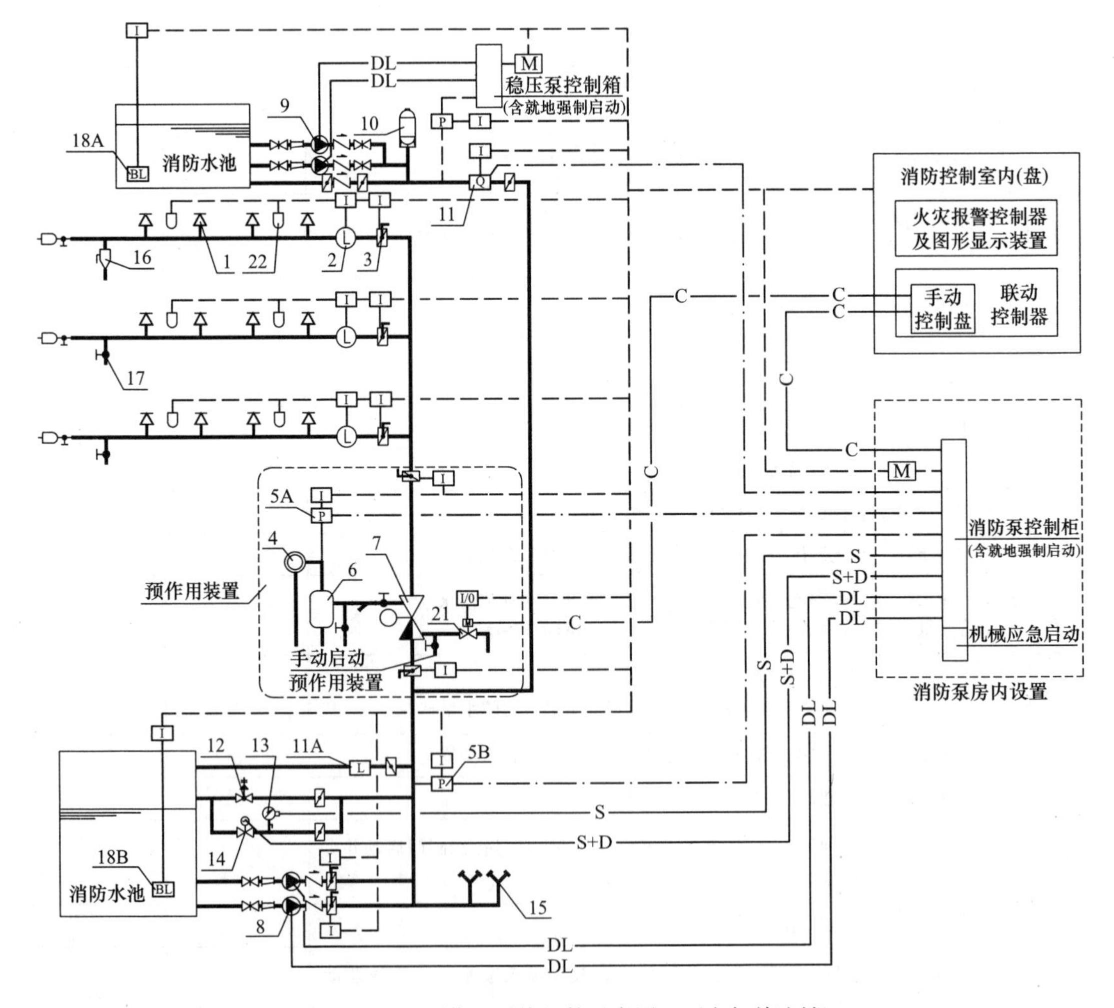

图 4.1.2-1 预作用系统组件示意图（不充气单连锁）

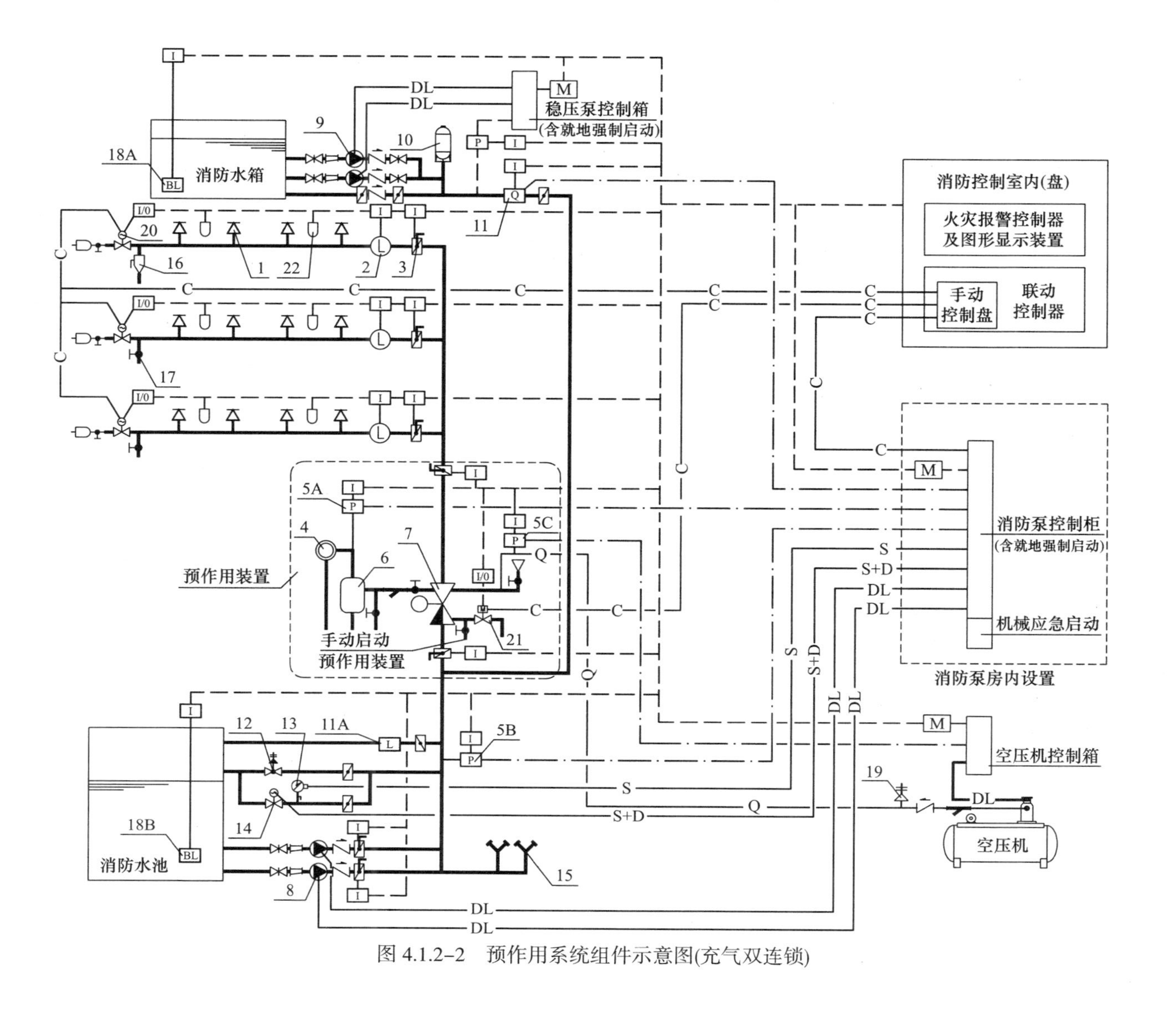

图 4.1.2-2　预作用系统组件示意图(充气双连锁)

4.2 预作用系统原理及控制

4.2.1 预作用系统原理（临时高压/有增压稳压设施）

1 预作用系统消防水泵控制原理图及预作用装置自动控制示意图（不充气单连锁），见图 4.2.1-1、图 4.2.1-2。

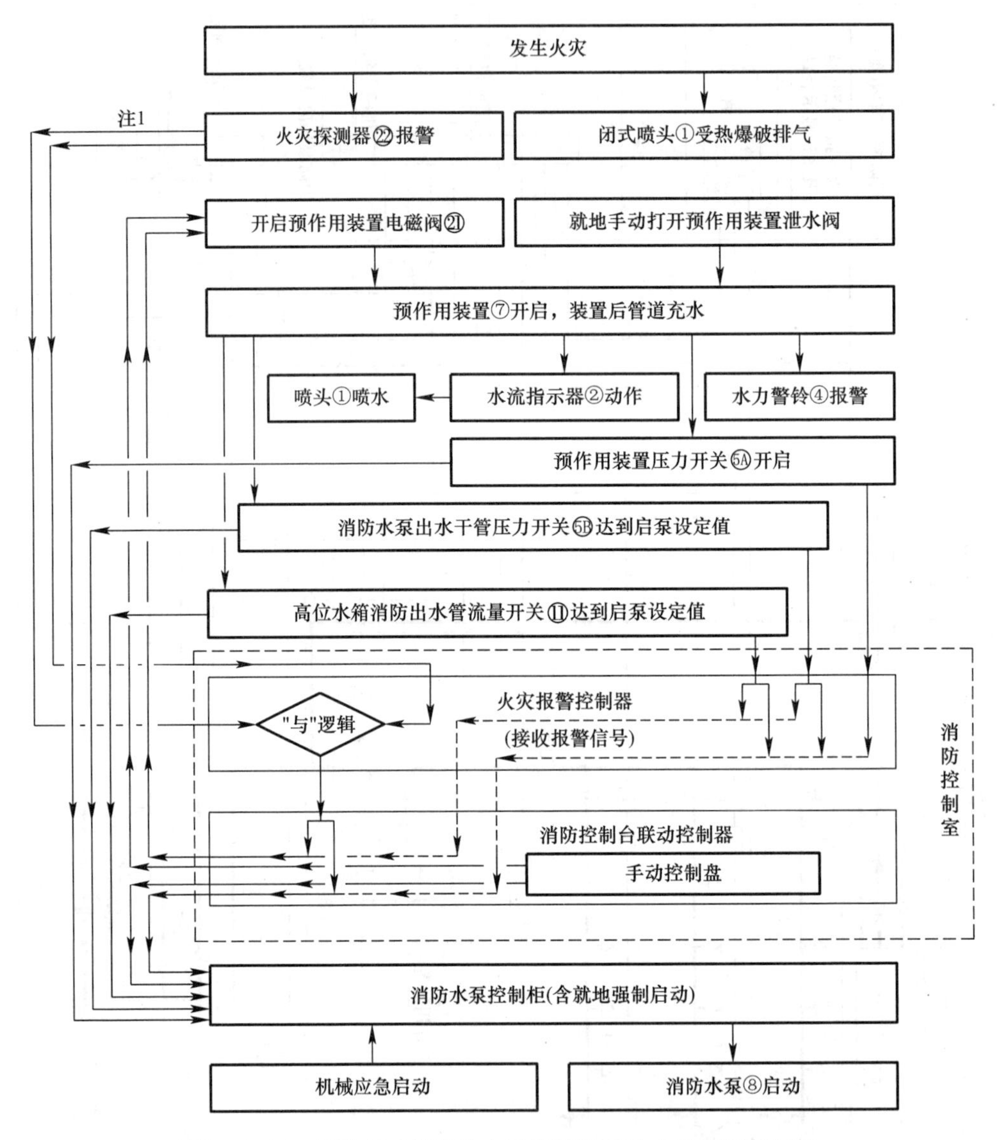

图 4.2.1-1　预作用系统消防水泵控制原理图（不充气单连锁）

注："同一报警区域内两只及以上独立的感烟火灾探测器或一只感烟火灾探测器与一只手动火灾报警按钮"报警信号。

2 预作用系统消防水泵控制原理图及预作用装置自动控制示意图（充气双连锁），见图 4.2.1-3、图 4.2.1-4。

4.2.2 预作用系统空压机控制原理图（充气双连锁），见图 4.2.2。

4.2.3 预作用系统控制要求一览表（临时高压/有增压稳压设施），见表 4.2.3。

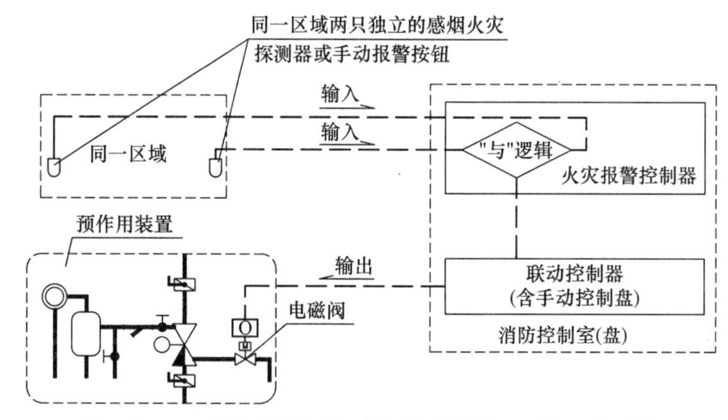

图 4.2.1-2　预作用装置自动控制示意图（不充气单连锁）

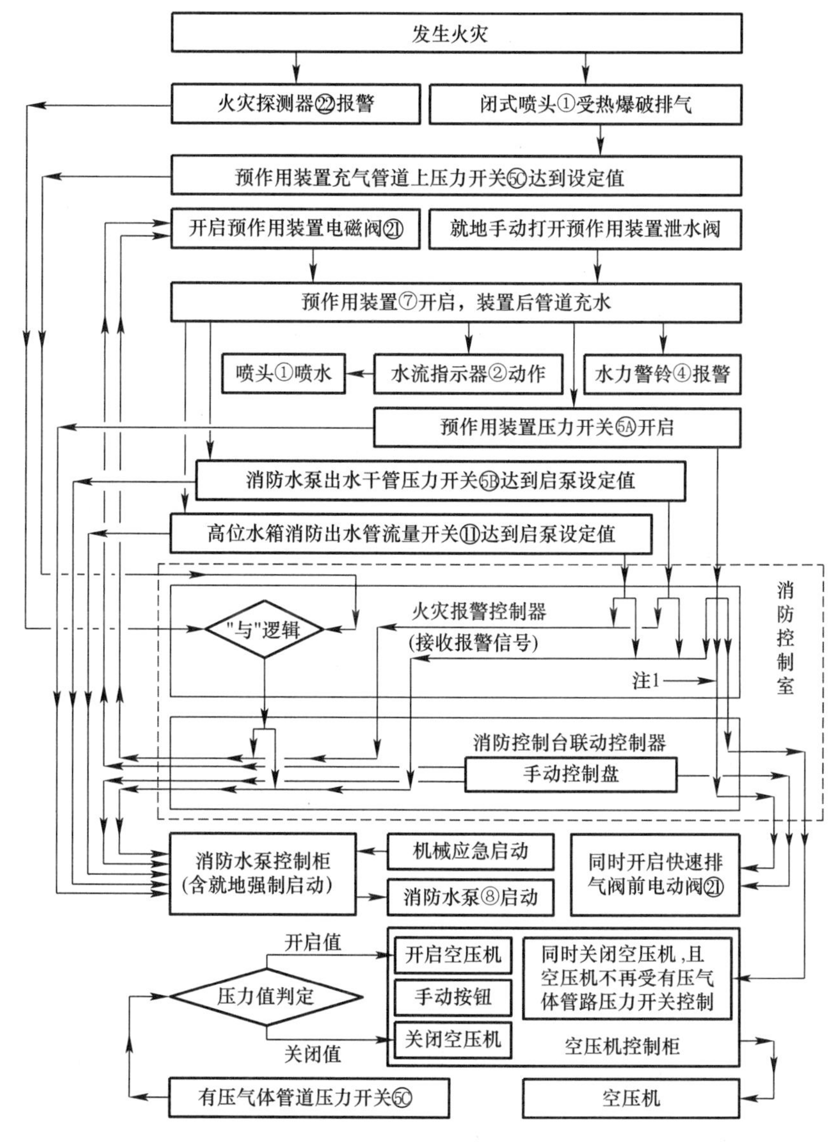

图 4.2.1-3　预作用系统消防水泵控制原理图（充气双连锁）

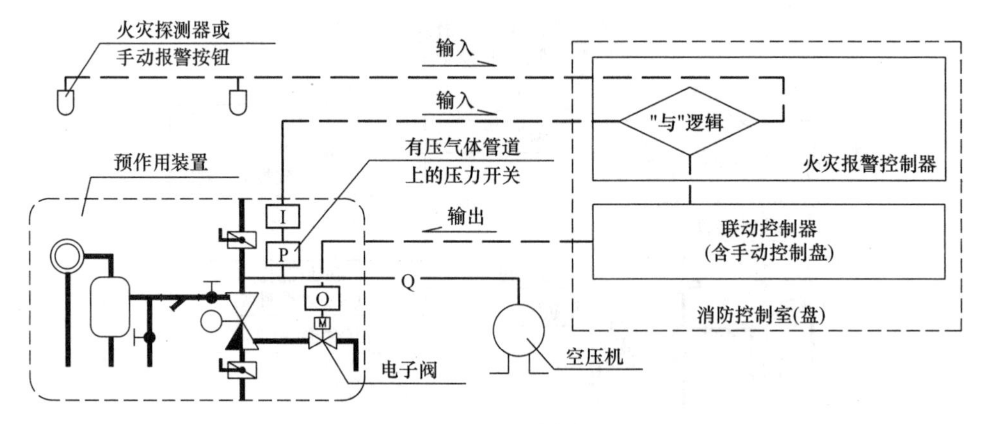

图 4.2.1-4 预作用装置自动控制示意图（充气双连锁）

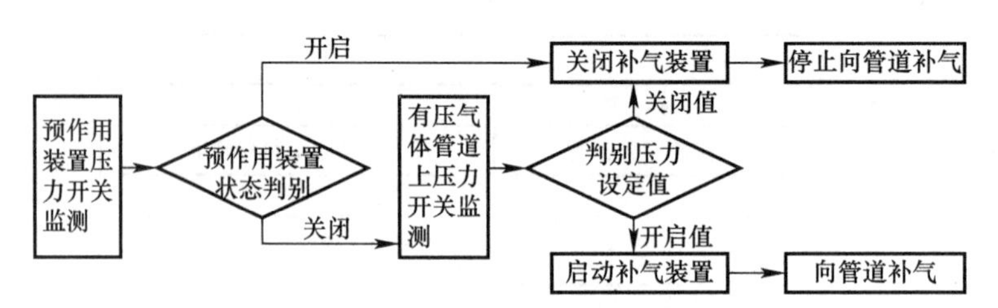

图 4.2.2 预作用系统空压机控制原理图（充气双连锁）

预作用系统控制要求一览表（临时高压/有增压稳压设施） **表 4.2.3**

<table>
<tr><th rowspan="2">分类</th><th colspan="4">控制部位及要求</th><th rowspan="2">不充气单连锁</th><th rowspan="2">充气双连锁</th></tr>
<tr><th>控制分类</th><th>控制编号</th><th colspan="2">部位</th></tr>
<tr><td rowspan="11">消防水泵控制要求</td><td rowspan="4">自动启泵（禁止自动停泵）</td><td>C1</td><td colspan="2">消防水泵出水干管上设置的压力开关直接自动启泵</td><td>●</td><td>●</td></tr>
<tr><td>C2</td><td colspan="2">高位消防水箱出水管上的流量开关直接自动启泵</td><td>●</td><td>●</td></tr>
<tr><td>C3</td><td colspan="2">报警阀处压力开关直接自动启泵</td><td>●</td><td>●</td></tr>
<tr><td>C35</td><td colspan="2">火灾报警系统通过联动控制器自动启泵（注 2）</td><td>●</td><td>●</td></tr>
<tr><td rowspan="4">消防控制室（盘）远程控制</td><td rowspan="3">C4</td><td rowspan="3">自动状态下接收右侧报警信号，通过联动控制器自动启泵</td><td>消防水泵出水干管上设置的压力开关</td><td>●</td><td>●</td></tr>
<tr><td>高位消防水箱出水管上的流量开关</td><td>●</td><td>●</td></tr>
<tr><td>报警阀组压力开关</td><td>●</td><td>●</td></tr>
<tr><td>C5</td><td colspan="2">手动状态，即通过手动控制盘手动控制（注 3）</td><td>●</td><td>●</td></tr>
<tr><td rowspan="2">现场手动应急操作</td><td>C6</td><td colspan="2">消防泵房就地强制启停按钮</td><td>●</td><td>●</td></tr>
<tr><td>C7</td><td colspan="2">消防泵房内机械应急启动装置</td><td>●</td><td>●</td></tr>
<tr><td>自动巡检</td><td>C8</td><td colspan="2">巡检间隔时间根据当地有关部门规定设置（注 4）</td><td>●</td><td>●</td></tr>
<tr><td rowspan="2">稳压泵控制要求</td><td>自动启停</td><td>C9</td><td colspan="2">消防给水管网或气压罐上设置的压力开关或压力变送器控制联动自动启泵</td><td>●</td><td>●</td></tr>
<tr><td>手动启停</td><td>C10</td><td colspan="2">设置就地强制启停按钮</td><td>●</td><td>●</td></tr>
<tr><td>电动持压泄压阀控制要求</td><td>启闭调节</td><td>C11</td><td colspan="2">当系统超压泄水采用电动持压泄压阀时，该阀控制原理为：由泄压管上电接点压力表传送信号至消防水泵控制柜，由消防水泵控制柜控制该阀的启闭及调节</td><td>☆</td><td>☆</td></tr>
<tr><td rowspan="2">消防控制室（盘）监视要求</td><td rowspan="2">监视</td><td>C12</td><td colspan="2">电源及备用动力状态</td><td>●</td><td>●</td></tr>
<tr><td>C13</td><td colspan="2">信号阀状态</td><td>●</td><td>●</td></tr>
</table>

续表

分类	控制部位及要求			不充气单连锁	充气双连锁
	控制分类	控制编号	部位		
消防控制室（盘）监视要求	监视	C14	稳压泵的运行状态	●	●
		C15	报警阀处压力开关动作和复位状态	●	●
		C16	消防水泵出水干管上设置的压力开关动作和复位状态	●	●
		C17	稳压泵出水管压力开关动作和复位状态	○	○
		C18	消防水池液位状态（高水位、低水位报警信号，以及正常水位）	●	●
		C19	高位消防水箱液位状态（高水位、低水位报警信号，以及正常水位）	●	●
		C20	消防水泵的运行状态	●	●
		C21	水流指示器动作和复位状态	●	●
		C22	快速排气阀入口前的电动阀的动作和状态	—	●
		C23	有压气体管道压力开关动作和复位状态	—	●
		C24	有压气体管道气压状态	—	●
		C25	补气装置的运行状态	—	●
		C30	预作用装置控制管路上电磁阀的动作和状态	●	●
补气装置控制要求	自动启停	C26	补气管上设置的压力开关自动控制补气装置启停	—	●
		C27	报警阀开启通过消防控制室（盘）联动关闭补气装置	—	●
快速排气阀前电动阀要求	自动控制	C28	应在启动消防水泵的同时自动开启电动阀	—	●
			应在报警阀压力开关开启后自动开启电动阀	—	●
	手动控制	C29	消防控制室（盘）远程控制（注3）	—	●
预作用装置控制要求（注5）	自动控制	C33	火灾自动报警系统	●	●（注6）
		C34	有压气体管道上的压力开关	—	
	消防控制室（盘）远程控制	C37	自动状态下接收右侧报警信号，通过联动控制器开启预作用装置控制管路电磁阀：消防水泵出水干管上设置的压力开关报警信号	●	●
			自动状态下接收右侧报警信号，通过联动控制器开启预作用装置控制管路电磁阀：高位消防水箱出水管上的流量开关报警信号	●	●
		C31	手动状态下，手动控制盘远程开启预作用装置控制管路电磁阀（注3）	●	●
	现场手动应急操作	C32	预作用装置现场手动应急操作（控制手动阀实现）	●	●
电伴热	电源要求	C36	消防电源	☆	☆

注：1. ●为必须设置，—为无须设置，○为建议设置，☆为根据项目及系统需求设置。

2. 充气双连锁预作用系统：当火灾报警系统接收到“火灾探测器或手动火灾报警按钮”与“充气管道上压力开关”的报警信号时(“与”逻辑)，作为触发信号，消防联动控制器自动启动消防水泵。
不充气单连锁预作用系统：当火灾报警系统接收到“同一报警区域内两只及以上独立的感烟火灾探测器或一只感烟火灾探测器与一只手动火灾报警按钮”的报警信号时(“与”逻辑)，作为触发信号，消防联动控制器自动启动消防水泵。

3. 消防水泵控制箱（柜）的启动和停止按钮、预作用阀组和快速排气阀前的电动阀的启动和停止按钮，用专用线路直接连接至设置在消防控制室内的消防联动控制器手动控制盘上。

4. 自动巡检功能应符合《消水规》第11.0.16条的规定。

5. 预作用装置的开启是通过电动开启预作用装置控制管路上的电磁阀或手动开启手动阀实现的。

6. 充气双连锁预作用系统，必须是火灾报警系统接收到“火灾探测器或手动火灾报警按钮”与“充气管道上压力开关”的报警信号时(“与”逻辑)，才会自动触发控制开启预作用装置控制管路上的电磁阀，从而控制预作用装置。

4.2.4 预作用系统火灾报警系统图（临时高压/有增压稳压设施）

1 预作用系统火灾报警系统图（不充气单连锁），见图4.2.4-1。

2 预作用系统火灾报警系统图（充气双连锁），见图4.2.4-2。

4.2.5 自喷系统电气系统图，见图2.2.4。

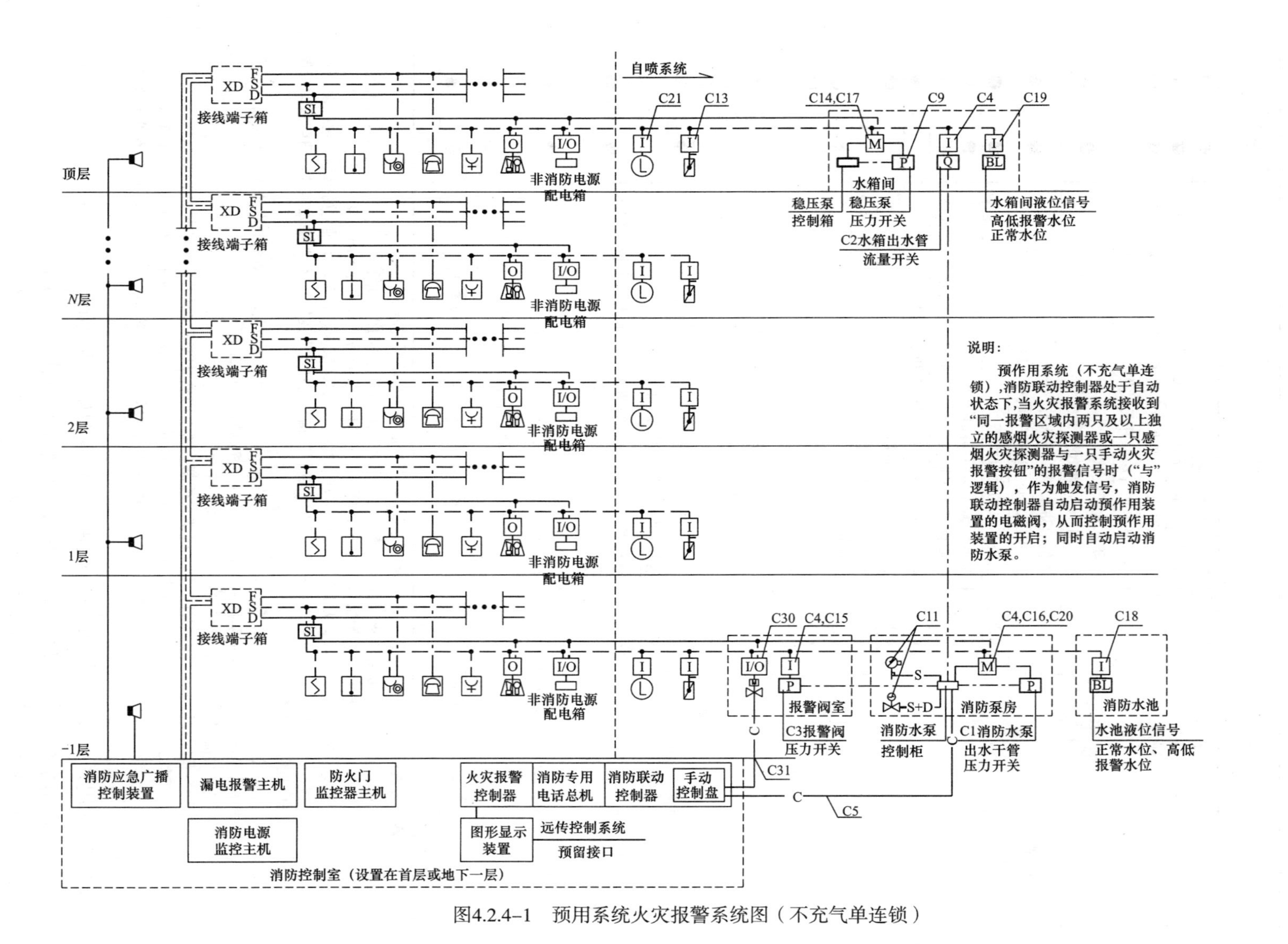

图4.2.4-1　预用系统火灾报警系统图（不充气单连锁）

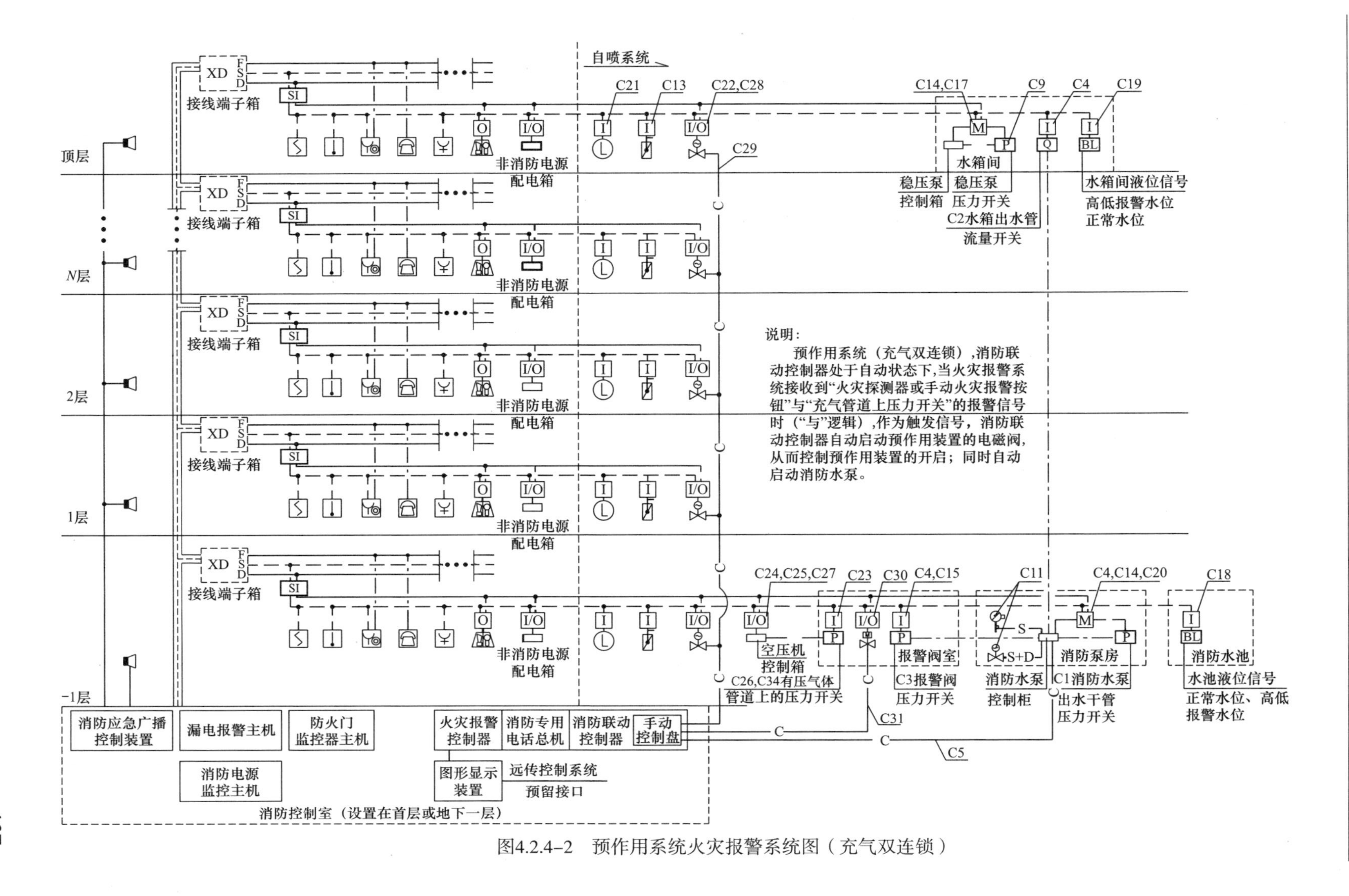

图4.2.4-2　预作用系统火灾报警系统图（充气双连锁）

5 雨淋系统

5.1 雨淋系统组件

5.1.1 雨淋系统由开式喷头、雨淋报警阀组、火灾自动报警系统或传动管，以及管道和供水设施等组成，准工作状态时，雨淋报警阀组前（水源侧）管道内始终充满压力水，雨淋报警阀组后（系统侧）管道通过开式喷头与大气相通，雨淋报警阀组处于关闭状态。雨淋系统组件表（临时高压/有增压稳压设施），见表 5.1.1。

雨淋系统组件表（临时高压/有增压稳压设施） **表 5.1.1**

编号	名称	用途	传动管启动	电动启动
1	开式喷头	出水灭火	√	√
2	闭式喷头	感知火灾	√	—
3	信号阀	供水控制阀，阀门关闭时输出电信号	√	—
4	水力警铃	发出声响报警信号	√	√
5A	报警阀处压力开关	根据压力变化输出电信号（报警、启动消防水泵）	√	√
5B	消防水泵出水干管压力开关	根据压力变化输出电信号（报警、启动消防水泵）	√	√
6	延迟器	克服水压波动引起的误报警	√	√
7	雨淋报警阀	系统控制阀，输出报警水流信号	√	√
8	消防水泵	提供消防压力水	√	√
9	消防稳压泵	提供最不利点处喷头足够的静水压力	√	√
10	消防稳压罐	缓冲压力波动及部分给水，避免稳压泵频繁启动	√	√
11	高位消防水箱出水干管流量开关	根据流量变化输出电信号（报警、启动消防水泵）（流量≥1个喷头流量＋系统泄漏量时启动）	√	√
11A	流量监测装置	测试消防水泵输出流量（管径应根据流速≤5m/s 情况下满足消防水量选择）	√	√
12	持压泄压阀	根据系统的工作压力能自动开闭，保护系统安全	√	√
13	电接点压力表	根据压力变化输出电信号	√	√
14	电动超压泄水	根据 13（电接点压力表）输出的电信号控制阀门启动并对其进行调节	√	√
15	水泵接合器	接入消防车供水	√	√
16	末端试水装置（含压力表）	试验末端水压、分区放水及模拟喷头喷水测试系统联动功能	√	—
17	电磁阀	根据电信号，控制预作用装置开启	√	√
18A	高位消防水箱液位传感器	根据液位高度，输出电信号	√	√
18B	消防水池液位传感器	根据液位高度，输出电信号	√	√
19	火灾探测器	感知火灾，自动报警	—	√

注：12 与 13＋14 均为持压泄压作用，可仅设一组。

5.1.2 雨淋系统组件示意图（临时高压/有增压稳压设施）

1 雨淋系统组件示意图（传动管启动），见图 5.1.2-1。

2 雨淋系统组件示意图（电动启动），见图 5.1.2-2。

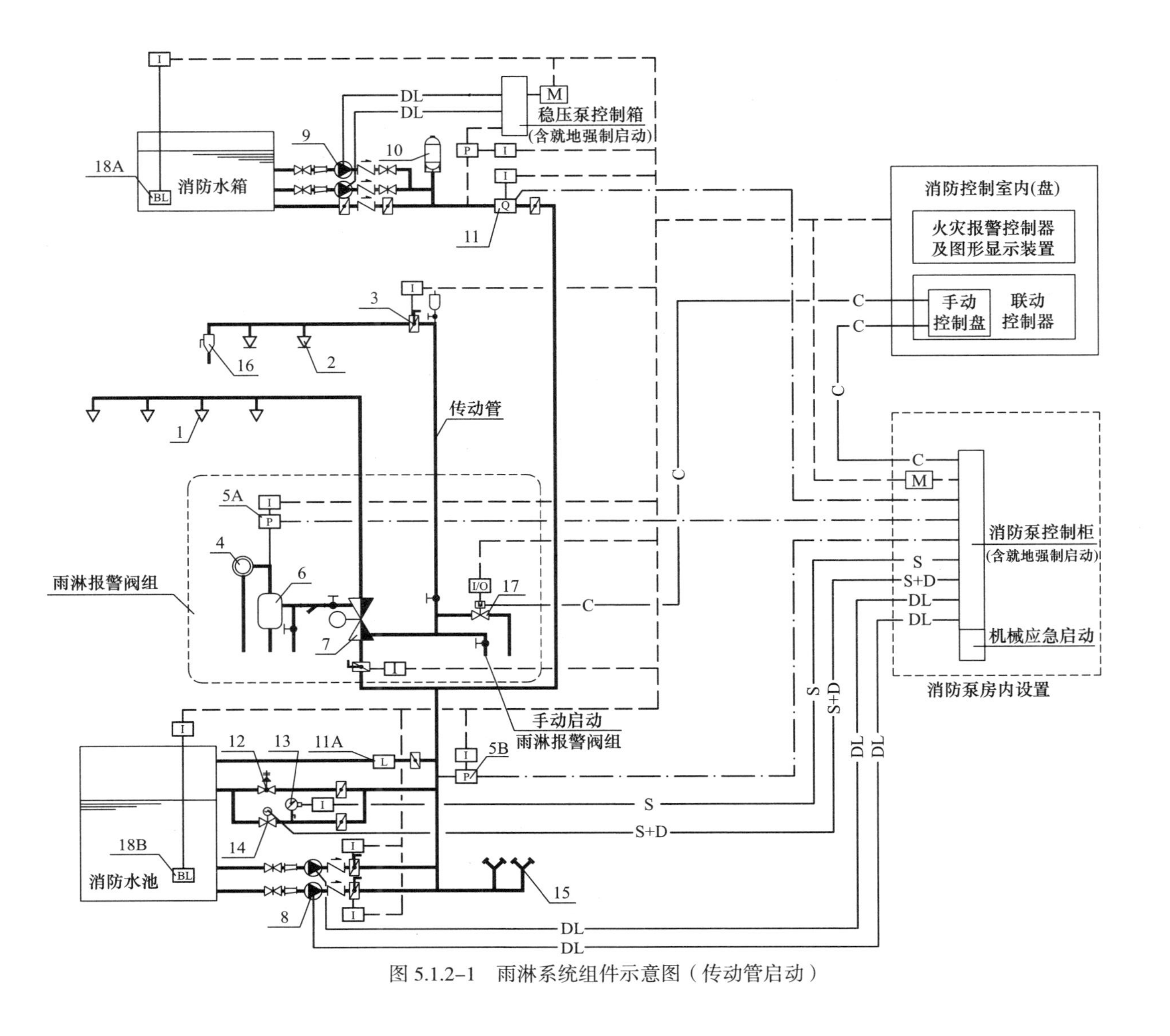

图 5.1.2-1　雨淋系统组件示意图（传动管启动）

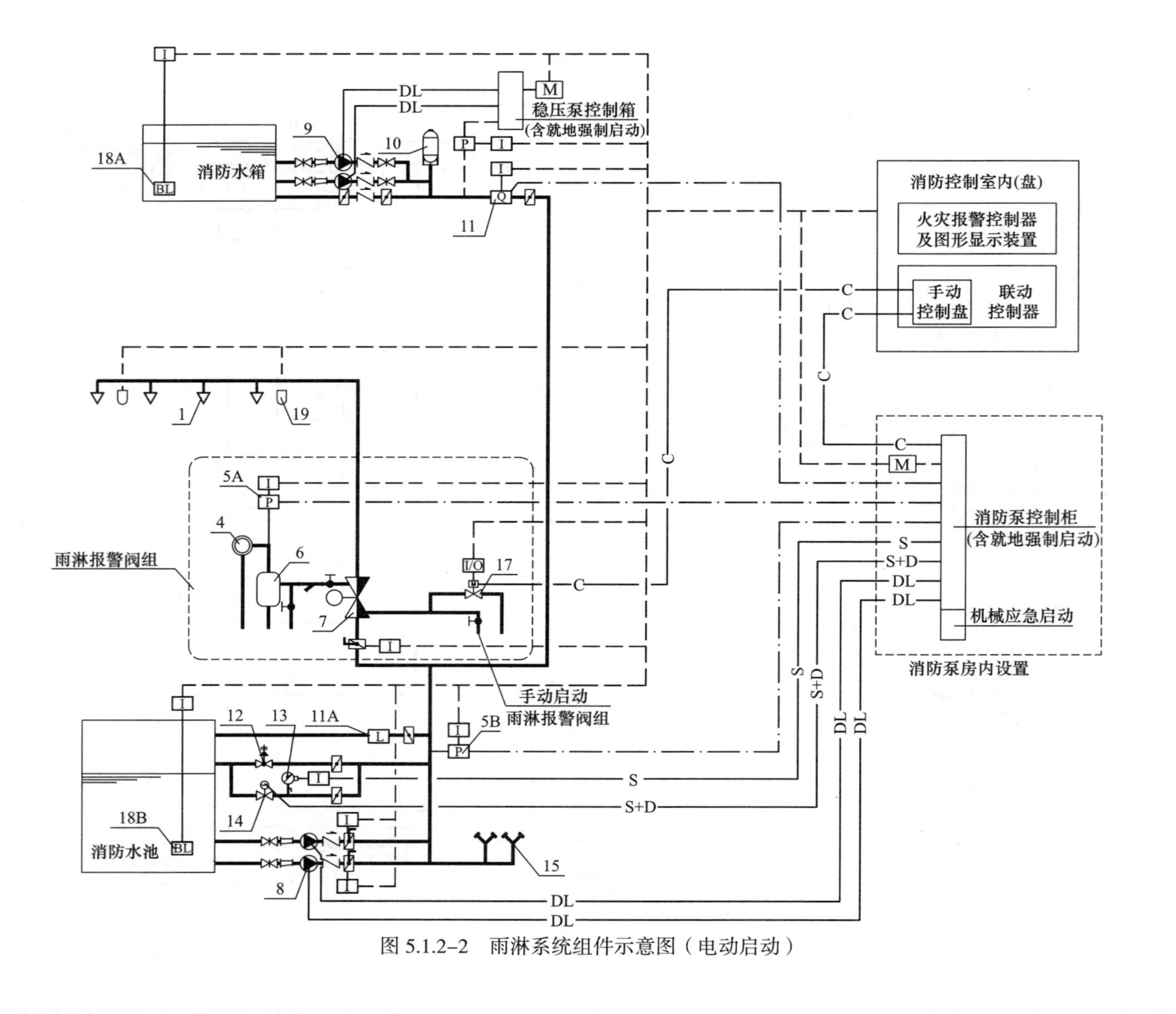

图 5.1.2-2　雨淋系统组件示意图（电动启动）

5.2　雨淋系统原理及控制

5.2.1　雨淋系统原理（临时高压/有增压稳压设施）

1　雨淋系统消防水泵控制原理图（传动管启动），见图 5.2.1-1。

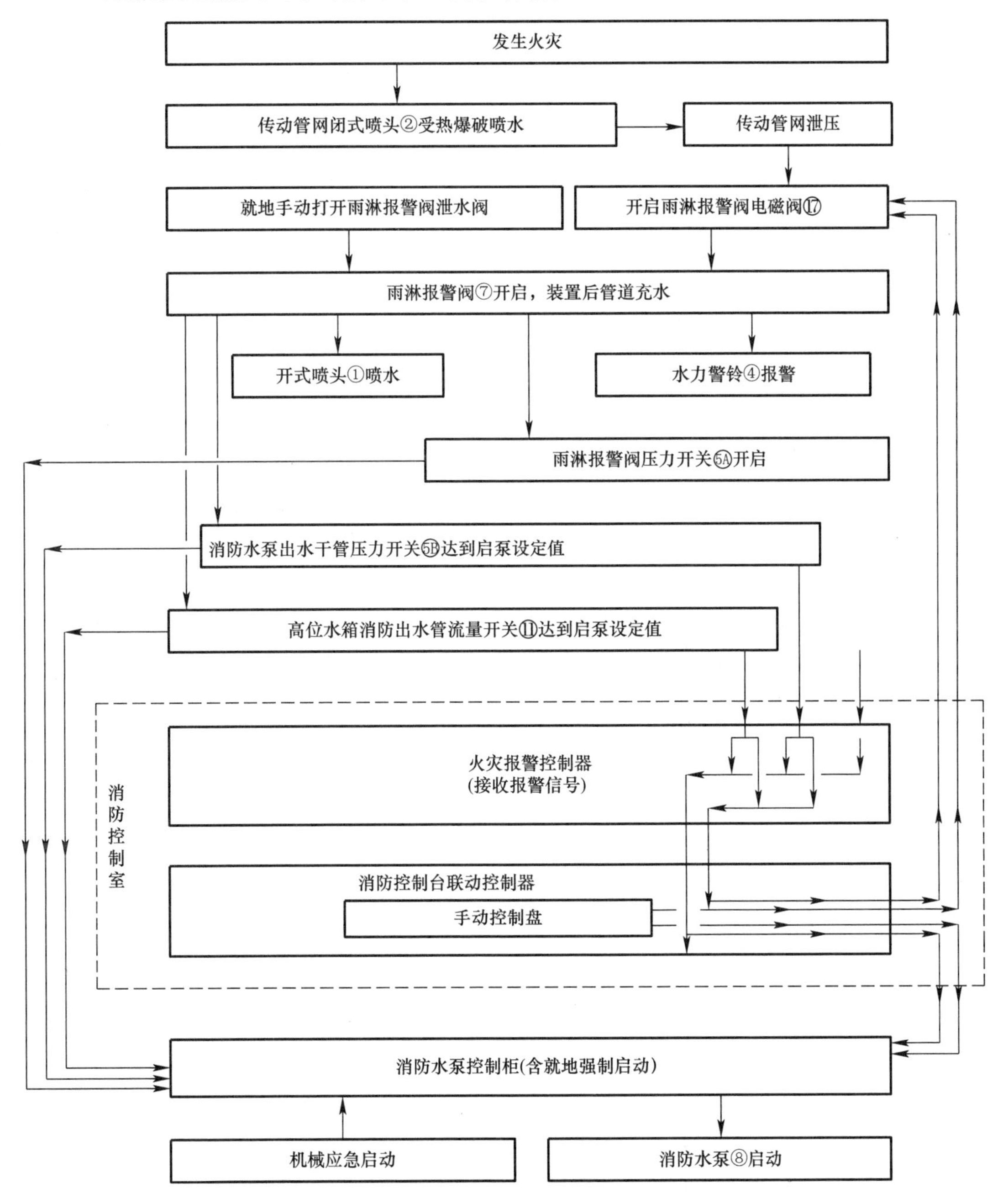

图 5.2.1-1　雨淋系统消防水泵控制原理图（传动管启动）

2　雨淋系统消防水泵控制原理图及雨淋报警阀组自动控制示意图（电动启动），见图 5.2.1-2、图 5.2.1-3。

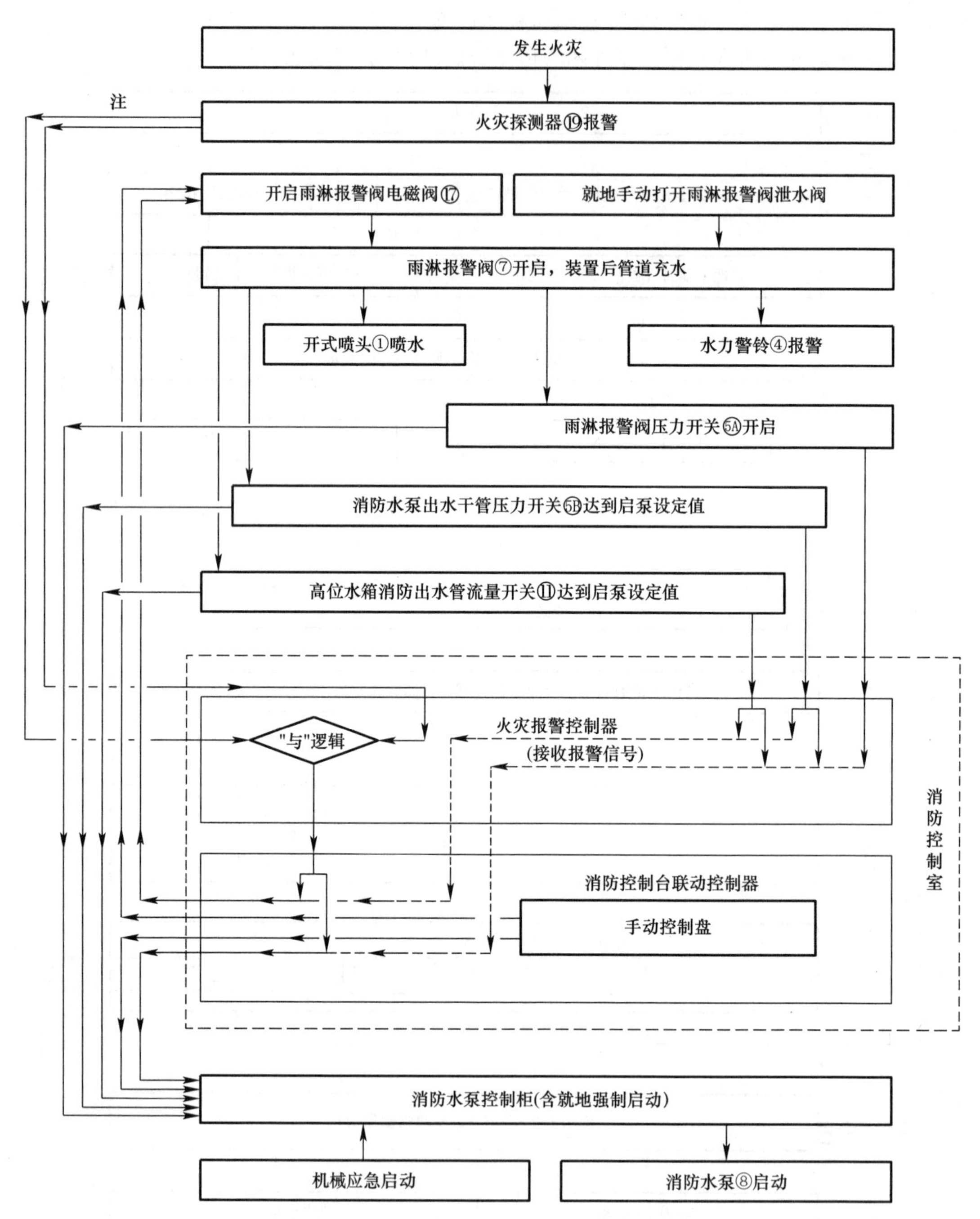

图 5.2.1-2　雨淋系统消防水泵控制原理图（电动启动）

注：“同一报警区域内两只及以上独立的感温火灾探测器或一只感温火灾探测器与一只手动火灾报警按钮”报警信号。

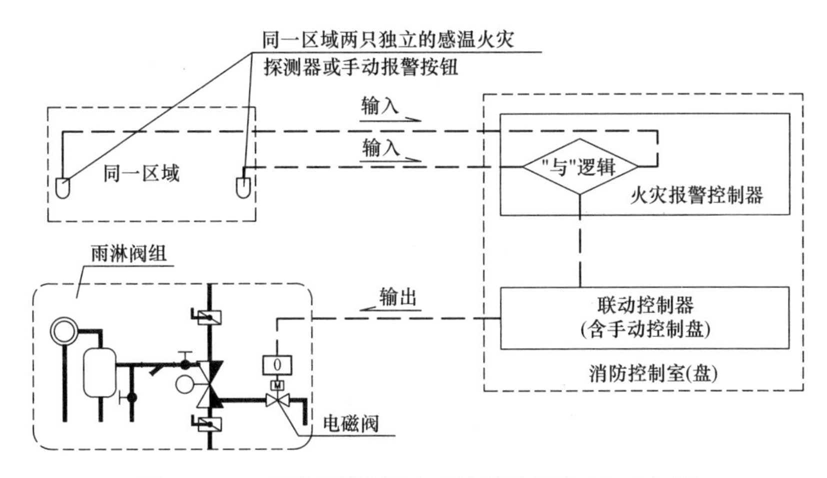

图 5.2.1-3　雨淋报警阀组自动控制示意图（电动启动）

5.2.2 雨淋系统控制要求一览表（临时高压/有增压稳压设施），见表 5.2.2。

雨淋系统控制要求一览表（临时高压/有增压稳压设施）　　　　**表 5.2.2**

分类	控制部位及要求				传动管启动	电动启动
	控制分类	控制编号	部位			
消防水泵控制要求	自动启泵（禁止自动停泵）	C1	消防水泵出水干管上设置的压力开关直接自动启泵		●	●
		C2	高位消防水箱出水管上的流量开关直接自动启泵		●	●
		C3	报警阀处压力开关直接自动启泵		●	●
		C27	火灾报警系统通过联动控制器自动启泵（注 2）		—	●
	消防控制室（盘）远程控制	C4	自动状态下接收右侧报警信号，通过联动控制器自动启泵	消防水泵出水干管上设置的压力开关	●	●
				高位消防水箱出水管上的流量开关	●	●
				报警阀组压力开关	●	●
		C5	手动状态，即通过手动控制盘手动控制（注 3）		●	●
	现场手动应急操作	C6	消防泵房就地强制启停按钮		●	●
		C7	消防泵房内机械应急启动装置		●	●
	自动巡检	C8	巡检间隔时间根据当地有关部门规定设置（注 4）		●	●
稳压泵控制要求	自动启停	C9	消防给水管网或气压罐上设置的压力开关或压力变送器控制联动自动启泵		●	●
	手动启停	C10	设置就地强制启停按钮		●	●
电动持压泄压阀控制要求	启闭调节	C11	当系统超压泄水采用电动持压泄压阀时，该阀控制原理为：由泄压管上电接点压力表传送信号至消防水泵控制柜，由消防水泵控制柜控制该阀的启闭及调节		☆	☆

续表

<table>
<tr><th rowspan="2">分类</th><th colspan="4">控制部位及要求</th><th rowspan="2">传动管启动</th><th rowspan="2">电动启动</th></tr>
<tr><th>控制分类</th><th>控制编号</th><th colspan="2">部位</th></tr>
<tr><td rowspan="10">消防控制室（盘）监视要求</td><td rowspan="10">监视</td><td>C12</td><td colspan="2">电源及备用动力状态</td><td>●</td><td>●</td></tr>
<tr><td>C13</td><td colspan="2">信号阀状态</td><td>●</td><td>●</td></tr>
<tr><td>C14</td><td colspan="2">稳压泵的运行状态</td><td>●</td><td>●</td></tr>
<tr><td>C15</td><td colspan="2">报警阀处压力开关动作和复位状态</td><td>●</td><td>●</td></tr>
<tr><td>C16</td><td colspan="2">消防水泵出水干管上设置的压力开关动作和复位状态</td><td>●</td><td>●</td></tr>
<tr><td>C17</td><td colspan="2">稳压泵出水管压力开关动作和复位状态</td><td>○</td><td>○</td></tr>
<tr><td>C18</td><td colspan="2">消防水池液位状态（高水位、低水位报警信号，以及正常水位）</td><td>●</td><td>●</td></tr>
<tr><td>C19</td><td colspan="2">高位消防水箱液位状态（高水位、低水位报警信号，以及正常水位）</td><td>●</td><td>●</td></tr>
<tr><td>C20</td><td colspan="2">消防水泵的运行状态</td><td>●</td><td>●</td></tr>
<tr><td>C21</td><td colspan="2">雨淋报警阀控制管路上电磁阀的动作和状态</td><td>●</td><td>●</td></tr>
<tr><td rowspan="6">雨淋报警阀控制要求（注5）</td><td rowspan="2">自动控制</td><td>C24</td><td colspan="2">火灾自动报警系统（注6）</td><td>—</td><td>●</td></tr>
<tr><td>C25</td><td colspan="2">液（水）动或气动</td><td>●</td><td>—</td></tr>
<tr><td rowspan="3">消防控制室（盘）远程控制</td><td rowspan="2">C28</td><td rowspan="2">自动状态下接收右侧报警信号，通过联动控制器开启雨淋报警阀控制管路电磁阀</td><td>消防水泵出水干管上设置的压力开关报警信号</td><td>●</td><td>●</td></tr>
<tr><td>高位消防水箱出水管上的流量开关报警信号</td><td>●</td><td>●</td></tr>
<tr><td>C22</td><td colspan="2">手动状态下，手动控制盘远程开启雨淋报警阀控制管路电磁阀（注3）</td><td>●</td><td>●</td></tr>
<tr><td>现场手动应急操作</td><td>C23</td><td colspan="2">雨淋报警阀现场手动应急操作（控制手动阀实现）</td><td>●</td><td>●</td></tr>
<tr><td>电伴热</td><td>电源要求</td><td>C26</td><td colspan="2">消防电源</td><td>☆</td><td>☆</td></tr>
</table>

注：1. ●为必须设置，—为无须设置，○为建议设置，☆为根据项目及系统需求设置。
2. 电动启动的雨淋系统，当火灾报警系统接收到“同一报警区域内两只及以上独立的感温火灾探测器或一只感温火灾探测器与一只手动火灾报警按钮”的报警信号时（“与”逻辑），作为触发信号，消防联动控制器自动启动消防水泵。
3. 消防水泵控制箱（柜）的启动和停止按钮、雨淋报警阀组的启动和停止按钮，用专用线路直接连接至设置在消防控制室内的消防联动控制器手动控制盘上。
4. 自动巡检功能应符合《消水规》第 11.0.16 条的规定。
5. 雨淋报警阀组的开启是通过电动开启预作用装置控制管路上的电磁阀或手动开启手动阀实现的。
6. 电动启动的雨淋系统，必须是火灾报警系统接收到“同一报警区域内两只及以上独立的感温火灾探测器或一只感温火灾探测器与一只手动火灾报警按钮”的报警信号时（“与”逻辑），才会自动触发控制开启雨淋报警阀控制管路上的电磁阀，从而控制雨淋报警阀。

5.2.3 雨淋系统火灾报警系统图（临时高压/有增压稳压设施），见图 5.2.3。

5.2.4 自喷系统电气系统图，见图 2.2.4。

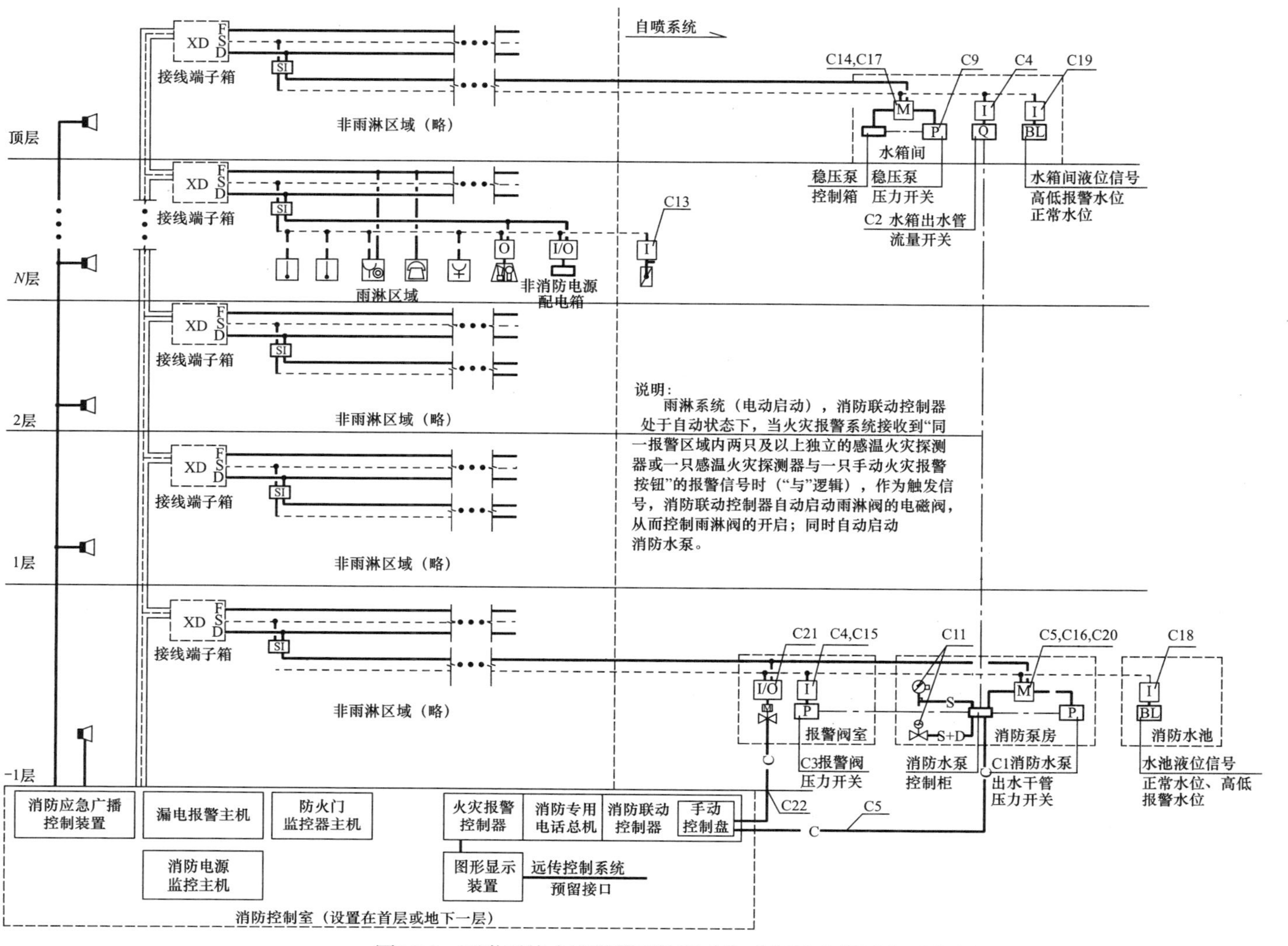

图5.2.3　雨淋系统火灾报警系统图（临时高压/有增压稳压设施）

第三篇
自喷系统水力计算详解及工程案例

自动喷水灭火系统（以下简称“自喷系统”）的水力计算是确定系统设计流量的唯一方法，正确的设计流量则是自喷系统控火灭火的关键。

2018年1月1日实施的《自动喷水灭火系统设计规范》GB 50084—2017（以下简称《喷规》）中第9.1.3条明确规定“系统的设计流量，应按最不利点处作用面积内喷头同时喷水的总流量确定”。因此，目前设计中存在的，采用“喷水强度×作用面积×修正系数”的简化计算方法，不适用于施工图阶段自喷系统设计流量的确定。

本篇详述了自喷系统水力计算的步骤及要点，并通过工程案例，解读自喷系统设计参数选择，详细梳理和展开自喷系统水力计算的过程，以便读者掌握正确的水力计算方法，准确地确定自喷系统设计流量。

本篇图纸为水力计算用图，均未绘制末端泄水装置。

目　录

1 自喷系统水力计算的步骤及要点

1.1 概 述

1.1.1 “自喷系统”在方案以及初步设计阶段，常采用“估算法”预估系统设计流量。估算方法为“喷水强度×作用面积×修正系数”，《自动喷水灭火系统设计规范》GBJ 84—1985 中修正系数为 1.15～1.30，《喷规》中未体现该值。需要注意的是，在实际工程中，往往出现修正系数按 1.30 计算出的水量并不能满足最终通过水力计算确定的系统设计流量。因为该修正值的大小与喷头选型及布置息息相关，估算时必须加以考虑，以免和最终计算值出入过大。

1.1.2 “自喷系统”在确定了系统形式、危险等级以及系统设计（喷头布置、管道连接等）后，即可通过系统水力计算确定系统设计流量。在“自喷系统”水力计算中常使用折算流量系数法，该方法的水力计算步骤如下（详见本篇案例一）：

1 确定系统最不利点及其对应的作用面积。

2 确定系统最不利点处喷头的工作压力和流量。

3 确定最不利点处喷头所在支管（以下简称“第一支管”）上喷头折算流量系数。

4 根据喷头折算流量系数，计算“第一支管”各喷头压力、流量；支管各管段水头损失，以及支管流量、压力。

5 确定支管折算流量系数。

6 根据支管折算流量系数，计算作用面积内配水干管各支管流量；各管段流量、水头损失；从而计算出作用面积内的流量、压力。

7 计算作用面积入口处到水泵出口的沿程及局部水头损失，确定系统供水压力及消防水泵扬程。计算并确定减压措施。（本篇略）

8 根据作用面积内的流量校核水源供水或储水能力。（本篇略）

9 需要提醒注意的是，本次《喷规》修编将水力计算公式修改为“海澄—威廉公式”，因此在计算中不要使用原《喷规》公式。

1.1.3 “自喷系统”的服务对象中同时存在不同喷水强度、喷头布置要求时，要分别进行计算，系统设计流量取其中最大值，如项目中存在中庭等大空间、复式停车等服务对象（详见本篇案例四）。

1.1.4 对于设置货架内喷头的仓库、复式停车或机械车库，应分别对顶部喷头及货架内喷头进行水力计算，两者叠加后的流量方为系统设计流量。

需要特别注意的是，货架内喷头配水支管与配水干管交汇处水压应一致，以免计算结果有误。保障水压一致的较为经济的方法为：在货架内喷头配水支管与配水干管交汇处设置减压措施。

该种方式适合货架仓库，以及货架内喷头单独设置配水管的复式停车或机械车库。先确定货架内最不利点处喷头最小工作压力和流量，按 1.1.2 计算出货架内喷头配水支管与配水干管交汇处的流量和压力，作为减压孔板后（靠近喷头一侧）的水压，减压孔板前的水压则通过顶部喷头水力计算确定（详见本篇案例三）。

1.1.5 雨淋系统水力计算的重点在于，确定雨淋报警阀数量及报警阀控制范围划分。雨淋系统由雨淋报警阀控制其连接的开式洒水喷头同时喷水，有利于扑救水平蔓延速度快的火灾。但是，如果一个雨淋报警阀控制的面积过大，将会使系统的流量过大，总用水量过大，并带来较大的水渍损失，影响系统的经济性能。出于适当控制系统流量与总用水量的考虑，对大面积场所，可设多套雨淋报警阀组合控制一次灭火的保护范围。

雨淋报警阀控制范围划分在设计中有两类方式，一类为各控制区域独立，当火灾发生在控制区域分界线时，各控制区域的雨淋报警阀同时开启；另一类为各控制区域相互重叠，雨淋系统主干管中间一定部位设多个止回阀控制水流在控制区域间的作用范围。本篇主要介绍第一种方式（详见本篇案例五）。

1 《喷规》第 5.0.10-2 条规定："雨淋系统的喷水强度和作用面积应按本规范表 5.0.1 的规定值确定，且每个雨淋报警阀控制的喷水面积不宜大于表 5.0.1 中的作用面积。"即 $S_{阀} \leqslant S_{作}$。也就是说，如果需要设置雨淋系统的区域面积 S 大于作用面积 $S_{作}$，且 $S_{阀}$ 宜 $\leqslant S_{作}$，那么同时开启的雨淋报警阀数量为 2 个以上。

2 《喷规》第 9.1.9 条规定："雨淋系统和水幕系统的设计流量，应按雨淋报警阀控制的洒水喷头的流量之和确定。多个雨淋报警阀并联的雨淋系统，系统设计流量应按同时启用雨淋报警阀的流量之和的最大值确定。"由此可知：

同时启用的雨淋报警阀所控制的全部喷水面积应不小于《喷规》表 5.0.1 中的作用面积，即 $\sum S_{阀} \geqslant S_{作}$，$\sum S_{阀}$ 越接近 $S_{作}$，系统设计流量越小。

另外，雨淋报警阀控制区域布置形式，也影响同时启用的雨淋报警阀数量，详见图 1.1.5。

（*a*）图中"田"字形布置的 4 个控制区域，系统的总流量应为 4 个雨淋报警阀流量之和；（*b*）图中"品"字形布置的 3 个控制区域，系统的总流量应为 3 个雨淋报警阀流量之和。因此，在划分时，应满足 $\sum S_{阀} \geqslant S_{作}$，且 $\sum S_{阀}$ 尽量接近 $S_{作}$。（*c*）图中"平行"布置的 3 个控制区域，$S_3 > S_1 > S_2$，系统的总流量应为控制 S_3、S_2 两个区域的雨淋报警阀流量之和。因此，在划分时，应满足 $\sum S_{阀} = (S_3 + S_2) \geqslant S_{作}$，且 $\sum S_{阀}$ 尽量接近 $S_{作}$。

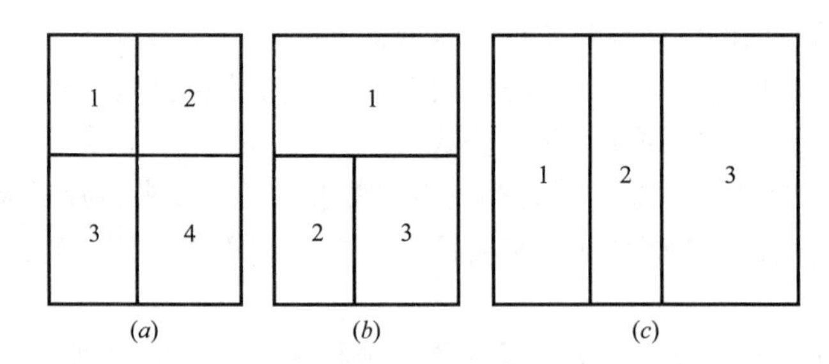

图 1.1.5 雨淋报警阀控制分区示意图

1.1.6 当采用"天正""理正""兆龙"等软件进行自喷系统水力计算时，应注意的事项如下：

1 确认所使用的软件版本是按照《喷规》"海澄—威廉公式"设计的计算程序。

2 最不利点处喷头的工作压力，应根据本篇 1.3 节计算确定后，代入计算软件进行水力计算，不能直接主观选定最不利点工作压力。

3 某些软件在平面图的状态下是忽略喷头短立管计算的，因此当短立管产生的水头损失不可忽略，或者其高差产生的水压不可忽视时，应在系统图的状态下进行计算。

1.1.7 《喷规》第9.2.1条规定："管道内的水流速度宜采用经济流速，必要时可超过5m/s，但不应大于10m/s。"采用经济流速在避免系统能耗过高的同时，也降低了管道重量，减少了投资。

1.1.8 《喷规》第8.0.7条规定："管道的直径应经水力计算确定。配水管道的布置，应使配水管入口的压力均衡。轻危险级、中危险级场所中各配水管入口的压力均不宜大于0.40MPa。"此条是为了确保系统管径经济合理，也是对配水管入口压力尽量平衡，避免因各层配水管入口处压力差过大，造成低层发生火灾时，消防储水过快的消耗，不能满足火灾延续时间的要求。因此，在设计中，各层配水管处需要通过水力计算设置减压设施。

1.1.9 常用公式及参数

1 《喷规》采用"海澄-威廉公式"计算管道单位长度的沿程阻力损失，公式如下：

$$i = 6.05 \times \frac{q_g^{1.85}}{C_h^{1.85} d_j^{4.87}} \times 10^7 \tag{1.1.9}$$

式中：i——管道单位长度的水头损失（kPa/m）；

d_j——管道计算内径（mm）；

q_g——管道设计流量（L/min）；

C_h——海澄—威廉系数，见表1.1.9-1。

不同类型管道的海澄—威廉系数　　表1.1.9-1

管道类型	C_h值
镀锌钢管	120
铜管、不锈钢管	140
涂覆钢管、氯化聚氯乙烯（PVC-C）管	150

2 管道的局部水头损失宜采用当量长度法计算，且应符合表1.1.9-2的规定。

镀锌钢管件和阀门的当量长度表（m）　　表1.1.9-2

管件和阀门	公称直径（mm）								
	25	32	40	50	70	80	100	125	150
45°弯头	0.3	0.3	0.6	0.6	0.9	0.9	1.2	1.5	2.1
90°弯头	0.6	0.9	1.2	1.5	1.8	2.1	3.0	3.7	4.3
90°长弯管	0.6	0.6	0.6	0.9	1.2	1.5	1.8	2.4	2.7
三通或四通（侧向）	1.5	1.8	2.4	3.0	3.7	4.6	6.1	7.6	9.1
蝶阀	—	—	—	1.8	2.1	3.1	3.7	2.7	3.1
闸阀	—	—	—	0.3	0.3	0.3	0.6	0.6	0.9
止回阀	1.5	2.1	2.7	3.4	4.3	4.9	6.7	8.2	9.3
异径接头	32/25	40/32	50/40	70/50	80/70	100/80	125/100	150/125	200/150
	0.2	0.3	0.3	0.5	0.6	0.8	1.1	1.3	1.6

注：1　过滤器当量长度的取值，由生产厂提供。

2　当异径接头的出口直径不变而入口直径提高1级时，其当量长度应增大0.5倍；提高2级或2级以上时，其当量长度应增大1.0倍。

3　当采用铜管或不锈钢管时，当量长度应乘以系数1.33；当采用涂覆钢管、氯化聚氯乙烯（PVC-C）管时，当量长度应乘以系数1.51。

1.2 最不利点对应作用面积的确定

1.2.1 《喷规》第 9.1.2 条规定："水力计算选定的最不利点处作用面积宜为矩形，其长边应平行于配水支管，其长度不宜小于作用面积平方根的 1.2 倍。"则作用面积长边和短边长度的计算公式如下：

$$L_{min} = 1.2 \times \sqrt{A} \tag{1.2.1}$$

式中：L_{min}——作用面积长边的最小长度（m）；

A——《喷规》中规定的作用面积（m^2）。

1.2.2 求得 L_{min}后，根据其长度，在 CAD 图纸上确定最不利点对应的作用面积，所谓选择合适区域是指：

1 该区域的长边平行于配水支管，且长度宜大于 L_{min}；

2 该区域总面积大于《喷规》规定的作用面积。

1.2.3 以中危险级Ⅱ级，作用面积为 160m^2 为例，代入公式（1.2.1），计算出 $L_{min}=1.2\times\sqrt{160}=15.18$m。在选取作用面积时，长边宜大于 15.18m。

1.3 最不利点处喷头工作压力和流量的确定

1.3.1 最不利点处喷头的工作压力和流量的计算关系如下式，其最终取值需要通过初算、校核、复算三个过程确定。

$$q = K\sqrt{10P} \tag{1.3.1}$$

式中：q——喷头流量（L/min）；

P——喷头工作压力（MPa）；

K——喷头流量系数。

1.3.2 初算

1 初算最不利点处喷头流量 $q_{初}$(L/min)。

《喷规》第 9.1.5 条规定："最不利点处作用面积内任意 4 只喷头围合范围内的平均喷水强度，轻危险级、中危险级不应低于本规范表 5.0.1 规定值的 85%；严重危险级和仓库危险级不应低于本规范表 5.0.1 和表 5.0.4-1～表 5.0.4-5 的规定值。"最不利点处喷头的流量 $q_{初}$ 应满足下面公式：

$$q_{初} = \eta \cdot S_{TR} \cdot A_{喷头} \tag{1.3.2}$$

式中：$q_{初}$——最不利点处喷头流量初算值（L/min）；

η——修正系数，轻危险级、中危险级取 85%，严重危险级和仓库危险级取 1；

S_{TR}——喷水强度 [L/(min·m^2)]；

$A_{喷头}$——最不利点处喷头的保护面积（m^2）。

2 初算最不利点处喷头压力 $P_{初}$(MPa)。将 $q_{初}$(L/min) 代入公式（1.3.1），即可计算出 $P_{初}$(MPa)。

1.3.3 校核及复算

1 将 $P_{初}$(MPa) 与《喷规》中规定的喷头最低作用压力 P_{min}(MPa) 进行比较：

当 $P_{初}\geqslant P_{min}$时，最不利点处喷头的工作压力 $P_s=P_{初}$(MPa)，流量 $q_s=q_{初}$(L/min)；

当 $P_{初} < P_{min}$ 时，最不利点处喷头的工作压力 $P_s = P_{min}$（MPa），流量 $q_s = q_{min} = K\sqrt{10P_{min}}$（L/min）。

2　当采用边墙型喷头时，应根据喷头曲线，确定湿墙面满足规范要求情况下的喷头压力，并将该压力与 $P_{初}$（MPa）及 P_{min}（MPa）进行比较，选择三者中最大值作为最不利点处喷头的工作压力，并以此计算最不利点处喷头的流量 q_s。

1.4　喷头折算流量系数的确定

1.4.1　喷头折算流量系数 k_s

喷头与配水支管连接的短立管长短不一，当产生的水头损失不可忽略，或者其高差产生的水压不可忽视时，为便于计算配水支管各喷头的出流量，把喷头和短立管视作一个复合喷头，其流量系数称为喷头折算流量系数。图 1.4.1 中（*a*）、（*b*），喷头安装形式对喷头出水不利，应考虑短立管对喷头出流量的影响。另外，如复式停车库中自喷管道，同一配水支管安装有顶部喷头和车架内喷头时，也应分别计算（详见本篇案例二）。

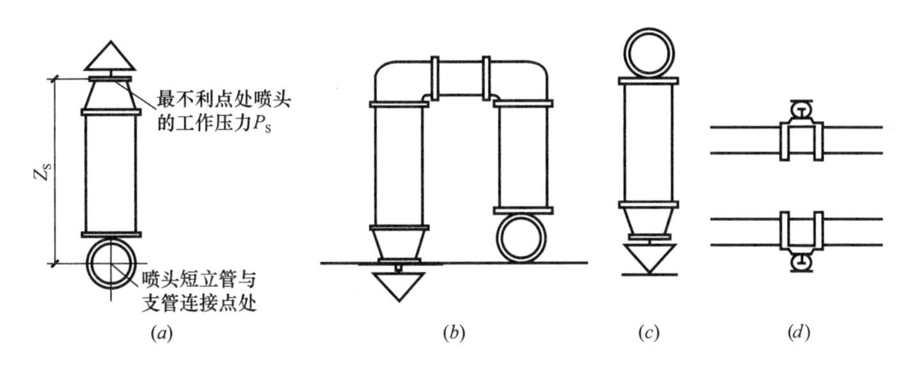

图 1.4.1　喷头安装形式示意图

1.4.2　喷头折算流量系数的计算公式如下：

$$k_s = \frac{q_s}{\sqrt{10 \times (P_s + h_s + Z_s)}} \tag{1.4.2}$$

式中：k_s——喷头折算流量系数；

q_s——作用面积内最不利点处喷头的出流量（L/min）；

P_s——作用面积内最不利点处喷头的工作压力（MPa）；

h_s——喷头短立管的水头损失（MPa）；

Z_s——喷头短立管的几何高差产生的水压（MPa），喷头在支管上方时为正值，喷头在支管下方时为负值。

1.4.3　喷头类型、安装方式相同的喷头，喷头折算流量系数 k_s 相同。当喷头类型、安装方式不同时，应分别计算喷头折算流量系数（详见本篇案例二）。

1.5　支管折算流量系数的确定

1.5.1　支管折算流量系数 k_z，根据喷头折算流量系数，计算出某配水支管的流量和压力，然后把该支管作为一个复合喷头，根据流量和压力求出支管折算流量系数，然后求出不同压力下该支管的流量，从而计算出作用面积内的流量和压力。

1.5.2 支管折算流量系数k_z的计算公式如下：

$$k_z = \frac{Q_z}{\sqrt{10P_z}} \tag{1.5.2}$$

式中：k_z——支管折算流量系数；

Q_z——支管流量（L/min）；

P_z——支管与配水干管连接处的压力（MPa）。

1.5.3 喷头类型、数量及布置方式均相同的配水支管，其支管折算流量系数相同。当工程中作用面积内，配水支管存在不同的喷头类型、数量及布置方式时，应分别计算支管折算流量系数，逐步计算作用面积内所有喷头、管段及作用面积内的折算流量和压力（详见本篇案例二）。

1.6 系统设计流量的确定

1.6.1 系统的设计流量，应按最不利点处作用面积内喷头同时喷水的总流量确定，且应按下式计算：

$$Q = \frac{1}{60}\sum_{i=1}^{n} q_i \tag{1.6.1}$$

式中：Q——系统设计流量（L/s）；

q_i——最不利点处作用面积内各喷头节点的流量（L/min）；

n——最不利点处作用面积内的洒水喷头数。

2 【案例一】 某平层汽车库湿式系统案例

2.1 工 程 概 况

某南方平层汽车库，设置湿式自喷系统。系统设计参数选定，见表 2.1。

某平层汽车库湿式自喷系统设计参数选定表 **表 2.1**

设计参数		设计依据（《喷规》相应条款）
危险等级	中危险级Ⅱ级	附录 A
喷水强度［L/(min·m^2)］	8	5.0.1
作用面积（m^2）	164.64≥160	
最不利点处喷头最小压力 P_{min}(MPa)	0.05	
喷头选型	标准覆盖、标准响应 K=80	6.1.1

本工程自喷平面及系统图，见图 2.1-1、图 2.1-2。喷头短立管安装方式应采用图 1.4.1 (*a*)，短立管长度均按 0.8m 考虑（计算忽略管道坡度影响）。

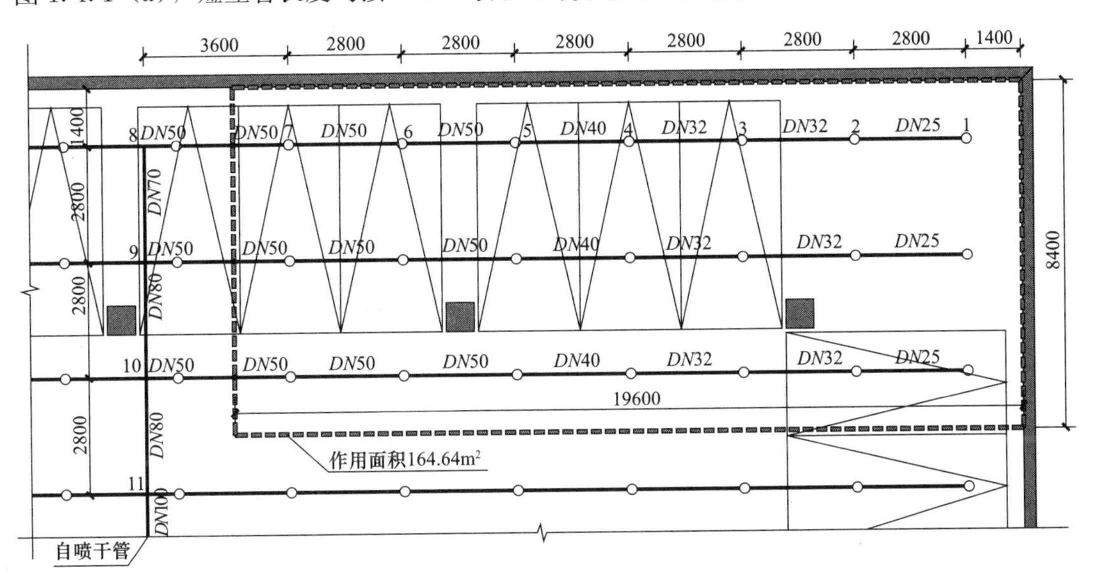

图 2.1-1 某平层汽车库自喷平面图

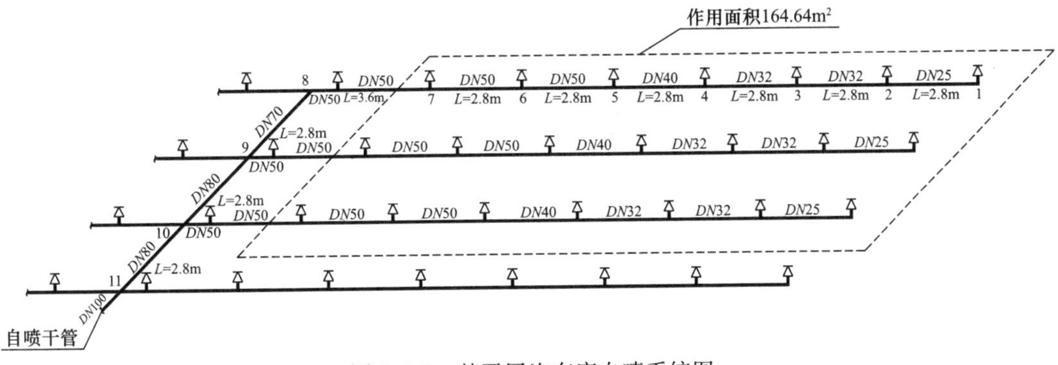

图 2.1-2 某平层汽车库自喷系统图

2.2 水力计算（逐步计算法）

2.2.1 最不利点对应作用面积的确定

1 根据公式（1.2.1），计算作用面积长边的最小长度 $L_{\min}$。

$$L_{\min} = 1.2 \times \sqrt{A} = 1.2 \times \sqrt{160} = 15.18\text{m}$$

2 根据图 2.1-1 可知作用面积长边平行于配水支管，且长边长度为 19.6m＞15.18m，最不利喷头处的作用面积为 19.6×8.4=164.64m²＞160m²，满足规范要求。

2.2.2 最不利点处喷头工作压力和流量的确定

1 根据公式（1.3.2），初算最不利点处喷头流量 $q_{初}$ 为：

$$q_{初} = \eta \cdot S_{TR} \cdot A_{喷头} = 0.85 \times 8 \times 2.8 \times 2.8 = 53.31\text{L/min} = 0.89\text{L/s}$$

式中：η——修正系数，本工程为中危险级Ⅱ级，取 85%；

S_{TR}——喷水强度，本工程为 8L/(min·m²)；

$A_{喷头}$——喷头的保护面积（m²）。

2 根据公式（1.3.1），初算最不利点处喷头压力 $P_{初}$ 为：

$$P_{初} = \frac{q_{初}^2}{10 \times K^2} = \frac{53.31^2}{10 \times 80^2} = 0.044\text{MPa}$$

3 校核及复算。

$P_{初}$=0.044MPa＜0.05MPa，不满足规范要求。因此应按 $P_s = P_{\min}$=0.05MPa 复算，最不利点处喷头的流量 $q_s = q_{\min} = K\sqrt{10P_{\min}} = 80 \times \sqrt{10 \times 0.05}$=56.57L/min。

2.2.3 喷头折算流量系数的确定

1 根据公式（1.1.9），计算喷头短立管单位长度水头损失为：

$$i = 6.05 \times \frac{q_g^{1.85}}{C_h^{1.85} d_j^{4.87}} \times 10^7 = 6.05 \times \frac{56.57^{1.85}}{120^{1.85} \times 27.3^{4.87}} \times 10^7 = 1.526\text{kPa/m}$$

式中：d_j——管道计算内径（mm），公称直径 $DN25$，其计算内径为 27.3mm；

C_h——海澄-威廉系数，本工程管道采用镀锌钢管，C_h取 120。

2 计算最不利喷头短立管水头损失 h_s。

本工程喷头的安装形式如图 1.4.1（a）所示，喷头短立管长度 Z_s = 0.8m = 0.008MPa。根据表 1.1.9-2，喷头与支管上管件及其当量长度为：$DN$25/15 变径管 1 个（0.2m），括号内为当量长度。

最不利喷头短立管的水头损失为：

$$h_s = iL = 1.526 \times 10^{-3} \times (0.8 + 0.2) = 0.002\text{MPa}$$

3 根据公式（1.4.2），计算喷头折算流量系数。

$$k_s = \frac{q_s}{\sqrt{10 \times (P_s + h_s + Z_s)}} = \frac{56.57}{\sqrt{10 \times (0.05 + 0.002 + 0.008)}} = 73.03$$

2.2.4 配水支管水力计算

1 点压力为：

$$P_1 = P_s + h_s + Z_s = 0.050 + 0.002 + 0.008 = 0.060\text{MPa}$$

1 点流量为：

$$q_1 = 56.57\text{L/min}$$

则管段 1-2 流量为：

$$q_{1-2} = q_1 = 56.57\text{L/min}$$

管段 1-2 水力坡降为：

$$i_{1-2} = i = 1.526\text{kPa/m}$$

注：此处 i_{1-2}、i 管段管径、流量一致。

根据表 1.1.9-2，管段 1-2 之间管件及其当量长度为：*DN*25 弯头 1 个（0.6m）；*DN*32/25 变径管 1 个（0.2m）。则管段 1-2 水头损失为：

$$h_{1-2} = i_{1-2} \cdot L = 1.526 \times 10^{-3} \times (2.8 + 0.6 + 0.2) = 0.005\text{MPa}$$

则 2 点压力为：

$$P_2 = P_1 + h_{1-2} = 0.060 + 0.005 = 0.065\text{MPa}$$

2 点喷头流量为：

$$q_2 = k_2\sqrt{10P_2} = k_s\sqrt{10P_2} = 73.03 \times \sqrt{10 \times 0.065} = 58.88\text{L/min}$$

注：此处 k_2、k_s喷头安装管径、形式一致。

管段 2-3 流量为：

$$q_{2-3} = q_{1-2} + q_2 = 56.57 + 58.88 = 115.45\text{L/min}$$

管段 2-3 水力坡降为：

$$i_{2-3} = 6.05 \times \frac{115.45^{1.85}}{120^{1.85} \times 35.4^{4.87}} \times 10^7 = 1.611\text{kPa/m}$$

根据表 1.1.9-2，管段 2-3 之间管件及其当量长度为：*DN*32 三通 1 个（1.8m）。则管段 2-3 水头损失为：

$$h_{2-3} = i_{2-3} \cdot L = 1.611 \times 10^{-3} \times (2.8 + 1.8) = 0.007\text{MPa}$$

则 3 点压力为：

$$P_3 = P_2 + h_{2-3} = 0.065 + 0.007 = 0.072\text{MPa}$$

3 点喷头流量为：

$$q_3 = k_3\sqrt{10P_3} = k_s\sqrt{10P_3} = 73.03 \times \sqrt{10 \times 0.072} = 61.97\text{L/min}$$

注：此处 k_3、k_s喷头安装管径、形式一致。

管段 3-4 流量为：

$$q_{3-4} = q_{2-3} + q_3 = 115.45 + 61.97 = 177.42\text{L/min}$$

管段 3-4 水力坡降为：

$$i_{3-4} = 6.05 \times \frac{177.42^{1.85}}{120^{1.85} \times 35.4^{4.87}} \times 10^7 = 3.567\text{kPa/m}$$

根据表 1.1.9-2，管段 3-4 之间管件及其当量长度为：*DN*32 三通 1 个（1.8m）；*DN*40/*DN*32 变径管 1 个（0.3m）。则管段 3-4 水头损失为：

$$h_{3-4} = i_{3-4} \cdot L = 3.567 \times 10^{-3} \times (2.8 + 1.8 + 0.3) = 0.017\text{MPa}$$

则 4 点压力为：

$$P_4 = P_3 + h_{3-4} = 0.072 + 0.017 = 0.089\text{MPa}$$

4 点喷头流量为：

$$q_4 = k_4\sqrt{10P_4} = k_s\sqrt{10P_4} = 73.03 \times \sqrt{10 \times 0.089} = 68.90\text{L/min}$$

注：此处 k_4、k_s 喷头安装管径、形式一致。

管段 4-5 流量为：

$$q_{4-5} = q_{3-4} + q_4 = 177.42 + 68.90 = 246.32\text{L/min}$$

管段 4-5 水力坡降为：

$$i_{4-5} = 6.05 \times \frac{246.32^{1.85}}{120^{1.85} \times 41.3^{4.87}} \times 10^7 = 3.089\text{kPa/m}$$

根据表 1.1.9-2，管段 4-5 之间管件及其当量长度为：$DN40$ 三通 1 个（2.4m）；$DN50/DN40$ 变径管 1 个（0.3m）。则管段 4-5 水头损失为：

$$h_{4-5} = i_{4-5} \cdot L = 3.089 \times 10^{-3} \times (2.8 + 2.4 + 0.3) = 0.017\text{MPa}$$

则 5 点压力为：

$$P_5 = P_4 + h_{4-5} = 0.089 + 0.017 = 0.106\text{MPa}$$

5 点喷头流量为：

$$q_5 = k_5\sqrt{10P_5} = k_s\sqrt{10P_5} = 73.03 \times \sqrt{10 \times 0.106} = 75.19\text{L/min}$$

注：此处 k_5、k_s 喷头安装管径、形式一致。

管段 5-6 流量为：

$$q_{5-6} = q_{4-5} + q_5 = 246.32 + 75.19 = 321.51\text{L/min}$$

管段 5-6 水力坡降为：

$$i_{5-6} = 6.05 \times \frac{321.51^{1.85}}{120^{1.85} \times 52.7^{4.87}} \times 10^7 = 1.543\text{kPa/m}$$

根据表 1.1.9-2，管段 5-6 之间管件及其当量长度为：$DN50$ 三通 1 个（3.0m）。则管段 5-6 水头损失为：

$$h_{5-6} = i_{5-6} \cdot L = 1.543 \times 10^{-3} \times (2.8 + 3.0) = 0.009\text{MPa}$$

则 6 点压力为：

$$P_6 = P_5 + h_{5-6} = 0.106 + 0.009 = 0.115\text{MPa}$$

6 点喷头流量为：

$$q_6 = k_6\sqrt{10P_6} = k_s\sqrt{10P_6} = 73.03 \times \sqrt{10 \times 0.115} = 78.32\text{L/min}$$

注：此处 k_6、k_s 喷头安装管径、形式一致。

管段 6-7 流量为：

$$q_{6-7} = q_{5-6} + q_6 = 321.51 + 78.32 = 399.83\text{L/min}$$

管段 6-7 水力坡降为：

$$i_{6-7} = 6.05 \times \frac{399.83^{1.85}}{120^{1.85} \times 52.7^{4.87}} \times 10^7 = 2.310\text{kPa/m}$$

根据表 1.1.9-2，管段 6-7 之间管件及其当量长度为：$DN50$ 三通 1 个（3.0m）。则管段 6-7 水头损失为：

$$h_{6-7} = i_{6-7} \cdot L = 2.310 \times 10^{-3} \times (2.8 + 3.0) = 0.013\text{MPa}$$

则 7 点压力为：

$$P_7 = P_6 + h_{6-7} = 0.115 + 0.013 = 0.128\text{MPa}$$

7 点喷头流量为：

$$q_7 = k_7\sqrt{10P_7} = k_s\sqrt{10P_7} = 73.03 \times \sqrt{10 \times 0.128} = 82.62\text{L/min}$$

注：此处 k_7、k_s喷头安装管径、形式一致。

管段 7-8 流量为：

$$q_{7-8} = q_{6-7} + q_7 = 399.83 + 82.62 = 482.45\text{L/min}$$

管段 7-8 水力坡降为：

$$i_{7-8} = 6.05 \times \frac{482.45^{1.85}}{120^{1.85} \times 52.7^{4.87}} \times 10^7 = 3.269\text{kPa/m}$$

根据表 1.1.9-2，管段 7-8 之间管件及其当量长度为：$DN50$ 三通 2 个（3.0m）；$DN70/DN50$ 变径管 1 个（0.5m）。则管段 7-8 水头损失为：

$$h_{7-8} = i_{7-8} \cdot L = 3.269 \times 10^{-3} \times (3.6 + 2 \times 3.0 + 0.5) = 0.033\text{MPa}$$

则 8 点压力为：

$$P_8 = P_7 + h_{7-8} = 0.128 + 0.033 = 0.161\text{MPa}$$

8 点节点流量为：

$$q_8 = q_{7-8} = 482.45\text{L/min}$$

2.2.5　支管折算流量系数的确定

根据公式（1.5.2），计算支管折算流量系数 k_z：

$$k_z = \frac{Q_z}{\sqrt{10P_z}} = \frac{482.45}{\sqrt{10 \times 0.161}} = 380.22$$

2.2.6　作用面积内水力计算

管段 8-9 流量为：

$$q_{8-9} = q_8 = 482.45\text{L/min}$$

管段 8-9 水力坡降为：

$$i_{8-9} = 6.05 \times \frac{482.45^{1.85}}{120^{1.85} \times 68.1^{4.87}} \times 10^7 = 0.938\text{kPa/m}$$

根据表 1.1.9-2，管段 8-9 之间管件及其当量长度为：$DN70$ 三通 1 个（3.7m）；$DN80/DN70$ 变径管 1 个（0.6m）。则管段 8-9 水头损失为：

$$h_{8-9} = i_{8-9} \cdot L = 0.938 \times 10^{-3} \times (2.8 + 3.7 + 0.6) = 0.007\text{MPa}$$

则 9 点压力为：

$$P_9 = P_8 + h_{8-9} = 0.161 + 0.007 = 0.168\text{MPa}$$

9 点节点流量为：

$$q_9 = k_9\sqrt{10P_9} = k_z\sqrt{10P_9} = 380.22 \times \sqrt{10 \times 0.168} = 492.83\text{L/min}$$

注：此处 k_9、k_z支管安装管径、形式一致。

管段 9-10 流量为：

$$q_{9-10} = q_{8-9} + q_9 = 482.45 + 492.83 = 975.28\text{L/min}$$

管段 9-10 水力坡降为：

$$i_{9-10}=6.05\times\frac{975.28^{1.85}}{120^{1.85}\times80.9^{4.87}}\times10^{7}=1.491\text{kPa/m}$$

根据表 1.1.9-2，管段 9-10 之间管件及其当量长度为：*DN*80 四通 1 个（4.6m）。则管段 9-10 水头损失为：

$$h_{9-10}=i_{9-10}\cdot L=1.491\times10^{-3}\times(2.8+4.6)=0.011\text{MPa}$$

则 10 点压力为：

$$P_{10}=P_{9}+h_{9-10}=0.168+0.011=0.179\text{MPa}$$

10 点节点流量为：

$$q_{10}=k_{10}\sqrt{10P_{10}}=k_{z}\sqrt{10P_{10}}=380.22\times\sqrt{10\times0.179}=508.70\text{L/min}$$

注：此处 k_{10}、k_z 支管安装管径、形式一致。

管段 10-11 流量为：

$$q_{10-11}=q_{9-10}+q_{10}=975.28+508.70=1483.98\text{L/min}$$

管段 10-11 水力坡降为：

$$i_{10-11}=6.05\times\frac{1483.98^{1.85}}{120^{1.85}\times80.9^{4.87}}\times10^{7}=3.241\text{kPa/m}$$

根据表 1.1.9-2，管段 10-11 之间管件及其当量长度为：*DN*80 四通 1 个（4.6m）；*DN*100/*DN*80 变径管 1 个（0.8m）。则管段 10-11 水头损失为：

$$h_{10-11}=i_{10-11}\cdot L=3.241\times10^{-3}\times(2.8+4.6+0.8)=0.027\text{MPa}$$

则 11 点压力（作用面积入口处压力）为：

$$P_{11}=P_{10}+h_{10-11}=0.179+0.027=0.206\text{MPa}$$

11 点节点流量（作用面积内流量，即系统设计流量）为：

$$q_{11}=q_{10-11}=1483.98\text{L/min}=24.73\text{L/s}$$

2.2.7 计算结果

作用面积入口处压力为 0.206MPa，系统设计流量为 24.73L/s，喷水强度为 9.01L/(min・m²)。

2.3 水力计算（EXCEL 表法）

2.3.1 电子表格编制要点

2.2 节中逐步详细计算，非常适合初学者学习和掌握，但在日常设计中就显得繁琐，因此建议制作电子表格进行计算，成表见表 2.3.1。在制作电子表格时，请注意如下提示：

1 需要输入的内容：最不利点处作用面积、危险等级、《喷规》中最小喷水强度、短立管高差（即喷头和配水支管的高差）、最不利点喷头保护范围的长度和宽度、《喷规》中喷头最小作用压力、海澄-威廉系数、最不利点处喷头特性系数、公称直径、管道长度、当量长度以及在备注中输入管段内管件及当量长度。

2 表中计算公式参考 2.2 节，这里不再赘述。

3 表中 G4 格“η”建议采用以下函数自动生成，也可人工输入：

“=IF(ISNUMBER(FIND("轻", $E$4)),0.85,IF(ISNUMBER(FIND("中", $E

$4)),0.85,1))"。

4 表中 F12 格"最不利点工作压力 P_s"应采用以下函数自动生成：

"=ROUND(IF($G$6>$N$4,$I$5,$N$8*(10*$N$4)^0.5),3)"。

5 表中E列中"管道计算内径"，建议单独设定"参数"工作簿，在其中将不同管材、各种公称直径对应的管道计算内径分别列出，然后利用 LOOKUP 函数进行编辑，达到在E列给出"公称直径"，在F列自动代入"管道计算内径"的效果。

6 表中J列，建议通过设定单元格条件格式，使流速在 5～10m/s 及>10m/s 时，分别以不同颜色提示设计人员判断是否修改。

2.3.2 表 2.3.1 计算结果如下：

作用面积入口处压力为 0.206MPa，系统设计流量为 24.73L/s，喷水强度为 9.01L/(min·m^2)。

2.4 总结与思考

自喷系统设计流量，在符合规范要求的情况下，流量越小，系统的初始投资以及运行费用越低。最不利点处喷头的流量和压力是整个水力计算的初始值，对系统设计流量影响较大。

对于民用和厂房建筑，属于轻、中危险级的自喷系统，规范允许最不利点处作用面积内任意 4 只喷头围合范围内的平均喷水强度，不低于《喷规》表 5.0.1 规定值的 85%。表 2.3 即按照该规定进行计算，那么如果本工程不对最不利点处喷头喷水强度修正，水力计算的结果会发生怎样的变化呢？笔者对此进行了计算，详见表 2.4-1，该表计算结果如下：

作用面积入口处压力为 0.253MPa；系统设计流量为 27.72L/s，喷水强度为 10.10L/(min·m^2)。

表 2.3.1 和表 2.4-1 对比数据，见表 2.4-2。

某平层汽车库湿式自喷系统水力计算结果对比表 **表 2.4-2**

模型种类	平均喷水强度修正系数 η	最不利点处喷头压力（MPa）			作用面积入口处压力（MPa）	系统设计流量（L/s）
		最小值 P_{min}	初算值 $P_{初}$	最终取值 P_s		
表 2.3.1	0.85	0.050	0.044	0.050	0.206	24.73
表 2.4-1	1		0.061	0.061	0.253	27.72

由表 2.4-2 可以看出：

对于轻、中危险级的自喷系统，在水力计算中，按照规范对最不利点处喷头进行修正，可有效降低系统流量和压力。

同时，在确定最不利点处喷头压力时，必须遵循以下原则：

当 $P_{初} \geq P_{min}$ 时，最不利点处喷头的工作压力 $P_s = P_{初}$(MPa)，流量 $q_s = q_{初}$(L/min)；

当 $P_{初} < P_{min}$ 时，最不利点处喷头的工作压力 $P_s = P_{min}$(MPa)，流量 $q_s = q_{min} = K\sqrt{10P_{min}}$(L/min)。

【案例一】 水力计算表 1

表 2.3.1

	A	B	C	D	E	F	G	H	I	J	K	L	M	N
1	工程概况													
2 3	最不利点处作用面积（m^2）				危险等级		η	《喷规》中最小喷水强度 [L/(min·m^2)]			短立管高差（m）	最不利点处喷头保护范围 长度（m）	宽度（m）	《喷规》中喷头最小工作压力 P_{min}（MPa）
4	164.64				中危险级Ⅱ级		0.85	8			0.8	2.8	2.8	0.05
5	初算最不利点处喷头流量 $q_初=\eta\times$喷水强度×最不利点处喷头的保护面积=53.31(L/min)										$i=6.05\times\frac{q_g^{1.85}}{C_h^{1.85}d_j^{4.87}}\times10^7$			海澄-威廉系数 C_h
6	初算最不利点处喷头工作压力 $P_初=q_初{}^2/10K^2=0.044$(MPa)							不采用						120
7	特别提示				当 $P_初\geq P_{min}$ 时，最不利点处喷头的工作压力 $P_s=P_初$(MPa)，流量 $q_s=q_初$(L/min)； 当 $P_初<P_{min}$ 时，最不利点处喷头的工作压力 $P_s=P_{min}$(MPa)，流量 $q_s=q_{min}=K\sqrt{10P_{min}}$(L/min)									
8	最不利喷头短立管水力计算											喷头特性系数 $K=80$		
9 10 11	管段			公称直径 DN(mm)	管道计算内径 d_j(mm)	最不利点工作压力 P_s(MPa)	最不利点处喷头流量 q_s(L/min)	管段流量 q_g(L/min)	管道流速 v(m/s)	水力坡降 i(kPa/m)	管道长度 L(m)	当量长度 l(m)	水头损失 h(MPa)	备注
12	0	～	1	25	27.3	0.050	56.57	56.57	1.61	1.526	0.8	0.2	0.002	$DN25/DN15$ 变径管 1 个（0.2m）
13	配水支管水力计算											喷头折算流量系数 $k_s=73.03$		
14 15 16	管段			公称直径 DN(mm)	管道计算内径 d_j(mm)	起点压力 P_i(MPa)	洒水喷头流量 q_i(L/min)	管段流量 q_g(L/min)	管道流速 v(m/s)	水力坡降 i(kPa/m)	管道长度 L(m)	当量长度 l(m)	水头损失 h(MPa)	备注
17	1	～	2	25	27.3	0.060	56.57	56.57	1.61	1.526	2.8	0.8	0.005	$DN25$ 弯头 1 个（0.6m）；$DN32/DN25$ 变径管 1 个（0.2m）
18	2	～	3	32	35.4	0.065	58.88	115.45	1.96	1.611	2.8	1.8	0.007	$DN32$ 三通 1 个（1.8m）
19	3	～	4	32	35.4	0.072	61.97	177.42	3.01	3.567	2.8	2.1	0.017	$DN32$ 三通 1 个（1.8m）；$DN40/DN32$ 变径管 1 个（0.3m）
20	4	～	5	40	41.3	0.089	68.90	246.32	3.07	3.089	2.8	2.7	0.017	$DN40$ 三通 1 个（2.4m）；$DN50/DN40$ 变径管 1 个（0.3m）
21	5	～	6	50	52.7	0.106	75.19	321.51	2.46	1.543	2.8	3.0	0.009	$DN50$ 三通 1 个（3.0m）
22	6	～	7	50	52.7	0.115	78.32	399.83	3.06	2.310	2.8	3.0	0.013	$DN50$ 三通 1 个（3.0m）
23	7	～	8	50	52.7	0.128	82.62	482.45	3.69	3.269	3.6	6.5	0.033	$DN50$ 三通 2 个（3.0m）；$DN70/DN50$ 变径管 1 个（0.5m）
24	8					0.161	482.45							

续表

	A	B	C	D	E	F	G	H	I	J	K	L	M	N
25	作用面积内水力计算											支管折算流量系数 k_z=380.22		
26 27 28	管段			公称直径 DN(mm)	管道计算内径 d_j(mm)	起点压力 P_i(MPa)	洒水喷头流量 q_i(L/min)	管段流量 q_g(L/min)	管道流速 v(m/s)	水力坡降 i(kPa/m)	管道长度 L(m)	当量长度 l(m)	水头损失 h(MPa)	备注
29	8	～	9	70	68.1	0.161	482.45	482.45	2.21	0.938	2.8	4.3	0.007	DN70 三通 1 个（3.7m）；DN80/DN70 变径管 1 个（0.6m）
30	9	～	10	80	80.9	0.168	492.83	975.28	3.16	1.491	2.8	4.6	0.011	DN80 四通 1 个（4.6m）
31	10	～	11	80	80.9	0.179	508.70	1483.98	4.81	3.241	2.8	5.4	0.027	DN80 四通 1 个（4.6m）；DN100/DN80 变径管 1 个（0.8m）
32	11					0.206	1483.98							
33	作用面积入口处压力=0.206MPa							本工程系统设计流量=1483.98L/min=24.73L/s						
34	作用面积=164.64m²							本工程喷水强度=9.01L/(min・m²)						

【案例一】　水力计算表 2　　　　**表 2.4-1**

工程概况							
最不利点处作用面积（m²）	危险等级	η	《喷规》中最小喷水强度［L/(min・m²)］	短立管高差（m）	最不利点处喷头保护范围 长度（m）	最不利点处喷头保护范围 宽度（m）	《喷规》中喷头最小工作压力 P_{min}(MPa)
164.64	中危险级Ⅱ级	1.00	8	0.8	2.8	2.8	0.05
初算最不利点处喷头流量 $q_{初}=\eta\times$喷水强度×最不利点处喷头的保护面积=62.72L/min				$i=6.05\times\dfrac{q_g^{1.85}}{C_h^{1.85}d_j^{4.87}}\times10^7$			海澄-威廉系数 C_h
初算最不利点处喷头工作压力 $P_{初}=q_{初}^2/10K^2=0.061$MPa			采用				120
特别提示	当 $P_{初}\geqslant P_{min}$时，最不利点处喷头的工作压力 $P_s=P_{初}$(MPa)，流量 $q_s=q_{初}$(L/min)； 当 $P_{初}<P_{min}$时，最不利点处喷头的工作压力 $P_s=P_{min}$(MPa)，流量 $q_s=q_{min}=K\sqrt{10P_{min}}$(L/min)						

最不利喷头短立管水力计算												喷头特性系数 K=80		
管段			公称直径 DN(mm)	管道计算内径 d_j(mm)	最不利点工作压力 P_i(MPa)	最不利点处喷头流量 q_i(L/min)	管段流量 q_g(L/min)	管道流速 v(m/s)	水力坡降 i(kPa/m)	管道长度 L(m)	当量长度 l(m)	水头损失 h(MPa)	备注	
0	～	1	25	27.3	0.061	62.72	62.72	1.79	1.847	0.8	0.2	0.002	DN25/15 变径管 1 个（0.2m）	

续表

管段	公称直径 DN(mm)	管道计算内径 d_j(mm)	起点压力 P_i(MPa)	洒水喷头流量 q_i(L/min)	管段流量 q_g(L/min)	管道流速 v(m/s)	水力坡降 i(kPa/m)	管道长度 L(m)	当量长度 l(m)	水头损失 h(MPa)	备注
配水支管水力计算									喷头折算流量系数 k_s=73.92		
1～2	25	27.3	0.071	62.72	62.72	1.79	1.847	2.8	0.8	0.007	$DN$25 弯头1个（0.6m）；$DN$32/$DN$25 变径管1个（0.2m）
2～3	32	35.4	0.078	65.74	128.46	2.18	1.963	2.8	1.8	0.009	$DN$32 三通1个（1.8m）
3～4	32	35.4	0.087	69.43	197.89	3.35	4.365	2.8	2.1	0.021	$DN$32 三通1个（1.8m）；$DN$40/$DN$32 变径管1个（0.3m）
4～5	40	41.3	0.108	77.36	275.25	3.43	3.794	2.8	2.7	0.021	$DN$40 三通1个（2.4m）；$DN$50/$DN$40 变径管1个（0.3m）
5～6	50	52.7	0.129	84.54	359.79	2.75	1.900	2.8	3.0	0.011	$DN$50 三通1个（3.0m）
6～7	50	52.7	0.140	88.07	447.86	3.42	2.849	2.8	3.0	0.017	$DN$50 三通1个（3.0m）
7～8	50	52.7	0.157	93.27	541.13	4.14	4.043	3.6	6.5	0.041	$DN$50 三通2个（3.0m）；$DN$70/$DN$50 变径管1个（0.5m）
8			0.198	541.13							
作用面积内水力计算									支管折算流量系数 k_z=384.56		
管段	公称直径 DN(mm)	管道计算内径 d_j(mm)	起点压力 P_i(MPa)	洒水喷头流量 q_i(L/min)	管段流量 q_g(L/min)	管道流速 v(m/s)	水力坡降 i(kPa/m)	管道长度 L(m)	当量长度 l(m)	水头损失 h(MPa)	备注
8～9	70	68.1	0.198	541.13	541.13	2.48	1.160	2.8	4.3	0.008	$DN$70 三通1个（3.7m）；$DN$80/$DN$70 变径管1个（0.6m）
9～10	80	80.9	0.206	551.95	1093.08	3.55	1.841	2.8	4.6	0.014	$DN$80 四通1个（4.6m）
10～11	80	80.9	0.220	570.40	1663.48	5.40	4.004	2.8	5.4	0.033	$DN$80 四通1个（4.6m）；$DN$100/$DN$80 变径管1个（0.8m）
11			0.253	1663.48							
作用面积入口处压力=0.253MPa					本工程系统设计流量=1663.48L/min=27.72L/s						
作用面积=164.64m^2					本工程喷水强度=10.10L/(min·m^2)						

3 【案例二】 某复式汽车库湿式系统案例

3.1 工 程 概 况

某南方复式汽车库，设置湿式自喷系统。系统设计参数选定，见表 3.1。

某复式汽车库湿式自喷系统设计参数选定表 **表 3.1**

<table>
<tr><th colspan="2">设计参数</th><th></th><th>设计依据（《喷规》相应条款）</th></tr>
<tr><td colspan="2">危险等级</td><td>中危险级Ⅱ级</td><td>附录 A</td></tr>
<tr><td colspan="2">喷水强度［L/(min・m²)］</td><td>8</td><td rowspan="3">5.0.1</td></tr>
<tr><td colspan="2">作用面积（m²）</td><td>164.64>160</td></tr>
<tr><td colspan="2">最不利点处喷头最小压力 P_{min}(MPa)</td><td>0.05</td></tr>
<tr><td rowspan="2">喷头选型</td><td>顶板下</td><td>直立标准覆盖、标准响应 $K=80$</td><td rowspan="2">6.1.1</td></tr>
<tr><td>车架托板处</td><td>边墙扩展覆盖、标准响应 $K=80$</td></tr>
<tr><td colspan="2">车架侧喷喷头开放数量（个）</td><td>6</td><td>5.0.8</td></tr>
</table>

本工程自喷平面及系统图，见图 3.1-1、图 3.1-2。喷头短立管安装方式，见图 3.1-3，顶板下喷头短立管长度均按 0.85m 考虑；车架侧喷喷头短立管长度均为 1.95m（计算忽略管道坡度影响）。

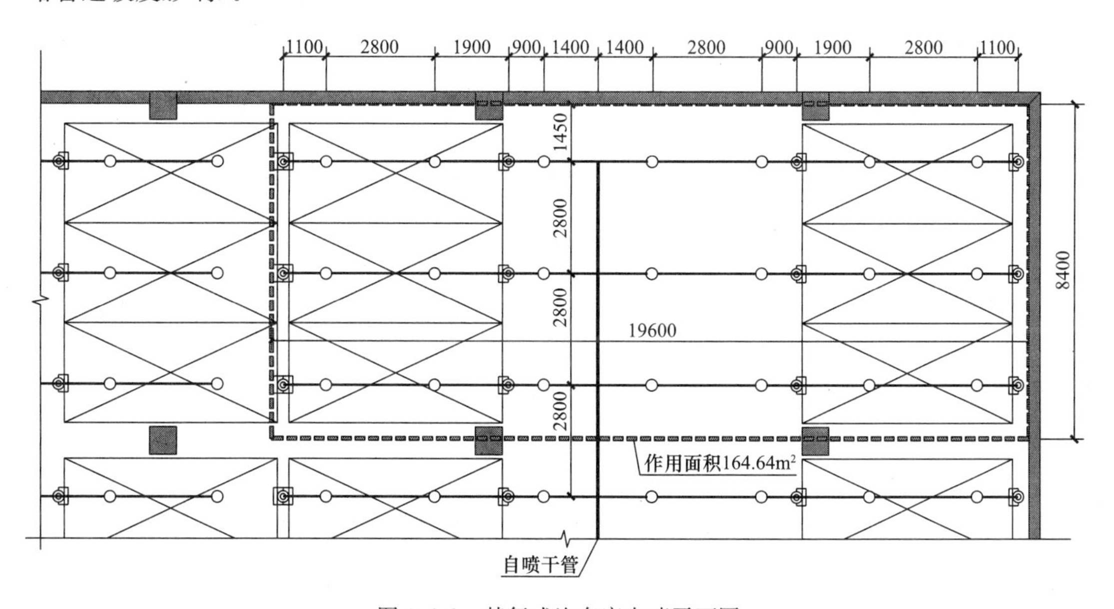

图 3.1-1 某复式汽车库自喷平面图

由图 3.1-1 可知，作用面积为 164.64m² 大于 160m²，满足《喷规》要求。

由图 3.1-3 可知，复式汽车库托架侧喷喷头，溅水面受车体高度影响。考虑车体高度通常<1.5m，即应按距溅水盘 0.3m 高度以下湿墙面选取喷射长度和宽度（并非《喷规》中要求的 1.2m），这在目前设计中经常被忽略，应加以注意。根据某 $K=80$ 边墙扩展型特性曲线，可知该喷头在压力≥0.10MPa 时满足上述要求。因此侧喷喷头在水力计算时，最不利点喷头压力按 0.10MPa 考虑。

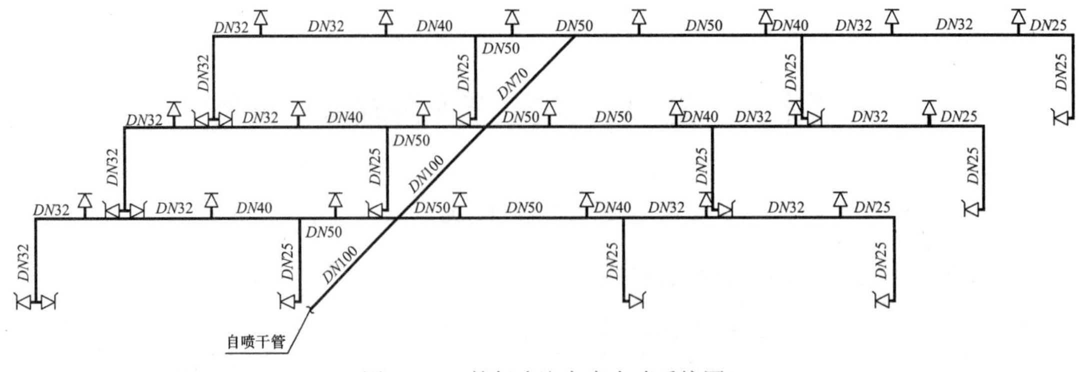

图 3.1-2　某复式汽车库自喷系统图

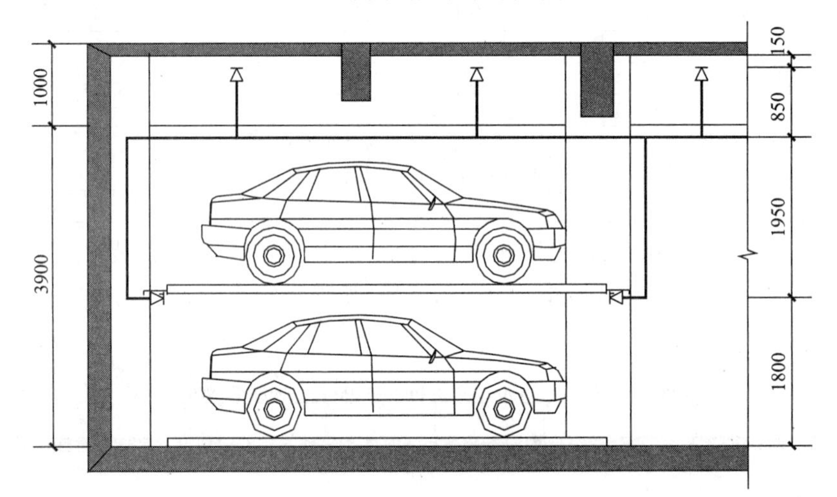

图 3.1-3　某复式汽车库喷头安装示意图

3.2　构建水力模型

虽然作用面积内共有车架侧喷喷头 15 个，但根据《喷规》第 5.0.8 条，作用面积内参与计算的侧喷喷头开放数为 6 个。根据侧喷喷头开放的位置不同，本工程的水力模型存在两种模式，需要通过分别计算，取其大值作为该工程的设计流量，两个水力模型分别如图 3.2-1 及图 3.2-2 所示。

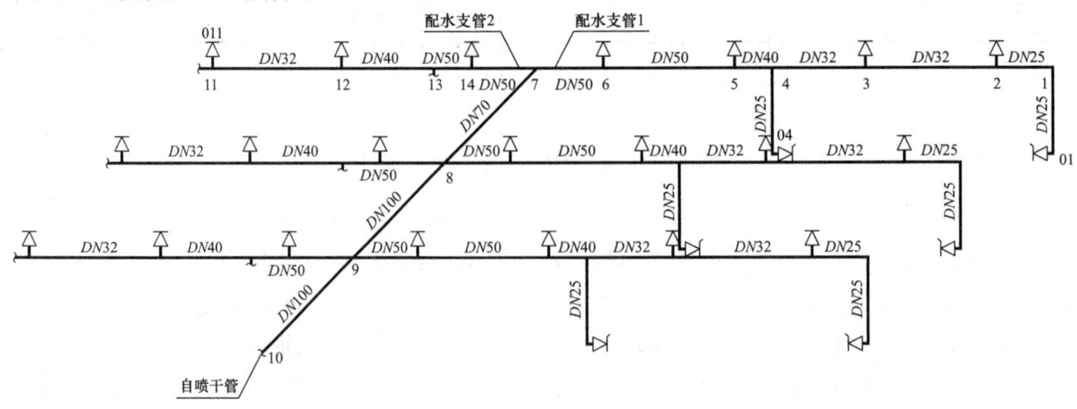

图 3.2-1　水力模型 A

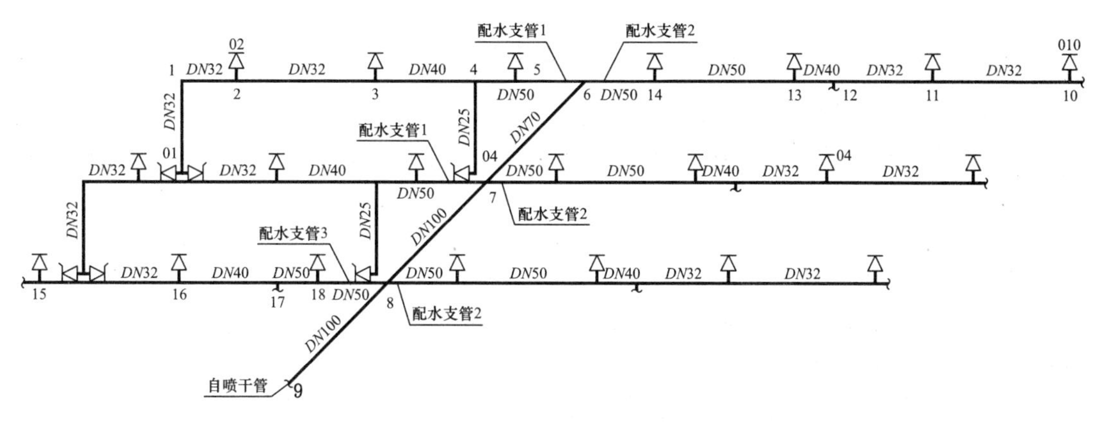

图 3.2-2　水力模型 B

3.3　水力模型 A 计算

3.3.1　喷头折算流量系数 k_s 计算

本模型由于喷头种类、数量、安装形式不同，相应喷头折算流量系数 k_s 共两个，分别为：

K_{s1} 为直立型喷头折算流量系数，$K=80$，喷头最小工作压力 0.05MPa，短立管长度 0.85m，管径 $DN25$；

K_{s2} 为单个边墙扩展型喷头折算流量系数，$K=80$，喷头最小工作压力 0.10MPa，短立管长度 1.95m，管径 $DN25$。

3.3.2　将节点 7 连接的喷头及管道看作一个混合喷头，计算该节点的流量、压力及 7 点折算流量系数 k_7。

1　以节点 01 为最不利点，计算配水支管 1 在节点 7 处的流量 q_{7-1} 及压力 P_{7-1}。

2　以节点 011 为最不利点，计算配水支管 2 在节点 7 处的流量 q_{7-2} 及压力 P_{7-2}。

3　比较 P_{7-1} 与 P_{7-2}，如果 $P_{7-1}>P_{7-2}$，则将 q_{7-2} 及 P_{7-2} 代入公式 $k_z=\dfrac{Q_z}{\sqrt{10P_z}}$，求得配水支管 2 的折算流量系数 k_{z2}。而后将 P_{7-1} 及 k_{z2} 代入上述公式，求得在 P_{7-1} 压力下 q_{7-2F}。则，节点 7 流量 $q_7=q_{7-1}+q_{7-2F}$；压力 $P_7=P_{7-1}$。

如果 $P_{7-1}<P_{7-2}$，则将 q_{7-1} 及 P_{7-1} 代入公式 $k_z=\dfrac{Q_z}{\sqrt{10P_z}}$，求得配水支管 1 的折算流量系数 k_{z1}。而后将 P_{7-2} 及 K_{z1} 代入上述公式，求得在 P_{7-2} 压力下 q_{7-1F}。则，节点 7 流量 $q_7=q_{7-1F}+q_{7-2}$；压力 $P_7=P_{7-2}$。

4　将 q_7 及 P_7 代入公式 $k_z=\dfrac{Q_z}{\sqrt{10P_z}}$，计算 7 点折算流量系数 k_7。

3.3.3　作用面积内水力计算

利用 7 点折算流量系数 k_7，对作用面积内各支管进行计算，最终求得作用面积入口处压力及系统设计流量。

3.3.4　水力模型 A 计算表，见表 3.3.4。该表计算结果如下：

作用面积入口处压力为 0.225MPa，系统设计流量为 41.09L/s。

3.4 水力模型B计算

3.4.1 喷头折算流量系数 k_s 计算

本模型由于喷头种类、数量、安装形式不同，相应喷头折算流量系数 k_s 共三个，分别为：

k_{s1} 为直立型喷头折算流量系数，$K=80$，喷头最小工作压力 0.05MPa，短立管长度 0.85m，管径 $DN25$；

k_{s2} 为单个边墙扩展型喷头折算流量系数，$K=80$，喷头最小工作压力 0.10MPa，短立管长度 1.95m，管径 $DN25$；

k_{s3} 为两个边墙扩展型喷头折算流量系数，$K=80$，喷头最小工作压力 0.10MPa，短立管长度 1.95m，管径 $DN32$。

3.4.2 将节点 6 连接的喷头及管道看作一个混合喷头，计算该节点的流量、压力及 6 点折算流量系数 k_6。

1 以节点 01 为最不利点，计算配水支管 1 在节点 6 处的流量 q_{6-1} 及压力 P_{6-1}。

2 以节点 010 为最不利点，计算配水支管 2 在节点 6 处的流量 q_{6-2} 及压力 P_{6-2}。

3 比较 P_{6-1} 与 P_{6-2}，如果 $P_{6-1}>P_{6-2}$，则将 q_{6-2} 及 P_{6-2} 代入公式 $k_z=\frac{Q_z}{\sqrt{10P_z}}$，求得配水支管 2 的折算流量系数 k_{z2}。而后将 P_{6-1} 及 k_{z2} 代入上述公式，求得在 P_{6-1} 压力下 q_{6-2F}。则，节点 6 流量 $q_6=q_{6-1}+q_{6-2F}$；压力 $P_6=P_{6-1}$。

如果 $P_{6-1}<P_{6-2}$，则将 q_{6-1} 及 P_{6-1} 代入公式 $k_z=\frac{Q_z}{\sqrt{10P_z}}$，求得配水支管 1 的折算流量系数 k_{z1}。而后将 P_{6-2} 及 k_{z1} 代入上述公式，求得在 P_{6-2} 压力下 q_{6-1F}。则，节点 6 流量 $q_6=q_{6-1F}+q_{6-2}$；压力 $P_6=P_{6-2}$。

4 将 q_6 及 P_6 代入公式 $k_z=\frac{Q_z}{\sqrt{10P_z}}$，计算 6 点折算流量系数 k_6。

3.4.3 作用面积内水力计算

利用 6 点折算流量系数 k_6，对作用面积内各支管进行计算，最终求得作用面积入口处压力及系统设计流量。

3.4.4 水力模型 B 计算表，见表 3.4.4。该表计算结果如下：

作用面积入口处压力为 0.231MPa，系统设计流量为 41.77L/s。

【案例二】 水力模型 A 计算表　　　　表 3.3.4

<table>
<tr><td colspan="12">工程概况</td></tr>
<tr><td colspan="2" rowspan="2">最不利点处作用面积（m^2）</td><td colspan="2" rowspan="2">危险等级</td><td rowspan="2">η</td><td colspan="4" rowspan="2">《喷规》中最小喷水强度［L/(min·m^2)］</td><td colspan="2">最不利点处喷头保护范围</td><td rowspan="2">《喷规》中喷头最小工作压力 P_{min}(MPa)</td></tr>
<tr><td>长度（m）</td><td>宽度（m）</td></tr>
<tr><td colspan="2">164.64</td><td colspan="2">中危险级Ⅱ级</td><td>0.85</td><td colspan="4">8</td><td>2.8</td><td>2.8</td><td>0.05</td></tr>
<tr><td colspan="8">初算最不利点处喷头流量 $q_{初}=\eta\times$喷水强度×最不利点处喷头的保护面积=53.31（L/min）</td><td colspan="3" rowspan="2">$i=6.05\times\frac{q_g^{1.85}}{C_h^{1.85}d_j^{4.87}}\times10^7$</td><td>海澄-威廉系数 C_h</td></tr>
<tr><td colspan="6">初算最不利点处喷头工作压力 $P_{初}=q_{初}^2/10K^2=0.044$（MPa）</td><td colspan="2">不采用</td><td>120</td></tr>
<tr><td colspan="2">特别提示</td><td colspan="10">当 $P_{初}\geqslant P_{min}$时，最不利点处喷头的工作压力 $P_s=P_{初}$(MPa)，流量 $q_s=q_{初}$(L/min)；
当 $P_{初}<P_{min}$时，最不利点处喷头的工作压力 $P_s=P_{min}$(MPa)，流量 $q_s=q_{min}=K\sqrt{10P_{min}}$(L/min)</td></tr>
<tr><td colspan="4">直立型喷头水力计算</td><td>短立管高差（m）</td><td>0.85</td><td colspan="3">喷头特性系数 $K=80$</td><td colspan="3">喷头折算流量系数 $k_{s1}=72.73$</td></tr>
<tr><td>管段</td><td>公称直径 DN(mm)</td><td>管道计算内径 d_j(mm)</td><td>最小工作压力 P_{s1}(MPa)</td><td>喷头流量 q_{s1}(L/min)</td><td>管段流量 q_{g1}(L/min)</td><td>管道流速 v(m/s)</td><td>水力坡降 i(kPa/m)</td><td>管道长度 L(m)</td><td>当量长度 l(m)</td><td>水头损失 h(MPa)</td><td>备注</td></tr>
<tr><td>02～2</td><td>25</td><td>27.3</td><td>0.050</td><td>56.57</td><td>56.57</td><td>1.61</td><td>1.526</td><td>0.85</td><td>0.2</td><td>0.002</td><td>DN25/DN15 变径管 1 个（0.2m）</td></tr>
<tr><td colspan="4">单个边墙扩展型喷头水力计算</td><td>短立管高差（m）</td><td>−1.95</td><td colspan="3">喷头特性系数 $K=80$</td><td colspan="3">喷头折算流量系数 $k_{s2}=85.04$</td></tr>
<tr><td>管段</td><td>公称直径 DN(mm)</td><td>管道计算内径 d_j(mm)</td><td>最小工作压力 P_{s2}(MPa)</td><td>喷头流量 q_{s2}(L/min)</td><td>管段流量 q_{g2}(L/min)</td><td>管道流速 v(m/s)</td><td>水力坡降 i(kPa/m)</td><td>管道长度 L(m)</td><td>当量长度 l(m)</td><td>水头损失 h(MPa)</td><td>备注</td></tr>
<tr><td>01～1</td><td>25</td><td>27.3</td><td>0.100</td><td>80.00</td><td>80.00</td><td>2.28</td><td>2.897</td><td>1.95</td><td>0.8</td><td>0.008</td><td>DN25/DN15 变径管 1 个（0.2m）；
DN25 弯头 1 个（0.6m）</td></tr>
<tr><td colspan="8">配水支管 1（含车架开放喷头）水力计算</td><td colspan="4">除节点 4 采用喷头折算流量系数 k_{s2}外，其余节点均采用喷头折算流量系数 k_{s1}</td></tr>
<tr><td>管段</td><td>公称直径 DN(mm)</td><td>管道计算内径 d_j(mm)</td><td>起点压力 P_i(MPa)</td><td>洒水喷头流量 q_i(L/min)</td><td>管段流量 q_g(L/min)</td><td>管道流速 v(m/s)</td><td>水力坡降 i(kPa/m)</td><td>管道长度 L(m)</td><td>当量长度 l(m)</td><td>水头损失 h(MPa)</td><td>备注</td></tr>
<tr><td>1～2</td><td>25</td><td>27.3</td><td>0.089</td><td>80.00</td><td>80.00</td><td>2.28</td><td>2.897</td><td>1.1</td><td>0.8</td><td>0.006</td><td>DN25 弯头 1 个（0.6m）；
DN32/DN25 变径管 1 个（0.2m）</td></tr>
<tr><td>2～3</td><td>32</td><td>35.4</td><td>0.095</td><td>70.89</td><td>150.89</td><td>2.56</td><td>2.643</td><td>2.8</td><td>1.8</td><td>0.012</td><td>DN32 三通 1 个（1.8m）</td></tr>
</table>

续表

管段	公称直径 DN(mm)	管道计算内径 d_j(mm)	起点压力 P_i(MPa)	洒水喷头流量 q_i(L/min)	管段流量 q_g(L/min)	管道流速 v(m/s)	水力坡降 i(kPa/m)	管道长度 L(m)	当量长度 l(m)	水头损失 h(MPa)	备注
3 ~ 4	32	35.4	0.107	75.23	226.12	3.83	5.587	1.9	2.1	0.022	*DN*32 三通 1 个（1.8m）；*DN*40/*DN*32 变径管 1 个（0.3m）
4 ~ 5	40	41.3	0.129	96.59	322.71	4.02	5.092	0.9	2.7	0.018	*DN*40 三通 1 个（2.4m）；*DN*50/*DN*40 变径管 1 个（0.3m）
5 ~ 6	50	52.7	0.147	88.18	410.89	3.14	2.429	2.8	3.0	0.014	*DN*50 三通 1 个（3.0m）
6 ~ 7	50	52.7	0.161	92.28	503.17	3.85	3.534	1.4	3.5	0.017	*DN*50 三通 1 个（3.0m）；*DN*70/*DN*50 变径管 1 个（0.5m）
7			0.178	503.17							
配水支管 2 水力计算								各节点均采用喷头折算流量系数 k_{s1}			
管段	公称直径 DN(mm)	管道计算内径 d_j(mm)	起点压力 P_i(MPa)	洒水喷头流量 q_i(L/min)	管段流量 q_g(L/min)	管道流速 v(m/s)	水力坡降 i(kPa/m)	管道长度 L(m)	当量长度 l(m)	水头损失 h(MPa)	备注
11 ~ 12	32	35.4	0.050	56.57	56.57	0.96	0.430	2.8	2.1	0.002	*DN*32 三通 1 个（1.8m）；*DN*40/*DN*32 变径管 1 个（0.3m）
12 ~ 13	40	41.3	0.052	52.44	109.01	1.36	0.684	1.9	2.7	0.003	*DN*40 三通 1 个（2.4m）；*DN*50/*DN*40 变径管 1 个（0.3m）
13 ~ 14	50	52.7	0.055	0.00	109.01	0.83	0.209	0.9	3.0	0.001	*DN*50 三通 1 个（3.0m）
14 ~ 7	50	52.7	0.056	54.42	163.43	1.25	0.441	1.4	3.5	0.002	*DN*50 三通 1 个（3.0m）；*DN*70/*DN*50 变径管 1 个（0.5m）
7			0.058	163.43							
7 节点配水支管 2 压力<配水支管 1 先求配水支管 2 折算流量系数，而后求配水支管 2 在配水支管 1 压力下流量			0.178	286.30				配水支管 2 折算流量系数 k_{z2}=214.59			
将配水支管 1、2 视为混合喷头，计算流量，确定折算流量系数 k_7			0.178	789.47				节点 7 折算流量系数 k_7=591.73			

续表

管段	公称直径 DN(mm)	管道计算内径 d_j(mm)	起点压力 P_i(MPa)	洒水喷头流量 q_i(L/min)	管段流量 q_g(L/min)	管道流速 v(m/s)	水力坡降 i(kPa/m)	管道长度 L(m)	当量长度 l(m)	水头损失 h(MPa)	备注
作用面积内水力计算											
7～8	70	68.1	0.178	789.47	789.47	3.61	2.333	2.8	5.1	0.018	$DN$70 三通 1 个（3.7m）；$DN$80/$DN$70 变径管 1 个（0.6m）；$DN$100/$DN$80 变径管 1 个（0.8m）
8～9	100	106.3	0.196	828.43	1617.90	3.04	1.006	2.8	6.1	0.009	$DN$100 四通 1 个（6.1m）
9～10	100	106.3	0.205	847.23	2465.13	4.63	2.193	2.8	6.1	0.020	$DN$100 四通 1 个（6.1m）
10			0.225	2465.13							
作用面积入口处压力＝0.225MPa					本工程系统设计流量＝2465.13L/min＝41.09L/s						
作用面积＝164.64m²					本工程喷水强度＝—L/(min・m²)						

【案例二】　水力模型 B 计算表　　　**表 3.4.4**

<table>
<tr><td colspan="12">工程概况</td></tr>
<tr><td colspan="2" rowspan="2">最不利点处作用面积（m²）</td><td colspan="2" rowspan="2">危险等级</td><td rowspan="2">η</td><td colspan="4" rowspan="2">《喷规》中最小喷水强度［L/(min・m²)］</td><td colspan="2">最不利点处喷头保护范围</td><td rowspan="2">《喷规》中喷头最小工作压力 P_{min}(MPa)</td></tr>
<tr><td>长度（m）</td><td>宽度（m）</td></tr>
<tr><td colspan="2">164.64</td><td colspan="2">中危险级Ⅱ级</td><td>0.85</td><td colspan="4">8</td><td>2.8</td><td>2.8</td><td>0.05</td></tr>
<tr><td colspan="8">初算最不利点处喷头流量 $q_{初}=\eta\times$喷水强度×最不利点处喷头的保护面积＝53.31L/min</td><td colspan="3" rowspan="2">$i=6.05\times\frac{q_g^{1.85}}{C_h^{1.85}d_j^{4.87}}\times10^7$</td><td>海澄-威廉系数 C_h</td></tr>
<tr><td colspan="6">初算最不利点处喷头工作压力 $P_{初}=q_{初}^2/10K^2=0.044$MPa</td><td colspan="2">不采用</td><td>120</td></tr>
<tr><td colspan="2">特别提示</td><td colspan="10">当 $P_{初}\geqslant P_{min}$时，最不利点处喷头的工作压力 $P_s=P_{初}$(MPa)，流量 $q_s=q_{初}$(L/min)；
当 $P_{初}<P_{min}$时，最不利点处喷头的工作压力 $P_s=P_{min}$(MPa)，流量 $q_s=q_{min}=K\sqrt{10P_{min}}$（L/min）</td></tr>
<tr><td colspan="4">直立型喷头水力计算</td><td>短立管高差（m）</td><td>0.85</td><td colspan="3">喷头特性系数 $K=80$</td><td colspan="3">喷头折算流量系数 $k_{s1}=72.73$</td></tr>
<tr><td>管段</td><td>公称直径 DN(mm)</td><td>管道计算内径 d_j(mm)</td><td>最小工作压力 P_{s1}(MPa)</td><td>喷头流量 q_{s1}(L/min)</td><td>管段流量 q_{g1}(L/min)</td><td>管道流速 v(m/s)</td><td>水力坡降 i(kPa/m)</td><td>管道长度 L(m)</td><td>当量长度 l(m)</td><td>水头损失 h(MPa)</td><td>备注</td></tr>
<tr><td>0～1</td><td>25</td><td>27.3</td><td>0.050</td><td>56.57</td><td>56.57</td><td>1.61</td><td>1.526</td><td>0.85</td><td>0.2</td><td>0.002</td><td>$DN$25/$DN$15 变径管 1 个（0.2m）</td></tr>
</table>

续表

单个边墙扩展型喷头水力计算				短立管高差（m）	−1.95	喷头特性系数 K= 80			喷头折算流量系数 k_{s2}=85.04		
管段	公称直径 DN(mm)	管道计算内径 d_j(mm)	最小工作压力 P_{s2}(MPa)	喷头流量 q_{s2}(L/min)	管段流量 q_{g2}(L/min)	管道流速 v(m/s)	水力坡降 i(kPa/m)	管道长度 L(m)	当量长度 l(m)	水头损失 h(MPa)	备注
0～1	25	27.3	0.100	80.00	80.00	2.28	2.897	1.95	0.8	0.008	$DN$25/$DN$15 变径管 1 个（0.2m）；$DN$25 弯头 1 个（0.6m）
两个边墙扩展型喷头水力计算				短立管高差（m）	−1.95	喷头特性系数 K=80			喷头折算流量系数 k_{s3}=83.18		
管段	公称直径 DN(mm)	管道计算内径 d_j(mm)	最小工作压力 P_{s2}(MPa)	喷头流量 q_{s2}(L/min)	管段流量 q_{g2}(L/min)	管道流速 v(m/s)	水力坡降 i(kPa/m)	管道长度 L(m)	当量长度 l(m)	水头损失 h(MPa)	备注
0～1	32	35.4	0.100	80.00	160.00	2.71	2.946	1.95	2.1	0.012	$DN$32/$DN$15 变径管 1 个（0.3m）；$DN$32 三通 1 个（1.8m）
配水支管 1（含车架开放喷头）水力计算								除节点 4 采用喷头折算流量系数 k_{s2}外，其余节点均采用喷头折算流量系数 k_{s1}			
管段	公称直径 DN(mm)	管道计算内径 d_j(mm)	起点压力 P_i(MPa)	洒水喷头流量 q_i(L/min)	管段流量 q_g(L/min)	管道流速 v(m/s)	水力坡降 i(kPa/m)	管道长度 L(m)	当量长度 l(m)	水头损失 h(MPa)	备注
1～2	32	35.4	0.093	160.00	160.00	2.71	2.946	1.1	0.9	0.006	$DN$32 弯头 1 个（0.9m）
2～3	32	35.4	0.099	72.36	232.36	3.94	5.875	2.8	2.1	0.029	$DN$32 三通 1 个（1.8m）；$DN$40/$DN$32 变径管 1 个（0.3m）
3～4	40	41.3	0.128	82.28	314.64	3.92	4.859	1.9	2.7	0.022	$DN$40 三通 1 个（2.4m）；$DN$50/$DN$40 变径管 1 个（0.3m）
4～5	50	52.7	0.150	104.15	418.79	3.20	2.516	0.9	3.0	0.010	$DN$50 三通 1 个（3.0m）
5～6	50	52.7	0.160	91.99	510.78	3.90	3.633	1.4	3.5	0.018	$DN$50 三通 1 个（3.0m）；$DN$70/$DN$50 变径管 1 个（0.5m）
6			0.178	510.78							

续表

配水支管 2 水力计算								各节点均采用喷头折算流量系数 k_{s1}			
管段	公称直径 DN(mm)	管道计算内径 d_j(mm)	起点压力 P_i(MPa)	洒水喷头流量 q_i(L/min)	管段流量 q_g(L/min)	管道流速 v(m/s)	水力坡降 i(kPa/m)	管道长度 L(m)	当量长度 l(m)	水头损失 h(MPa)	备注
10～11	32	35.4	0.050	56.57	56.57	0.96	0.430	2.8	1.8	0.002	$DN$32 三通 1 个（1.8m）
11～12	32	35.4	0.052	52.44	109.01	1.85	1.449	1.9	2.1	0.006	$DN$32 三通 1 个（1.8m）；$DN$40/$DN$32 变径管 1 个（0.3m）
12～13	40	41.3	0.058	0.00	109.01	1.36	0.684	0.9	2.7	0.002	$DN$40 三通 1 个（2.4m）；$DN$50/$DN$40 变径管 1 个（0.3m）
13～14	50	52.7	0.060	56.33	165.34	1.26	0.451	2.8	3.0	0.003	$DN$50 三通 1 个（3.0m）
14～6	50	52.7	0.063	57.73	223.07	1.71	0.785	1.4	3.5	0.004	$DN$50 三通 1 个（3.0m）；$DN$70/$DN$50 变径管 1 个（0.5m）
6			0.067	223.07							
6 节点配水支管 2 压力<配水支管 1 先求配水支管 2 折算流量系数，而后求配水支管 2 在配水支管 1 压力下流量			0.178	363.59				配水支管 2 折算流量系数 k_{z2}=272.52			
将配水支管 1、2 视为混合喷头，计算流量，确定折算系数 k_6			0.178	874.37				节点 6 折算流量系数 k_6=655.37			
配水支管 3 水力计算								各节点均采用喷头折算流量系数 k_{s1}			
管段	公称直径 DN(mm)	管道计算内径 d_j(mm)	起点压力 P_i(MPa)	洒水喷头流量 q_i(L/min)	管段流量 q_g(L/min)	管道流速 v(m/s)	水力坡降 i(kPa/m)	管道长度 L(m)	当量长度 l(m)	水头损失 h(MPa)	备注
15～16	32	35.4	0.050	56.57	56.57	0.96	0.430	2.8	1.8	0.002	$DN$32 三通 1 个（1.8m）
16～17	40	41.3	0.052	52.44	109.01	1.36	0.684	1.9	2.1	0.003	$DN$32 三通 1 个（1.8m）；$DN$40/$DN$32 变径管 1 个（0.3m）
17～18	50	52.7	0.055	0.00	109.01	0.83	0.209	0.9	2.7	0.001	$DN$40 三通 1 个（2.4m）；$DN$50/$DN$40 变径管 1 个（0.3m）

续表

管段	公称直径 DN(mm)	管道计算内径 d_j(mm)	起点压力 P_i(MPa)	洒水喷头流量 q_i(L/min)	管段流量 q_g(L/min)	管道流速 v(m/s)	水力坡降 i(kPa/m)	管道长度 L(m)	当量长度 l(m)	水头损失 h(MPa)	备注
18～8	50	52.7	0.056	54.42	163.43	1.25	0.441	2.8	3.0	0.003	$DN$50 三通 1 个（3.0m）
8			0.059	163.43							
8 节点配水支管 3 压力<配水支管 2 先求配水支管 3 折算流量系数，而后求配水支管 3 在配水支管 2 压力下流量			0.067	174.16				配水支管 3 折算流量系数 k_{z3}=272.52			
将配水支管 2、3 视为混合喷头，计算流量，确定折算流量系数 k_8			0.067	397.23				节点 8 折算流量系数 k_8=655.37			

作用面积内水力计算

管段	公称直径 DN(mm)	管道计算内径 d_j(mm)	起点压力 P_i(MPa)	洒水喷头流量 q_i(L/min)	管段流量 q_g(L/min)	管道流速 v(m/s)	水力坡降 i(kPa/m)	管道长度 L(m)	当量长度 l(m)	水头损失 h(MPa)	备注
6～7	70	68.1	0.178	874.37	874.37	4.00	2.818	2.8	5.1	0.022	$DN$70 三通 1 个（3.7m）； $DN$80/$DN$70 变径管 1 个（0.6m）； $DN$100/$DN$80 变径管 1 个（0.8m）
7～8	100	106.3	0.200	926.83	1801.20	3.38	1.227	2.8	6.1	0.011	$DN$100 四通 1 个（6.1m）
8～9	100	106.3	0.211	704.93	2506.13	4.71	2.261	2.8	6.1	0.020	$DN$100 四通 1 个（6.1m）
9			0.231	2506.13							
作用面积入口处压力=0.231(MPa)					本工程系统设计流量=2506.13(L/min)=41.77(L/s)						
作用面积=164.64(m^2)					本工程喷水强度=－［L/(min·m^2)］						

3.5　总结与思考

表 3.3.4 和表 3.4.4 对比数据，见表 3.5。

某复式汽车库湿式自喷系统水力计算结果对比表　　　　**表 3.5**

模型种类	作用面积入口处压力（MPa）	系统设计流量（L/s）
水力模型 A	0.225	41.09
水力模型 B	0.231	41.77

由于水力模型 B 计算结果大于水力模型 A，说明水力模型 B 选取的最不利点处喷头位置是正确的。因此应选用水力模型 B 为本工程最终计算模型，其计算结果作为本工程的设计参数，即作用面积入口处压力为 0.231MPa；系统设计流量为 41.77L/s。

在实际工程设计中，作用面积内的各支管喷头类型、布置形式、数量往往均不相同。本案例详细讲解了这一类工程的计算方法，以便设计人员熟练掌握。

同时，本案例通过两种计算模型的对比，说明正确选择最不利点处喷头对系统流量和压力的影响。在工程设计中，当喷头类型不同、安装高度差异较大时，须综合判断选择最不利点处喷头，并加以验算，才能确保最终计算值的准确性。

4 【案例三】 某货架仓库湿式系统案例

4.1 工程概况

某常温高架库，储存货物为家用电器，其最大储物高度为10.5m；最大净空高度为12.2m，摆放方式为双排货架。货架共7层，每层货架高度均为1.5m。

根据《喷规》第5.0.4、5.0.5、5.0.8条，该仓库自喷系统可以采用两种布置形式，即：

(1) 顶板下设置标准覆盖型喷头＋货架内置喷头；

(2) 顶板下设置早期抑制快速响应喷头，货架内部不设置喷头。

本章将分别对两种布置形式进行水力计算。

4.2 “顶板下设置标准覆盖型喷头＋货架内置喷头”方式水力计算

4.2.1 “顶板下设置标准覆盖型喷头＋货架内置喷头”的仓库自喷系统，其设计水量应为顶板下喷头水量与货架内喷头水量之和。

4.2.2 该布置方式的设计参数选定，见表4.2.2。

“顶板下设置标准覆盖型喷头＋货架内置喷头”布置方式的设计参数选定表　表4.2.2

设计参数		设计依据（《喷规》相应条款）
危险等级	仓库危险级Ⅱ级	附录A
喷水强度［L/(min·m^2)］	20	5.0.4小注
作用面积（m^2）	206.4＞200	
最不利点处喷头最小压力P_{min}(MPa)	—	无明确要求，根据计算确定
顶板下喷头选型	标准覆盖、标准响应$K=115$	7.1.2
货架内置喷头选型	标准覆盖、标准响应$K=115$	5.0.8
货架内置喷头最小工作压力（MPa）	0.1	
货架内置喷头开放数量（个）	14（顶部两层，每层7个）	

顶板下喷头布置、连管以及作用面积区域确定，见图4.2.2-1。

货架内置喷头布置及连管，见图4.2.2-2及图4.2.2-3。根据《喷规》第5.0.8条，本工程货架内置喷头设置在第2、4、6层货架顶部，且第2、4、6层顶部层板应为封闭层板；第1、3、5层顶部层板应采用通透部分面积不应小于层板总面积的50%的通透层板。货架内开放喷头数按14个考虑，即第4、6层货架内喷头分别开放7个计算流量，且货架内置喷头各层交错布置，且与顶板上喷头亦交错布置。

货架内各层喷头配水支管存在较大的几何高差。为了降低系统设计流量，减少工程造价，在货架内各层配水支管与立管交汇处设置减压孔板。经减压孔板减压后的压力，满足该层配水支管最不利点处喷头最小工作压力要求即可。本工程顶部两层货架开放喷头数相同，配管相同，管道长度略有不同，减压孔板减压后配水支管压力相近，可视为两层配水支管的流量相同，因此也简化了计算，只需计算一根配水支管，而后流量叠加即可求得货架内置喷头设计流量。

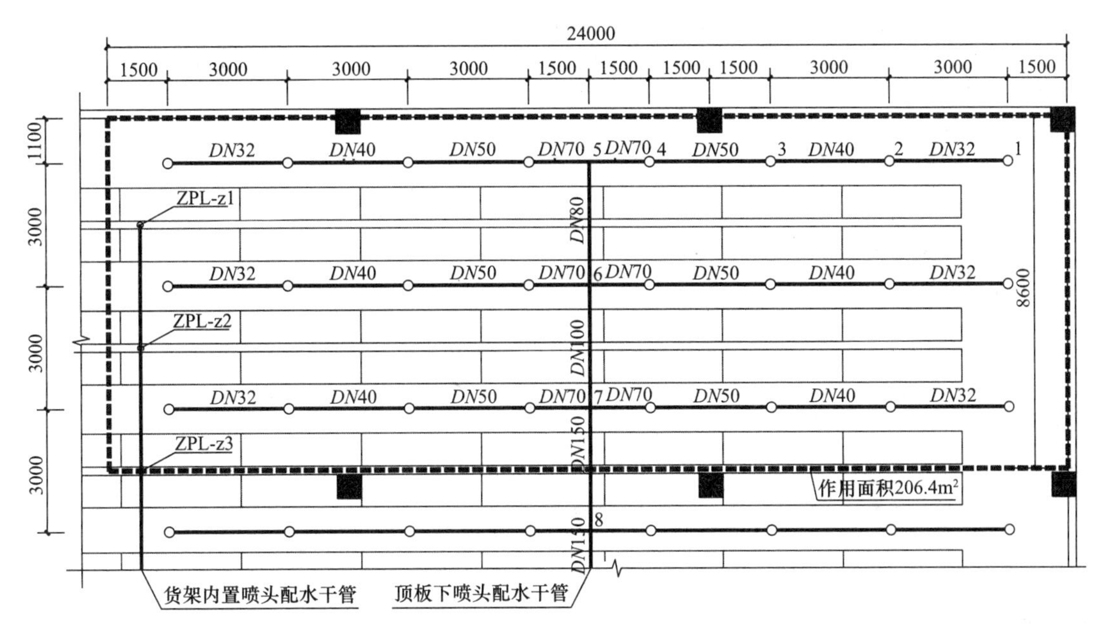

图 4.2.2-1 顶部自喷平面图（顶板下喷头＋货架内置喷头方式）

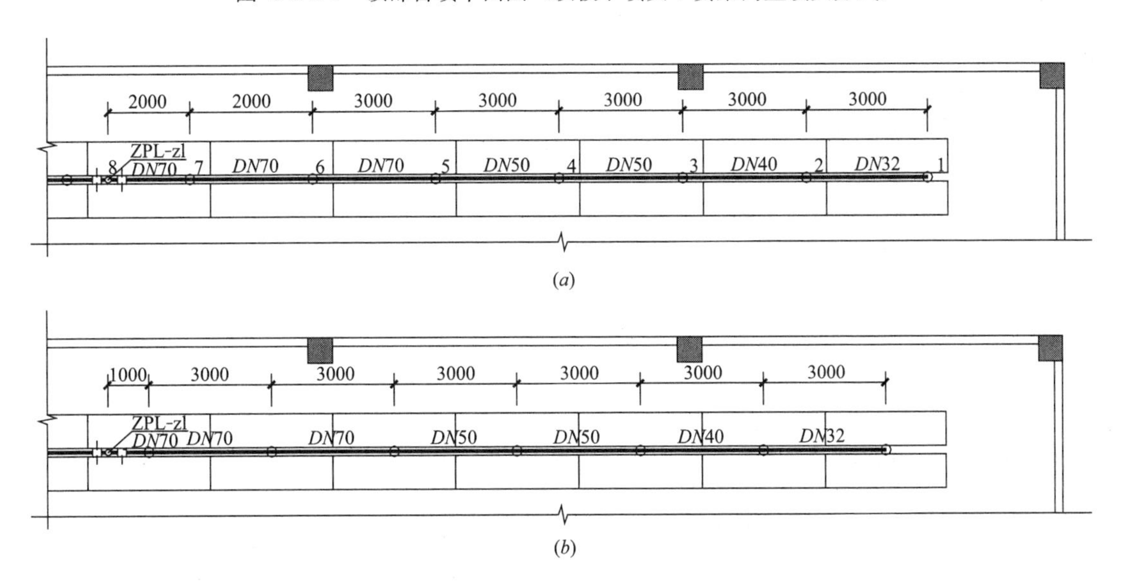

图 4.2.2-2 货架内置喷头平面图

（*a*）2、6 层货架内置喷头平面图；（*b*）4 层货架内置喷头平面图

4.2.3 顶板下喷头水力计算

顶板下喷头采用 K＝115 标准覆盖型喷头，喷头短立管安装方式应采用图 1.4.1（*a*），短立管长度均按 0.8m 考虑（计算忽略管道坡度影响）。

水力计算见表 4.2.3，计算结果如下：作用面积入口处压力为 0.421MPa，顶板下喷头流量为 79.96L/s，喷水强度为 23.24L/(min·m²)。

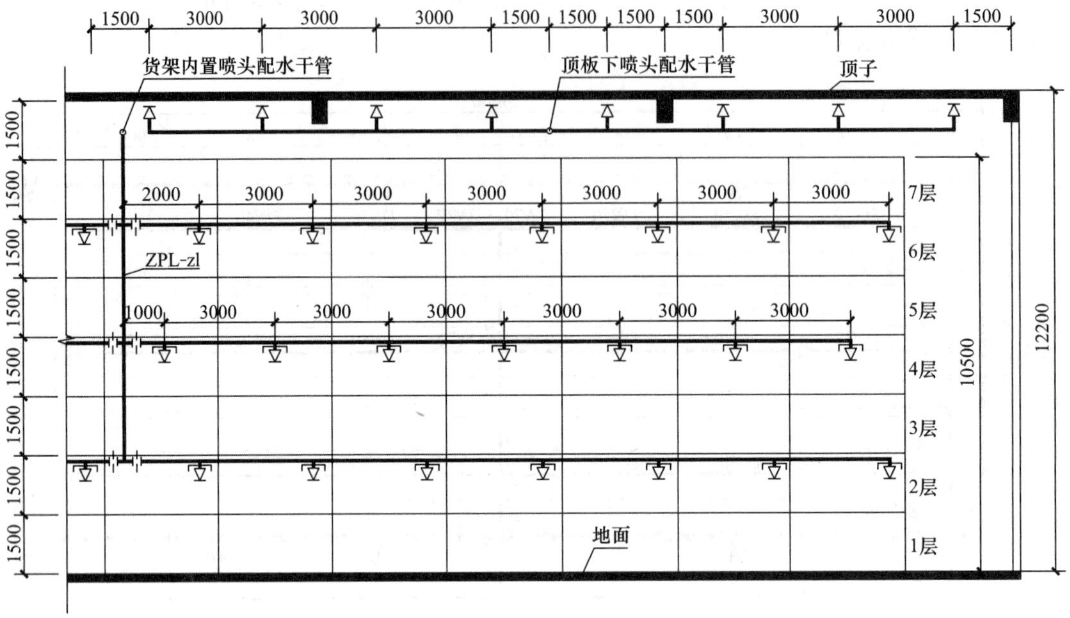

图 4.2.2-3　自喷剖面图（顶板下喷头＋货架内置喷头方式）

4.2.4　货架内置喷头水力计算

1　货架内置喷头采用 K=115 标准覆盖型喷头，喷头短立管安装方式应采用图 1.4.1（c），短立管长度均按 0.2m 考虑（计算忽略管道坡度影响）。

2　货架内置喷头配水支管与立管交汇处设置减压孔板，减压孔板后（靠近末端处）压力满足 7 个货架内置喷头开放时的水压要求。

3　最顶层货架内置喷头水力计算见表 4.2.4，计算结果如下：减压孔板后压力为 0.198MPa，最顶层货架内置喷头流量为 15.64L/s。

4　根据《喷规》要求，本工程开放顶部两层货架内置喷头 14 个，每层各 7 个。如前所述，货架内置喷头配水支管上均设有减压孔板，减压孔板后压力为 0.198MPa。因此，货架内置喷头总流量为 31.28L/s。

4.2.5　系统总设计流量

系统总设计流量为顶板下喷头流量＋货架内置喷头流量＝79.96＋15.64×2＝111.24L/s，作用面积入口处压力为 0.421MPa，减压孔板后压力为 0.198MPa。

4.3 "顶板下设置早期抑制快速响应喷头（ESFR 喷头）"方式水力计算

4.3.1　"顶板下设置早期抑制快速响应喷头（ESFR 喷头）"布置方式的设计参数选定，见表 4.3.1。

顶板下 ESFR 喷头布置、连管以及作用面积区域确定，见图 4.3.1-1 及图 4.3.1-2。

K=363 的 ESFR 喷头仅有下垂型，因此喷头短立管安装方式应采用图 1.4.1（b）。

4.3.2　顶板下 ESFR 喷头水力计算见表 4.3.2，计算结果如下：作用面积入口处压力为 0.459MPa，系统设计流量为 141.72L/s。

【案例三】　顶板下喷头水力计算表　　　　**表 4.2.3**

<table>
<tr><td colspan="12">工程概况</td></tr>
<tr><td colspan="2" rowspan="2">最不利点处作用面积（m^2）</td><td colspan="2" rowspan="2">危险等级</td><td rowspan="2">η</td><td colspan="3" rowspan="2">《喷规》中最小喷水强度[$L/(min \cdot m^2)$]</td><td rowspan="2">短立管高差（m）</td><td colspan="2">最不利点处喷头保护范围</td><td rowspan="2">《喷规》中喷头最小工作压力 P_{min}（MPa）</td></tr>
<tr><td>长度（m）</td><td>宽度（m）</td></tr>
<tr><td colspan="2">206.4</td><td colspan="2">仓库危险级Ⅱ级</td><td>1.00</td><td colspan="3">20</td><td>0.8</td><td>3.0</td><td>3.0</td><td>—</td></tr>
<tr><td colspan="8">初算最不利点处喷头流量 $q_{初}=\eta\times$喷水强度×最不利点处喷头的保护面积=180.00(L/min)</td><td colspan="3" rowspan="2">$i=6.05\times\frac{q_g^{1.85}}{C_h^{1.85}d_j^{4.87}}\times10^7$</td><td>海澄-威廉系数 C_h</td></tr>
<tr><td colspan="6">初算最不利点处喷头工作压力 $P_{初}=q_{初}^2/10K^2=0.245$(MPa)</td><td colspan="2">采用</td><td>120</td></tr>
<tr><td colspan="2">特别提示</td><td colspan="10">当 $P_{初}\geqslant P_{min}$时，最不利点处喷头的工作压力 $P_s=P_{初}$(MPa)，流量 $q_s=q_{初}$(L/min)；
当 $P_{初}<P_{min}$时，最不利点处喷头的工作压力 $P_s=P_{min}$(MPa)，流量 $q_s=q_{min}=K\sqrt{10P_{min}}$(L/min)</td></tr>
<tr><td colspan="9">最不利点处喷头短立管水力计算</td><td colspan="3">喷头特性系数 $K=115$</td></tr>
<tr><td>管段</td><td>公称直径 DN(mm)</td><td>管道计算内径 d_j(mm)</td><td>最不利点工作压力 P_i(MPa)</td><td>最不利点喷头流量 q_i(L/min)</td><td>管段流量 q_g(L/min)</td><td>管道流速 v(m/s)</td><td>水力坡降 i(kPa/m)</td><td>管道长度 L(m)</td><td>当量长度 l(m)</td><td>水头损失 h(MPa)</td><td>备注</td></tr>
<tr><td>0 ~ 1</td><td>32</td><td>35.4</td><td>0.245</td><td>180.00</td><td>180.00</td><td>3.05</td><td>3.663</td><td>0.8</td><td>0.3</td><td>0.004</td><td>$DN$32/$DN$20 变径管 1 个（0.3m）</td></tr>
<tr><td colspan="9">配水支管水力计算</td><td colspan="3">喷头折算流量系数 $k_s=112.28$</td></tr>
<tr><td>管段</td><td>公称直径 DN(mm)</td><td>管道计算内径 d_j(mm)</td><td>起点压力 P_i(MPa)</td><td>洒水喷头流量 q_i(L/min)</td><td>管段流量 q_g(L/min)</td><td>管道流速 v(m/s)</td><td>水力坡降 i(kPa/m)</td><td>管道长度 L(m)</td><td>当量长度 l(m)</td><td>水头损失 h(MPa)</td><td>备注</td></tr>
<tr><td>1 ~ 2</td><td>32</td><td>35.4</td><td>0.257</td><td>180.00</td><td>180.00</td><td>3.05</td><td>3.663</td><td>3.0</td><td>1.2</td><td>0.015</td><td>$DN$32 弯头 1 个（0.9m）；
$DN$40/$DN$32 变径管 1 个（0.3m）</td></tr>
<tr><td>2 ~ 3</td><td>40</td><td>41.3</td><td>0.272</td><td>185.18</td><td>365.18</td><td>4.55</td><td>6.401</td><td>3.0</td><td>2.7</td><td>0.036</td><td>$DN$40 三通 1 个（2.4m）；
$DN$50/$DN$40 变径管 1 个（0.3m）</td></tr>
<tr><td>3 ~ 4</td><td>50</td><td>52.7</td><td>0.308</td><td>197.05</td><td>562.23</td><td>4.30</td><td>4.339</td><td>3.0</td><td>3.5</td><td>0.028</td><td>$DN$50 三通 1 个（3.0m）；
$DN$70/$DN$50 变径管 1 个（0.5m）</td></tr>
<tr><td>4 ~ 5</td><td>70</td><td>68.1</td><td>0.336</td><td>205.81</td><td>768.04</td><td>3.52</td><td>2.217</td><td>1.5</td><td>4.3</td><td>0.013</td><td>$DN$70 三通 1 个（3.7m）；
$DN$80/$DN$70 变径管 1 个（0.6m）</td></tr>
</table>

续表

管段	公称直径 DN(mm)	管道计算内径 d_j(mm)	起点压力 P_i(MPa)	洒水喷头流量 q_i(L/min)	管段流量 q_g(L/min)	管道流速 v(m/s)	水力坡降 i(kPa/m)	管道长度 L(m)	当量长度 l(m)	水头损失 h(MPa)	备注
5			0.349	1536.08							
作用面积内水力计算								支管折算流量系数 k_z=822.24			
管段	公称直径 DN(mm)	管道计算内径 d_j(mm)	起点压力 P_i(MPa)	洒水喷头流量 q_i(L/min)	管段流量 q_g(L/min)	管道流速 v(m/s)	水力坡降 i(kPa/m)	管道长度 L(m)	当量长度 l(m)	水头损失 h(MPa)	备注
5～6	80	80.9	0.349	1536.08	1536.08	4.98	3.455	3.0	5.4	0.029	$DN$80 三通 1 个（4.6m）；$DN$100/$DN$80 变径管 1 个（0.8m）
6～7	100	106.3	0.378	1598.63	3134.71	5.89	3.420	3.0	6.1	0.031	$DN$100 四通 1 个（6.1m）
7～8	150	156.1	0.409	1662.89	4797.60	4.18	1.157	3.0	7.75	0.012	$DN$100 四通 1 个（6.1m）；$DN$150/$DN$100 变径管 1 个（1.65m）
8			0.421	4797.60							
作用面积入口处压力=0.421（MPa）					顶板下喷头流量为=4797.60(L/min)=79.96(L/s)						
作用面积=206.4(m^2)					本工程顶板下喷水强度=23.24[L/(min·m^2)]						

【案例三】 货架内置喷头水力计算表 **表 4.2.4**

工程概况							
最不利点处作用面积(m^2)	危险等级	η	《喷规》中最小喷水强度[L/(min·m^2)]	短立管高差（m）	最不利点处喷头保护范围 长度（m）	最不利点处喷头保护范围 宽度（m）	《喷规》中喷头最小工作压力 P_{min}(MPa)
—	仓库危险级Ⅱ级	1.00		−0.2	3.0	3.0	0.1
初算最不利点处喷头流量 $q_{初}=\eta$×喷水强度×最不利点处喷头的保护面积=0.00（L/min）				$i=6.05\times\dfrac{q_g^{1.85}}{C_h^{1.85}d_j^{4.87}}\times10^7$			海澄-威廉系数 C_h
初算最不利点处喷头工作压力 $P_{初}=q_{初}^2/10K^2=0.000$(MPa)			不采用				120
特别提示	当 $P_{初}\geqslant P_{min}$时，最不利点处喷头的工作压力 $P_s=P_{初}$(MPa)，流量 $q_s=q_{初}$(L/min)； 当 $P_{初}<P_{min}$时，最不利点处喷头的工作压力 $P_s=P_{min}$(MPa)，流量 $q_s=q_{min}=K\sqrt{10P_{min}}$(L/min)						

续表

最不利点处喷头短立管水力计算									喷头特性系数 $K=115$		
管段	公称直径 DN(mm)	管道计算内径 d_j(mm)	最不利点工作压力 P_i(MPa)	最不利点处喷头流量 q_i(L/min)	管段流量 q_g(L/min)	管道流速 v(m/s)	水力坡降 i(kPa/m)	管道长度 L(m)	当量长度 l(m)	水头损失 h(MPa)	备注
0～1	32	35.4	0.100	115.00	115.00	1.95	1.599	0.2	0.2	0.001	$DN$32/$DN$25 变径管 1 个（0.2m）
配水支管水力计算									喷头折算流量系数 $k_s=115.00$		
管段	公称直径 DN(mm)	管道计算内径 d_j(mm)	起点压力 P_i(MPa)	洒水喷头流量 q_i(L/min)	管段流量 q_g(L/min)	管道流速 v(m/s)	水力坡降 i(kPa/m)	管道长度 L(m)	当量长度 l(m)	水头损失 h(MPa)	备注
1～2	32	35.4	0.099	115.00	115.00	1.95	1.599	3.0	1.2	0.007	$DN$32 弯头 1 个（0.9m）； $DN$40/$DN$32 变径管 1 个（0.3m）
2～3	40	41.3	0.106	118.40	233.40	2.91	2.796	3.0	2.7	0.016	$DN$40 三通 1 个（2.4m）； $DN$50/$DN$40 变径管 1 个（0.3m）
3～4	50	52.7	0.122	127.02	360.42	2.76	1.906	3.0	3.0	0.011	$DN$50 三通 1 个（3.0m）
4～5	50	52.7	0.133	132.62	493.04	3.77	3.403	3.0	3.5	0.022	$DN$50 三通 1 个（3.0m）； $DN$70/$DN$50 变径管 1 个（0.5m）
5～6	70	68.1	0.155	143.17	636.21	2.91	1.565	3.0	3.7	0.010	$DN$70 三通 1 个（3.7m）
6～7	70	68.1	0.165	147.72	783.93	3.59	2.303	3.0	3.7	0.015	$DN$70 三通 1 个（3.7m）
7～8	70	68.1	0.180	154.29	938.22	4.30	3.211	2.0	3.7	0.018	$DN$70 三通 1 个（3.7m）
8			0.198	938.22							
减压孔板后压力=0.198 （MPa）					一层货架内置喷头流量=938.22(L/min)=15.64(L/s)						
计入系统流量货架喷头层数=2 层					系统设计流量（顶板下喷头+货架内置喷头）=6674.04(L/min)=111.23(L/s)						

"顶板下设置早期抑制快速响应喷头（ESFR 喷头）"布置方式的设计参数选定表　表 4.3.1

设计参数		设计依据（《喷规》相应条款）
危险等级	仓库危险级Ⅱ级	附录 A
作用面积内开放喷头数（个）	12	5.0.5
最不利点处喷头最小压力 P_{min}（MPa）	0.35	
顶板下喷头选型	ESFR 喷头 K=363（下垂型）	

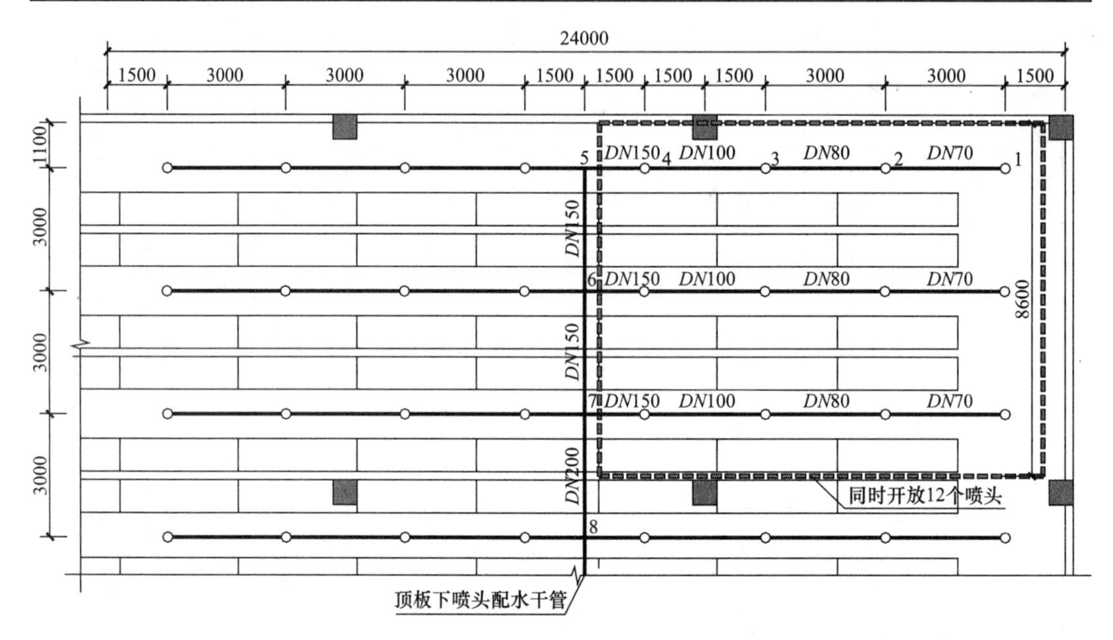

图 4.3.1-1　顶部自喷平面图（顶板下 ESFR 喷头方式）

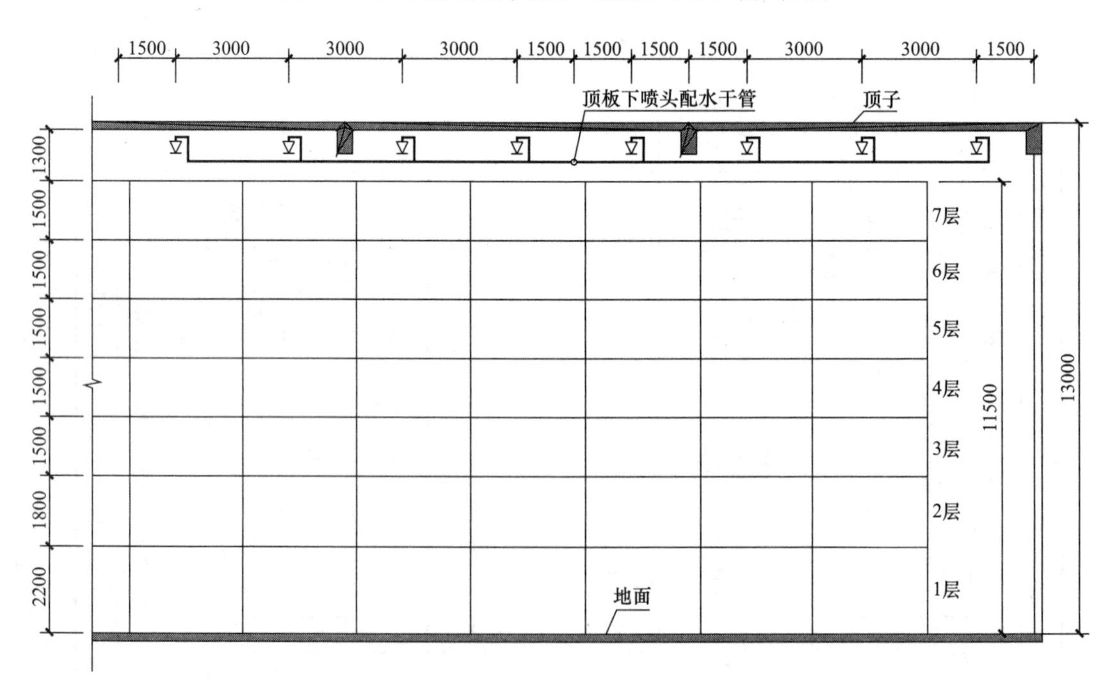

图 4.3.1-2　自喷剖面图（顶板下 ESFR 喷头方式）

【案例三】 顶板下 ESFR 喷头水力计算表 **表 4.3.2**

<table>
<tr><td colspan="12">工程概况</td></tr>
<tr><td colspan="2" rowspan="2">最不利点处作用面积开放喷头数（个）</td><td colspan="2" rowspan="2">危险等级</td><td rowspan="2">η</td><td colspan="3" rowspan="2">《喷规》中最小喷水强度 [L/(min·m²)]</td><td rowspan="2">短立管高差（m）</td><td colspan="2">最不利点处喷头保护范围</td><td rowspan="2">《喷规》中喷头最小工作压力 P_{min}（MPa）</td></tr>
<tr><td>长度（m）</td><td>宽度（m）</td></tr>
<tr><td colspan="2">12</td><td colspan="2">仓库危险级Ⅱ级</td><td>1.00</td><td colspan="3">—</td><td>0.8</td><td>2.9</td><td>2.9</td><td>0.35</td></tr>
<tr><td colspan="8">初算最不利点处喷头流量 $q_{初}=\eta\times$喷水强度×最不利点处喷头的保护面积＝0.00(L/min)</td><td colspan="3" rowspan="2">$i=6.05\times\dfrac{q_g^{1.85}}{C_h^{1.85}d_j^{4.87}}\times10^7$</td><td>海澄-威廉系数 C_h</td></tr>
<tr><td colspan="5">初算最不利点处喷头工作压力 $P_{初}=q_{初}^2/10K^2=0.000$(MPa)</td><td colspan="3">不采用</td><td>120</td></tr>
<tr><td colspan="2">特别提示</td><td colspan="10">当 $P_{初}\geqslant P_{min}$时，最不利点处喷头的工作压力 $P_s=P_{初}$(MPa)，流量 $q_s=q_{初}$(L/min)；
当 $P_{初}<P_{min}$时，最不利点处喷头的工作压力 $P_s=P_{min}$(MPa)，流量 $q_s=q_{min}=K\sqrt{10P_{min}}$(L/min)</td></tr>
<tr><td colspan="9">最不利点处喷头短立管水力计算</td><td colspan="3">喷头特性流量系数 $K=363$</td></tr>
<tr><td>管段</td><td>公称直径 DN(mm)</td><td>管道计算内径 d_j(mm)</td><td>最不利点工作压力 P_i(MPa)</td><td>最不利点处喷头流量 q_i(L/min)</td><td>管段流量 q_g(L/min)</td><td>管道流速 v(m/s)</td><td>水力坡降 i(kPa/m)</td><td>管道长度 L(m)</td><td>当量长度 l(m)</td><td>水头损失 h(MPa)</td><td>备注</td></tr>
<tr><td>0 ～ 1</td><td>70</td><td>68.1</td><td>0.350</td><td>679.11</td><td>679.11</td><td>3.11</td><td>1.766</td><td>1.3</td><td>3.15</td><td>0.008</td><td>$DN$25 弯头 1 个（0.6m）；
$DN$40/$DN$25 变径管 1 个（0.3m）；
$DN$70/$DN$40 变径管 1 个（0.45m）；
$DN$70 弯头 1 个（1.8m）</td></tr>
<tr><td colspan="9">配水支管水力计算</td><td colspan="3">喷头折算流量系数 $k_s=354.98$</td></tr>
<tr><td>管段</td><td>公称直径 DN(mm)</td><td>管道计算内径 d_j(mm)</td><td>起点压力 P_i(MPa)</td><td>洒水喷头流量 q_i(L/min)</td><td>管段流量 q_g(L/min)</td><td>管道流速 v(m/s)</td><td>水力坡降 i(kPa/m)</td><td>管道长度 L(m)</td><td>当量长度 l(m)</td><td>水头损失 h(MPa)</td><td>备注</td></tr>
<tr><td>1 ～ 2</td><td>70</td><td>68.1</td><td>0.366</td><td>679.11</td><td>679.11</td><td>3.11</td><td>1.766</td><td>3.0</td><td>2.4</td><td>0.010</td><td>$DN$70 弯头 1 个（1.8m）；
$DN$80/$DN$70 变径管 1 个（0.6m）</td></tr>
<tr><td>2 ～ 3</td><td>80</td><td>80.9</td><td>0.376</td><td>688.33</td><td>1367.44</td><td>4.44</td><td>2.786</td><td>3.0</td><td>5.4</td><td>0.023</td><td>$DN$80 三通 1 个（4.6m）；
$DN$100/$DN$80 变径管 1 个（0.8m）</td></tr>
</table>

续表

管段	公称直径 DN(mm)	管道计算内径 d_j(mm)	起点压力 P_i(MPa)	洒水喷头流量 q_i(L/min)	管段流量 q_g(L/min)	管道流速 v(m/s)	水力坡降 i(kPa/m)	管道长度 L(m)	当量长度 l(m)	水头损失 h(MPa)	备注
3～4	100	106.3	0.399	709.07	2076.51	3.90	1.596	3.0	7.75	0.017	$DN$100 三通 1 个（6.1m）；$DN$150/$DN$100 变径管 1 个（1.65m）
4～5	150	156.1	0.416	724.01	2800.52	2.44	0.427	1.5	9.1	0.005	$DN$150 三通 1 个（9.1m）
5			0.421	2800.52							
作用面积内水力计算									支管折算流量系数 k_z=1364.89		
管段	公称直径 DN(mm)	管道计算内径 d_j(mm)	起点压力 P_i(MPa)	洒水喷头流量 q_i(L/min)	管段流量 q_g(L/min)	管道流速 v(m/s)	水力坡降 i(kPa/m)	管道长度 L(m)	当量长度 l(m)	水头损失 h(MPa)	备注
5～6	150	156.1	0.421	2800.52	2800.52	2.44	0.427	3.0	9.1	0.005	$DN$150 三通 1 个（9.1m）
6～7	150	156.1	0.426	2817.10	5617.62	4.89	1.549	3.0	10.7	0.021	$DN$150 三通 1 个（9.1m）；$DN$200/$DN$150 变径管 1 个（1.6m）
7～8	200	207.1	0.447	2885.70	8503.32	4.21	0.842	3.0	10.7	0.012	$DN$200 四通 1 个（10.7m）
8			0.459	8503.32							
作用面积入口处压力=0.459(MPa)					本工程系统设计流量=8503.32(L/min)=141.72(L/s)						
作用面积开放喷头数=12 个					本工程喷水强度=—[L/(min·m²)]						

4.4　总结与思考

本章 4.2 节和 4.3 节中的自喷布置形式都符合规范要求，其对比数据见表 4.4。

某货架仓库湿式自喷系统水力计算结果对比表　　**表 4.4**

模型种类	作用面积入口处压力（MPa）	系统设计流量（L/s）
顶板下标准覆盖型喷头＋货架内置喷头	0.421	111.23
顶板下 ESFR 喷头	0.459	141.72

由表 4.4 可知，本工程顶板下采用 ESFR 喷头的系统，水量相对较大。但此种方式无须设置货架内置喷头，节省了大量管材和喷头，也避免了在装卸货物时发生碰撞导致自喷系统发生漏水事故的可能。在设计中，应在和业主方充分沟通后，再对布置形式进行选择。

需要注意的是，当仓库的最大储物高度和最大净空高度超过《喷规》第 5.0.5 条规定时，应采用顶部设置标准覆盖型喷头＋货架内置喷头的布置形式。在《喷规》第 5.0.8 条条文说明中明确指出“本次修订删除了 ESFR 自动喷水灭火系统采用货架内置洒水喷头的布置方式，原因是 ESFR 喷头在其允许最大净空高度内，可不设置货架内置喷头。规范不推荐采用顶板下布置 ESFR 喷头＋货架内置喷头的布置方式。”

5 【案例四】 某商业建筑湿式系统案例

5.1 工 程 概 况

某商业建筑，建筑高度 21m，共四层，除首层层高 6m 外，其余各层层高均为 5m。该工程在二层有一个面积 147m²的中庭（该中庭吊顶距地面高度为 9.8m），中庭周围设置无机复合卷帘（满足耐火极限要求，无需设置防护冷却系统），该工程须设置湿式自喷系统。

由于中庭和其他部位的最不利点处喷头压力、喷水强度均不同，因此在设计中应分别进行水力计算，取其大值作为系统的设计流量，同时在进行系统压力的选择时，也应对比两者在管道交汇处的压力值，取大值作为系统压力。

5.2 顶层作用面积内水力计算

5.2.1 顶层作用面积内设计参数选定，见表 5.2.1。

顶层设计参数选定表 **表 5.2.1**

设计参数		设计依据（《喷规》相应条款）
危险等级	中危险级Ⅱ级	附录 A
喷水强度［L/(min·m²)］	8	5.0.1
作用面积（m²）	174.56>160	
最不利点处喷头最小压力 P_{min}(MPa)	0.05	
喷头选型	标准覆盖、标准响应 K=80	6.1.1

顶层（四层）喷头布置、连管以及作用面积区域确定，见图 5.2.1。喷头短立管安装方式应采用图 1.4.1（c），短立管长度均按 0.2m 考虑（计算忽略管道坡度影响）。

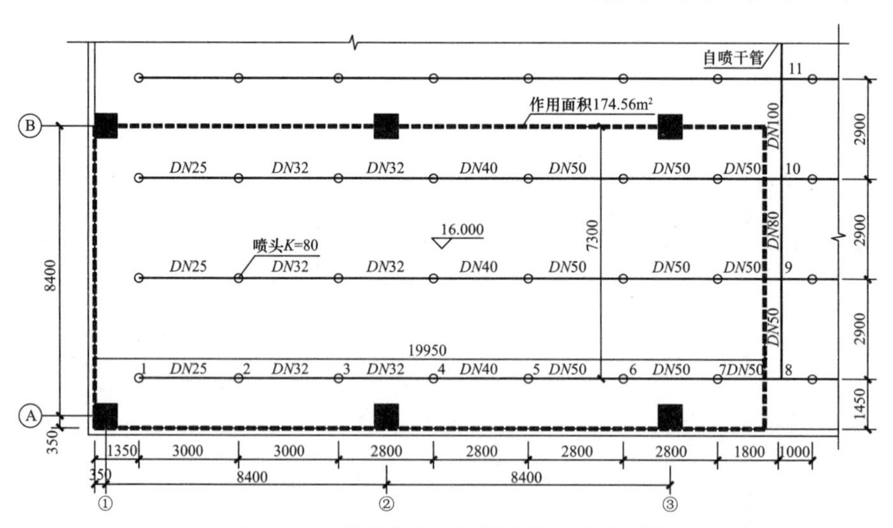

图 5.2.1 某商业建筑局部四层自喷平面图

5.2.2 顶层作用面积内水力计算

作用面积为 174.56m²，水力计算见表 5.2.2，计算结果如下：作用面积入口处压力为 0.220MPa，顶板下喷头流量为 29.27L/s，喷水强度为 10.06L/(min·m²)。

【案例四】　顶层作用面积内水力计算表　　　　**表 5.2.2**

<table>
<tr><td colspan="12">工程概况</td></tr>
<tr><td colspan="2" rowspan="2">最不利点处作用面积（m^2）</td><td colspan="2" rowspan="2">危险等级</td><td rowspan="2">η</td><td colspan="3" rowspan="2">《喷规》中最小喷水强度［$L/(min \cdot m^2)$］</td><td rowspan="2">短立管高差（m）</td><td colspan="2">最不利点处喷头保护范围</td><td rowspan="2">《喷规》中喷头最小工作压力 P_{min}（MPa）</td></tr>
<tr><td>长度（m）</td><td>宽度（m）</td></tr>
<tr><td colspan="2">174.56</td><td colspan="2">中危险级Ⅱ级</td><td>0.85</td><td colspan="3">8</td><td>−0.2</td><td>3.0</td><td>3.0</td><td>0.05</td></tr>
<tr><td colspan="8">初算最不利点处喷头流量 $q_{初}=\eta\times$喷水强度×最不利点处喷头的保护面积=61.20L/min</td><td colspan="3" rowspan="2">$i=6.05\times\frac{q_g^{1.85}}{C_h^{1.85}d_j^{4.87}}\times10^7$</td><td>海澄-威廉系数 C_h</td></tr>
<tr><td colspan="6">初算最不利点处喷头工作压力 $P_{初}=q_{初}^2/10K^2=0.059$MPa</td><td colspan="2">采用</td><td>120</td></tr>
<tr><td colspan="2">特别提示</td><td colspan="10">当 $P_{初}\geqslant P_{min}$时，最不利点处喷头的工作压力 $P_s=P_{初}$(MPa)，流量 $q_s=q_{初}$(L/min)；
当 $P_{初}<P_{min}$时，最不利点处喷头的工作压力 $P_s=P_{min}$(MPa)，流量 $q_s=q_{min}=K\sqrt{10P_{min}}$(L/min)</td></tr>
<tr><td colspan="9">最不利喷头短立管水力计算</td><td colspan="3">喷头特性系数 $K=80$</td></tr>
<tr><td>管段</td><td>公称直径 DN(mm)</td><td>管道计算内径 d_j(mm)</td><td>最不利点工作压力 P_i(MPa)</td><td>最不利点处喷头流量 q_i(L/min)</td><td>管段流量 q_g(L/min)</td><td>管道流速 v(m/s)</td><td>水力坡降 i(kPa/m)</td><td>管道长度 L(m)</td><td>当量长度 l(m)</td><td>水头损失 h(MPa)</td><td>备注</td></tr>
<tr><td>0 ～ 1</td><td>25</td><td>27.3</td><td>0.059</td><td>61.20</td><td>61.20</td><td>1.74</td><td>1.765</td><td>0.2</td><td>0.2</td><td>0.001</td><td>DN25/DN15 变径管 1 个（0.2m）</td></tr>
<tr><td colspan="9">配水支管水力计算</td><td colspan="3">喷头折算流量系数 $k_s=80.36$</td></tr>
<tr><td>管段</td><td>公称直径 DN(mm)</td><td>管道计算内径 d_j(mm)</td><td>起点压力 P_i(MPa)</td><td>洒水喷头流量 q_i(L/min)</td><td>管段流量 q_g(L/min)</td><td>管道流速 v(m/s)</td><td>水力坡降 i(kPa/m)</td><td>管道长度 L(m)</td><td>当量长度 l(m)</td><td>水头损失 h(MPa)</td><td>备注</td></tr>
<tr><td>1 ～ 2</td><td>25</td><td>27.3</td><td>0.058</td><td>61.20</td><td>61.20</td><td>1.74</td><td>1.765</td><td>3.0</td><td>0.8</td><td>0.007</td><td>DN25 弯头 1 个（0.6m）；
DN32/DN25 变径管 1 个（0.2m）</td></tr>
<tr><td>2 ～ 3</td><td>32</td><td>35.4</td><td>0.065</td><td>64.79</td><td>125.99</td><td>2.13</td><td>1.893</td><td>3.0</td><td>1.8</td><td>0.009</td><td>DN32 三通 1 个（1.8m）</td></tr>
<tr><td>3 ～ 4</td><td>32</td><td>35.4</td><td>0.074</td><td>69.13</td><td>195.12</td><td>3.31</td><td>4.253</td><td>2.8</td><td>2.1</td><td>0.021</td><td>DN32 三通 1 个（1.8m）；
DN40/DN32 变径管 1 个（0.3m）</td></tr>
</table>

续表

管段	公称直径 DN(mm)	管道计算内径 d_j(mm)	起点压力 P_i(MPa)	洒水喷头流量 q_i(L/min)	管段流量 q_g(L/min)	管道流速 v(m/s)	水力坡降 i(kPa/m)	管道长度 L(m)	当量长度 l(m)	水头损失 h(MPa)	备注
4～5	40	41.3	0.095	78.32	273.44	3.40	3.748	2.8	2.7	0.021	$DN$40 三通 1 个（2.4m）；$DN$50/$DN$40 变径管 1 个（0.3m）
5～6	50	52.7	0.116	86.55	359.99	2.75	1.902	2.8	3.0	0.011	$DN$50 三通 1 个（3.0m）
6～7	50	52.7	0.127	90.56	450.55	3.44	2.881	2.8	3.0	0.017	$DN$50 三通 1 个（3.0m）
7～8	50	52.7	0.144	96.43	546.98	4.18	4.124	1.8	3.0	0.020	$DN$50 三通 1 个（3.0m）
8			0.164	546.98							
作用面积内水力计算									支管折算流量系数 k_z=427.12		
管段	公称直径 DN(mm)	管道计算内径 d_j(mm)	起点压力 P_i(MPa)	洒水喷头流量 q_i(L/min)	管段流量 q_g(L/min)	管道流速 v(m/s)	水力坡降 i(kPa/m)	管道长度 L(m)	当量长度 l(m)	水头损失 h(MPa)	备注
8～9	50	52.7	0.164	546.98	546.98	4.18	4.124	3.0	3.75	0.028	$DN$50 三通 1 个（3.0m）；$DN$80/$DN$50 变径管 1 个（0.75m）
9～10	80	80.9	0.192	591.83	1138.81	3.69	1.986	3.0	5.4	0.017	$DN$80 四通 1 个（4.6m）；$DN$100/$DN$80 变径管 1 个（0.8m）
10～11	100	106.3	0.209	617.48	1756.29	3.30	1.171	3.1	6.1	0.011	$DN$100 四通 1 个（6.1m）
11			0.220	1756.29							
作用面积入口处压力=0.220(MPa)					本工程系统设计流量=1756.29(L/min)=29.27(L/s)						
作用面积=174.56(m²)					本工程喷水强度=10.06[L/(min·m²)]						

5.3　中庭作用面积内水力计算

5.3.1　中庭作用面积内设计参数选定，见表 5.3.1。

中庭设计参数选定表　　　　**表 5.3.1**

设计参数		设计依据（《喷规》相应条款）
喷水强度 [L/(min·m²)]	12	5.0.2
作用面积（m²）	147	
最不利点处喷头最小压力 P_{min} (MPa)	—	无明确要求，根据计算确定
喷头选型	标准覆盖、快速响应 K=115	6.1.1

中庭（二层）喷头布置、连管以及作用面积区域确定，见图 5.3.1。喷头短立管安装方式应采用图 1.4.1（*c*），短立管长度均按 0.2m 考虑（计算忽略管道坡度影响）。

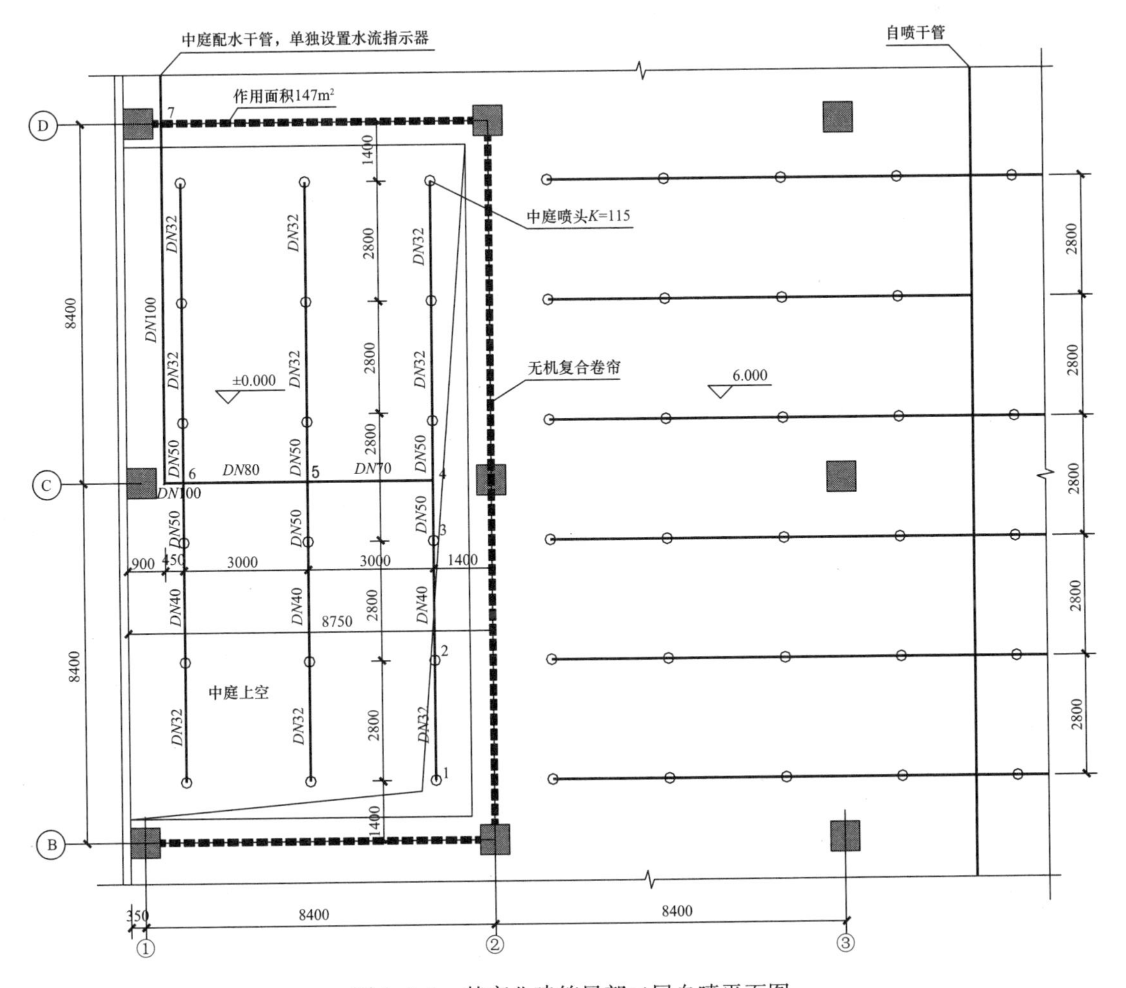

图 5.3.1　某商业建筑局部二层自喷平面图

5.3.2　中庭作用面积内水力计算

作用面积为 147m²，水力计算见表 5.3.2，计算结果如下：作用面积入口处压力为 0.272MPa，顶板下喷头流量为 34.36L/s，喷水强度为 14.03L/(min·m²)。

【案例四】 中庭作用面积内水力计算表 **表 5.3.2**

<table>
<tr><td colspan="12">工程概况</td></tr>
<tr><td colspan="2" rowspan="2">最不利点处作用面积（m^2）</td><td colspan="2" rowspan="2">危险等级</td><td rowspan="2">η</td><td colspan="2" rowspan="2">《喷规》中最小喷水强度［$L/(min \cdot m^2)$］</td><td rowspan="2">短立管高差（m）</td><td colspan="2">最不利点处喷头保护范围</td><td colspan="2" rowspan="2">《喷规》中喷头最小工作压力 P_{min}(MPa)</td></tr>
<tr><td>长度（m）</td><td>宽度（m）</td></tr>
<tr><td colspan="2">147</td><td colspan="2">中庭（高大空间）</td><td>1.00</td><td colspan="2">12</td><td>−0.2</td><td>3.0</td><td>3.0</td><td colspan="2">—</td></tr>
<tr><td colspan="8">初算最不利点处喷头流量 $q_{初}=\eta\times$喷水强度×最不利点处喷头的保护面积=108.00(L/min)</td><td colspan="2" rowspan="2">$i=6.05\times\frac{q_g^{1.85}}{C_h^{1.85}d_j^{4.87}}\times10^7$</td><td colspan="2">海澄-威廉系数 C_h</td></tr>
<tr><td colspan="6">初算最不利点处喷头工作压力 $P_{初}=q_{初}^2/10K^2=0.182$(MPa)</td><td colspan="2">采用</td><td colspan="2">120</td></tr>
<tr><td colspan="2">特别提示</td><td colspan="10">当 $P_{初}\geqslant P_{min}$时，最不利点处喷头的工作压力 $P_s=P_{初}$(MPa)，流量 $q_s=q_{初}$(L/min)；
当 $P_{初}<P_{min}$时，最不利点处喷头的工作压力 $P_s=P_{min}$(MPa)，流量 $q_s=q_{min}=K\sqrt{10P_{min}}$(L/min)</td></tr>
<tr><td colspan="9">最不利喷头短立管水力计算</td><td colspan="3">喷头特性系数 $K=80$</td></tr>
<tr><td>管段</td><td>公称直径 DN(mm)</td><td>管道计算内径 d_j(mm)</td><td>最不利点工作压力 P_i(MPa)</td><td>最不利点处喷头流量 q_i(L/min)</td><td>管段流量 q_g(L/min)</td><td>管道流速 v(m/s)</td><td>水力坡降 i(kPa/m)</td><td>管道长度 L(m)</td><td>当量长度 l(m)</td><td>水头损失 h(MPa)</td><td>备注</td></tr>
<tr><td>0 ～ 1</td><td>32</td><td>35.4</td><td>0.182</td><td>108.00</td><td>108.00</td><td>1.83</td><td>1.424</td><td>0.2</td><td>0.3</td><td>0.001</td><td>$DN32/DN15$ 变径管 1 个（0.3m）</td></tr>
<tr><td colspan="9">配水支管水力计算</td><td colspan="3">喷头折算流量系数 $k_s=80.28$</td></tr>
<tr><td>管段</td><td>公称直径 DN(mm)</td><td>管道计算内径 d_j(mm)</td><td>起点压力 P_i(MPa)</td><td>洒水喷头流量 q_i(L/min)</td><td>管段流量 q_g(L/min)</td><td>管道流速 v(m/s)</td><td>水力坡降 i(kPa/m)</td><td>管道长度 L(m)</td><td>当量长度 l(m)</td><td>水头损失 h(MPa)</td><td>备注</td></tr>
<tr><td>1 ～ 2</td><td>32</td><td>35.4</td><td>0.181</td><td>108.00</td><td>108.00</td><td>1.83</td><td>1.424</td><td>2.8</td><td>1.2</td><td>0.006</td><td>$DN32$ 弯头 1 个（0.9m）；
$DN40/DN32$ 变径管 1 个（0.3m）</td></tr>
<tr><td>2 ～ 3</td><td>40</td><td>41.3</td><td>0.187</td><td>109.78</td><td>217.78</td><td>2.71</td><td>2.460</td><td>2.8</td><td>2.7</td><td>0.014</td><td>$DN40$ 三通 1 个（2.4m）；
$DN50/DN40$ 变径管 1 个（0.3m）</td></tr>
</table>

续表

管段	公称直径 DN(mm)	管道计算内径 d_j(mm)	起点压力 P_i(MPa)	洒水喷头流量 q_i(L/min)	管段流量 q_g(L/min)	管道流速 v(m/s)	水力坡降 i(kPa/m)	管道长度 L(m)	当量长度 l(m)	水头损失 h(MPa)	备注
3～4	50	52.7	0.201	113.81	331.59	2.53	1.634	1.4	3.5	0.008	$DN$50 三通 1 个（3.0m）；$DN$70/$DN$50 变径管 1 个（0.5m）
4			0.209	663.18							
作用面积内水力计算									支管折算流量系数 k_z=458.73		
管段	公称直径 DN(mm)	管道计算内径 d_j(mm)	起点压力 P_i(MPa)	洒水喷头流量 q_i(L/min)	管段流量 q_g(L/min)	管道流速 v(m/s)	水力坡降 i(kPa/m)	管道长度 L(m)	当量长度 l(m)	水头损失 h(MPa)	备注
4～5	70	68.1	0.209	663.18	663.18	3.04	1.690	3.0	4.3	0.012	$DN$70 三通 1 个（3.7m）；$DN$80/$DN$70 变径管 1 个（0.6m）
5～6	80	80.9	0.221	681.95	1345.13	4.36	2.703	3.0	5.4	0.023	$DN$80 四通 1 个（4.6m）；$DN$100/$DN$80 变径管 1 个（0.8m）
6～7	100	106.3	0.244	716.56	2061.69	3.87	1.575	8.85	9.1	0.028	$DN$100 四通 1 个（6.1m）；$DN$100 弯头 1 个（3.0m）
7			0.272	2061.69							
作用面积入口处压力=0.272(MPa)					本工程系统设计流量=2061.69(L/min)=34.36(L/s)						
作用面积=147(m^2)					本工程喷水强度=14.03[L/(min·m^2)]						

5.4 总结与思考

5.2 节及 5.3 节中对本工程常规中危险级Ⅱ级以及中庭进行了水力计算，其对比数据见表 5.4。

某商业建筑湿式自喷系统水力计算结果对比表 表 5.4

模型种类	作用面积入口处压力（MPa）	系统设计流量（L/s）
顶层（四层）	0.220	29.27
中庭（二层）	0.272	34.36

由表 5.4 可知，本工程中庭区域所需的设计流量较大，因此系统设计流量应选用中庭作用面积的水量，即 34.35L/s。

在入口压力方面，虽然中庭区域大于四层作用面积区域，但由于四层最不利点处和中庭存在 10m 几何高差，因此在计算系统压力时选用四层为妥。需要注意的是，中庭配水干管与立管交汇处应设置减压孔板，减压孔板后的压力值保证中庭作用面积入口处所需压力。

由本案例可以看出，当同一工程内存在喷水强度、作用面积、最不利点处喷头压力等不同区域时，须分别进行水力计算，合理选择系统最终的设计流量和压力。

6 【案例五】 某演播室雨淋系统案例

6.1 工程概况

某演播室，面积为486m²，严重危险级Ⅱ级，须设置雨淋系统。雨淋系统为开式系统，其系统作用面积为同时启用雨淋报警阀控制面积。本篇1.1.5节对雨淋报警阀控制区域选定进行了详尽的阐述。依照1.1.5节所述，分析本工程雨淋报警阀控制区域划分：本工程演播室面积$S=486m^2$，采用1.1.5节中“平行”布置，同时启用雨淋报警阀控制区域面积接近$S/2$，且大于260m²，系统设计流量最小。从简化系统构件出发，同时启用雨淋报警阀数量确定为2个。

演播室喷头布置、连管以及报警阀控制区域确定，见图6.1。为确保阀后管道的充水时间不大于2min，3个雨淋报警阀分两处就近设置。

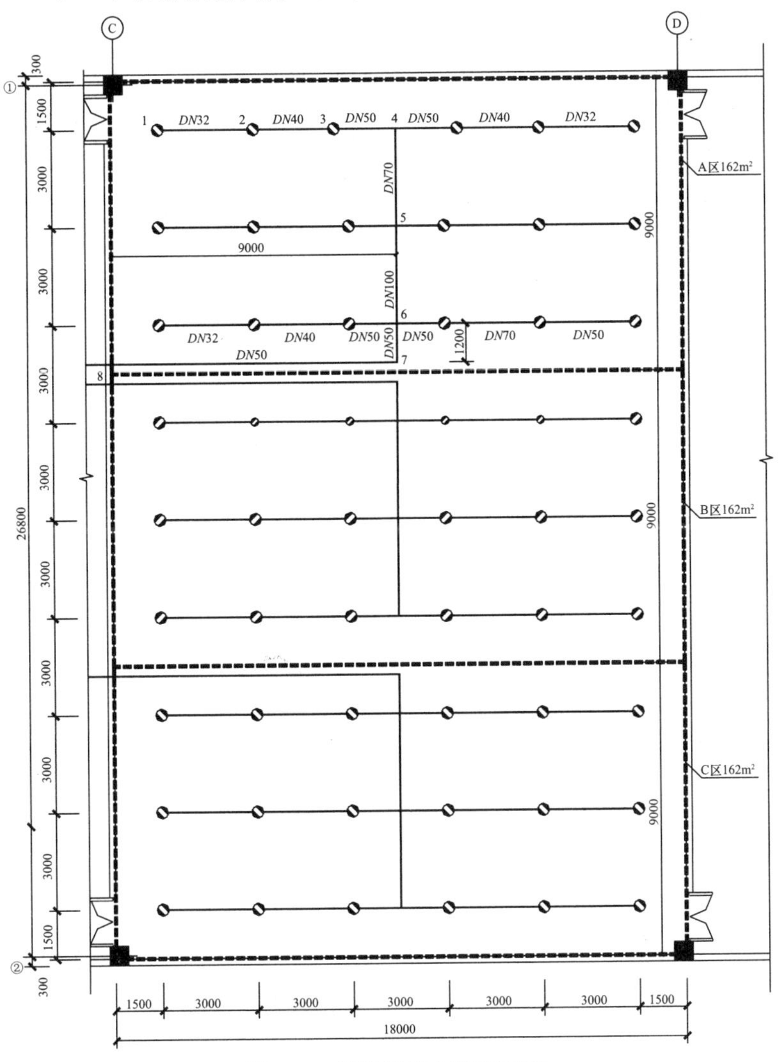

图6.1 某演播室自喷平面图

该雨淋系统设计参数选定，见表 6.1。

某演播室雨淋系统设计参数选定表 **表 6.1**

设计参数		设计依据(《喷规》相应条款)
危险等级	严重危险级Ⅱ级	附录 A
喷水强度 [L/(min·m^2)]	16	5.0.1
作用面积 (m^2)	266.64>260	5.0.1；9.1.9
最不利点处喷头最小压力 P_{min}(MPa)	—	无明确要求，根据计算确定
喷头选型	标准覆盖、标准响应 K=115	5.0.1；7.1.2
阀后管道的充水时间不大于 (min)	2	8.0.11

6.2 作用面积内水力计算

喷头采用 K=115 开式喷头，喷头短立管安装方式应采用图 1.4.1 (c)，短立管长度均按 0.5m 考虑（计算忽略管道坡度影响）。

演播室雨淋系统水力计算，见表 6.2，计算结果如下：作用面积入口处压力为 0.245MPa，系统设计流量为 94.65L/s，喷水强度为 17.53L/(min·m^2)。

6.3 总结与思考

雨淋系统设计的关键在于雨淋报警阀数量及其控制区域划分。本篇 1.1.5 节以及本案例的编写，旨在讲解通过合理确定雨淋报警阀数量及其控制区域，在满足规范的前提下，降低设计流量，减少造价的同时，减少火灾时水渍损失。

【案例五】 雨淋系统水力计算表 **表 6.2**

工程概况

同时动作区域面积 (m^2)	危险等级	η	《喷规》中最小喷水强度 [$L/(min \cdot m^2)$]	短立管高差 (m)	最不利点处喷头保护范围 长度 (m)	最不利点处喷头保护范围 宽度 (m)	《喷规》中喷头最小工作压力 P_{min}(MPa)
324	严重危险级Ⅱ级	1.00	16	−0.5	3.0	3.0	—
初算最不利点处喷头流量 $q_{初}=\eta\times$喷水强度×最不利点处喷头的保护面积=144.00(L/min)				$i=6.05\times\dfrac{q_g^{1.85}}{C_h^{1.85}d_j^{4.87}}\times10^7$			海澄-威廉系数 C_h
初算最不利点处喷头工作压力 $P_{初}=q_{初}^2/10K^2=0.157$(MPa)			采用				120
特别提示	当 $P_{初}\geq P_{min}$时，最不利点处喷头的工作压力 $P_s=P_{初}$(MPa)，流量 $q_s=q_{初}$(L/min)； 当 $P_{初}<P_{min}$时，最不利点处喷头的工作压力 $P_s=P_{min}$(MPa)，流量 $q_s=q_{min}=K\sqrt{10P_{min}}$(L/min)						

最不利点处喷头短立管水力计算　　喷头特性系数 $K=115$

管段	公称直径 DN(mm)	管道计算内径 d_j(mm)	最不利点工作压力 P_i(MPa)	最不利点处喷头流量 q_i(L/min)	管段流量 q_g(L/min)	管道流速 v(m/s)	水力坡降 i(kPa/m)	管道长度 L(m)	当量长度 l(m)	水头损失 h(MPa)	备注
0～1	32	35.4	0.157	144.00	144.00	2.44	2.424	0.5	0.3	0.002	$DN32/DN20$ 变径管1个（0.3m）

配水支管水力计算　　喷头折算流量系数 $k_s=116.04$

管段	公称直径 DN(mm)	管道计算内径 d_j(mm)	起点压力 P_i(MPa)	洒水喷头流量 q_i(L/min)	管段流量 q_g(L/min)	管道流速 v(m/s)	水力坡降 i(kPa/m)	管道长度 L(m)	当量长度 l(m)	水头损失 h(MPa)	备注
1～2	32	35.4	0.154	144.00	144.00	2.44	2.424	3.0	1.2	0.010	$DN32$ 弯头1个（0.9m）；$DN40/DN32$ 变径管1个（0.3m）
2～3	40	41.3	0.164	148.60	292.60	3.64	4.248	3.0	2.7	0.024	$DN40$ 三通1个（2.4m）；$DN50/DN40$ 变径管1个（0.3m）

续表

管段	公称直径 DN(mm)	管道计算内径 d_j(mm)	起点压力 P_i(MPa)	洒水喷头流量 q_i(L/min)	管段流量 q_g(L/min)	管道流速 v(m/s)	水力坡降 i(kPa/m)	管道长度 L(m)	当量长度 l(m)	水头损失 h(MPa)	备注
3～4	50	52.7	0.188	159.10	451.70	3.45	2.894	1.5	3.5	0.014	$DN$50 三通 1 个（3.0m）；$DN$70/$DN$50 变径管 1 个（0.5m）
4			0.202	903.40							
A 区水力计算									支管折算流量系数 k_z=635.63		
管段	公称直径 DN(mm)	管道计算内径 d_j(mm)	起点压力 P_i(MPa)	洒水喷头流量 q_i(L/min)	管段流量 q_g(L/min)	管道流速 v(m/s)	水力坡降 i(kPa/m)	管道长度 L(m)	当量长度 l(m)	水头损失 h(MPa)	备注
4～5	70	68.1	0.202	903.40	903.40	4.14	2.994	3.0	4.6	0.023	$DN$70 四通 1 个（3.7m）；$DN$100/$DN$70 变径管 1 个（0.9m）
5～6	100	106.3	0.225	953.45	1856.85	3.49	1.298	3.0	7.75	0.014	$DN$100 四通 1 个（6.1m）；$DN$150/$DN$100 变径管 1 个（1.65m）
6～7	150	156.1	0.239	982.66	2839.51	2.47	0.438	1.2	4.3	0.002	$DN$150 弯头 1 个（4.3m）
7～8	150	156.1	0.241	0.00	2839.51	2.47	0.438	9.0		0.004	
8			0.245	2839.51							
系统压力及流量计算（A 区、B 区雨淋报警阀同时开放，流量叠加）											
作用面积入口处压力=0.245MPa				系统流量为=5679.02L/min=94.65L/s							
作用面积=324m^2				喷水强度=17.53L/(min·m^2)							

第四篇
拓 展 案 例

为便于读者更全面地了解自动灭火设施，本篇将《喷规》中不涉及的案例作为拓展案例，呈现给读者。这些案例主要包含两个类型：

（1）旋转型喷头在工程中的应用。该喷头的应用除遵循《喷规》外，还依据《旋转型喷头自动喷水灭火系统技术规程》CECS 213—2012 进行设计。自动喷水灭火系统及其技术的发展，在某种程度上是喷头的发展。随着自动喷水灭火系统应用和研究的不断深入，旋转型喷头等新型产品在高大净空场所应用越来越多。旋转型喷头取消了溅水盘，利用空气动力学原理旋转布水，在满足喷水强度的前提下，可以增加喷头间距，从而简化管网，降低造价。本书将根据工程实践经验，对新型自动喷水消防产品进行补充和完善。

（2）自动灭火设施中，“水喷雾系统”及“泡沫-水喷淋系统”虽然不包含在“自动喷水灭火系统”中，但其水力计算原理和方法基本相同或相近，且在给水排水消防设计中常会涉及。为满足广大读者的需求，本篇整理部分“水喷雾系统”及“泡沫-水喷淋系统”案例，作为拓展案例，供给水排水同仁参考。

目　录

1 【拓展案例一】 自喷系统旋转型喷头应用案例

1.1 工程概况

某地下车库，层高3.6m，按中危险级Ⅱ级设计自动喷水灭火系统，顶板下设置闭式直立旋转型喷头，具体布置见图1.1-1、图1.1-2。

注：短立管长度按0.25m考虑，计算忽略管道坡度影响，管道内径按公称直径考虑。

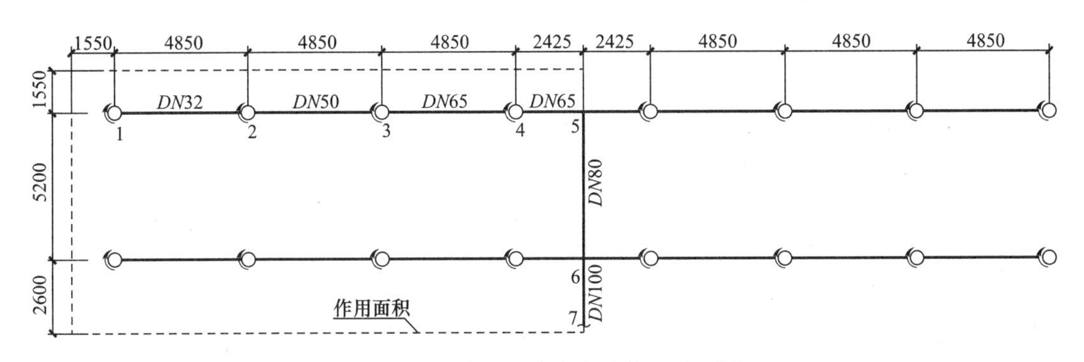

图1.1-1 某地下车库自喷布置平面图

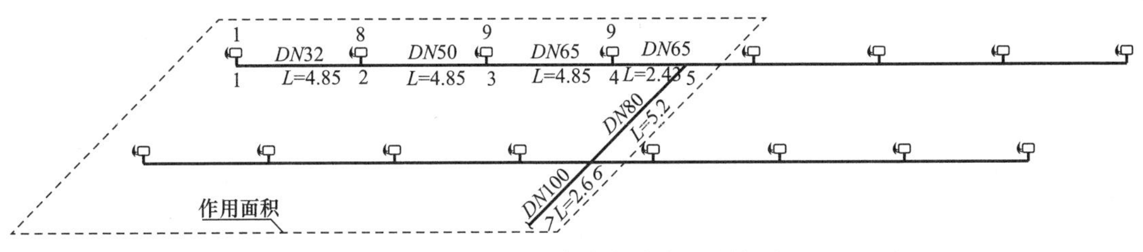

图1.1-2 某地下车库自喷布置系统图

1.2 系统设计计算

1.2.1 该布置方式的设计参数选定，见表1.2.1。

某地下车库自喷系统设计参数选定表 **表1.2.1**

保护位置	洒水喷头类型	流量系数	最低工作压力	最大间距	最小间距	持续喷水时间
车库顶板	扩展覆盖面积应用喷头	K=142	0.25MPa	6.5m	1.8m	1.0h

1.2.2 顶板下洒水喷头水力计算

详细解析过程略，计算过程同第三篇。计算结果如下：

本工程顶板下洒水喷头设计流量：Q=2074.36L/min=34.57L/s；

作用面积入口处压力：P_r=0.457MPa；

所选作用面积：172.3m^2，满足《喷规》表5.0.1的要求（喷水强度≥8L/(min·m^2)，作用面积≥160m^2)。

1.3 总结与思考

1.3.1 旋转型喷头与传统喷头优势分析

1 节材：在满足相同喷水强度的情况下，传统喷头数量一般比旋转型喷头多出 2 倍左右，相应的每个喷头或分支处使用的管件以及吊架亦要的出很多，所以使用旋转型喷头节省了大量的辅材，如油漆、切割片、开孔器、板牙等。

2 省人工：因使用旋转型喷头而使管网、点位、支架的大量减少，节省人工费。

3 省运费：因传统喷头使用管网、支架、管件较多而产生更高的运费；例如：一个工地使用传统喷头可能要运 4 卡车的材料，而使用旋转型喷头后可能只使用 2 卡车的材料，另外 2 卡车的运费则可节省，要是工地离市场较远，则该运费还是很可观的一笔费用。

4 省时：旋转型喷头施工工期相对短，正应为省时，也使得材料的保管时间变短，专人看管时间变短，从而节省费用。

5 降低加工设备损耗：同一台设备，使用的台班越多，使用寿命越短，因旋转型喷头能大量的节约工作量，而使机械使用寿命更长。例如：一台套丝机，因使用旋转型喷头减少了工程量，使一个工地完工后可能还有 8 成新，而传统喷头同一工地完工后，可能因台班使用负荷重而只有 4 成新或者坏掉，下一工地又得重新购置新的机具。

6 降低风险因素：因旋转型喷头施工周期变短，工作量变少，使得出现意外事故的风险相对变小；因使用旋转型喷头减少了大量的管网，而使工程节点变少，出现意外漏水点位的可能性降低，风险变小。

1.3.2 旋转型喷头与传统喷头造价分析

本项目三期一区材料数量对比见表 1.3.2。

本项目三期一区材料数量对比（面积 29660m²） **表 1.3.2**

序号	材料	型号	单位	对比			
				普通喷头（DN15）		旋转型喷头（DN20）	
				数量	综合价（元）	数量	综合价（元）
1	镀锌钢管	DN25	m	5607.20	210777.28	0	0
2	镀锌钢管	DN32	m	5148.52	58796.10	2858.00	32641.90
3	镀锌钢管	DN40	m	347.98	19653.91	1604.91	90645.32
4	镀锌钢管	DN50	m	428.10	26807.62	811.33	50805.48
5	镀锌钢管	DN65	m	202.97	14690.97	266.09	19259.59
6	镀锌钢管	DN80	m	633.32	55326.84	261.93	22882.20
7	镀锌钢管	DN100	m	445.48	45131.58	118.84	12039.68
8	镀锌钢管	DN150	m	634.52	78978.70	1054.81	131292.20
9	喷头		个	4035	96194.40	1241	189389.01
10	末端试水	DN25	个	16	5655.36	16	5655.36
11	水流指示器	DN150	个	16	4169.60	16	4169.60
12	信号蝶阀	DN150	个	16	7069.28	16	7069.28
13	支架		kg	9800	150822.00	3800	58482.00
14	控制装置调试		项	1	30404.75	1	30404.75
15	小计				804478.39		654736.37
16	其他费用				63547.61		41658.63
17	合计				868026.00		696395.00

在以上对比基础上，进行套清单预算。在相同材料价格相同、不同材料按市场价的条件下，普通喷淋造价 868026 元，旋转喷淋造价 696395 元，旋转型喷头比普通喷头节省造价约 20%。如果使用面积更大，则旋转型喷头造价将更低。

旋转型喷头取消了溅水盘，利用空气动力学原理旋转布水，在满足喷水强度的前提下，可以增加喷头间距，从而简化管网，降低造价。

1.3.3　旋转型喷头参考样本

广州龙雨消防设备有限公司总部位于广州市番禺，与大学城一江之隔，交通十分便利，是企业发展、业务洽谈的优质发展商圈。龙雨公司是一家集消防设备研发、生产、销售、服务和进出口业务于一体的高科技企业。公司拥有 2000 多m^2的产品生产、装检、测试和演示场地，员工宿舍配套完善，国外成立分公司，产品远销国内外。目前合作企业有：碧桂园、富力、龙光地产、苏宁、普洛斯、唯品会、京东等。

公司成立伊始，自主研发了高空自动灭火水炮，（即现ZDMS0.6/5S-LAS和ZDMP0.2/5S-LAS）智能主动灭火系列产品，及国内先进的B-DSXC（15、20、25、32、40型）雨淋（旋转）喷头。产品通过国家有关部门检验合格，持国家检验中心认证报告。并拥有多项发明专利和其它专利，产品面向国内外市场。公司突出创新管理，以市场和研发为主线，带动生产与质量管理，促进企业全面协调发展和持续发展，产品策划、研发、生产过程控制严格按照ISO9001：2016质量管理体系管理。以开放、包容的姿态开展对外合作，务求最大限度地开发各种资源，与社会各界和消防专家共同努力，依靠科学技术，让世界所有的空间安全，远离火灾，造福人类！

旋转喷头灭火案例

2016年11月28日广东南方职业学院（广东省江门市）在建16、18#楼(教学楼)发生火情，该工程喷淋系统安装了广州龙雨消防设备有限公司的旋转喷头，成功地扑灭火灾。

据现场目击人士描述，该楼消防系统已安装完成，正处于木质装修阶段，起火点位于楼层电梯前室，发生火灾后不久，旋转喷头玻璃球随即爆破，喷头自动喷水灭火，很快将火熄灭。

由于旋转喷头玻璃球的及时响应，喷头立刻自动喷水灭火。以至现场人员未及拨打消防火警，就将初期火灾成功扑灭。

B-DSXC（15、20、25、32、40型）雨淋(旋转)喷头水力参数

q=K(10P)ⁿ　(1)

10P=(q/K)^{1/n}　(1a)

式中q—喷头流量（L/min）

K—喷头流量系数

P—喷头设计动力压力（MPa）

n—幂指数n=0.42~0.46<0.50

R—保护半径(m)

S—安装高度（m）

各型号喷头动作温度分别为57℃和68℃（及各种型号的温感玻璃球）

B-DSXC	K	n									
15	90	0.46	P	工作压力(MPa)	0.10	0.20	0.30	0.40	0.50	0.60	0.70
			q	喷水流量(L/s)	1.50	2.06	2.49	2.84	3.14	3.42	3.67
			R	保护半径(m)	5	5.5	5.5	5.5	5.5	5.5	5.5
			S	安装高度(m)	13						
20	142	0.46	P	工作压力(MPa)	0.10	0.20	0.30	0.40	0.50	0.60	0.70
			q	喷水流量(L/s)	2.37	3.26	3.92	4.48	4.96	5.40	5.79
			R	保护半径(m)	6	6.5	7	7	7	7	7
			S	安装高度(m)	15						
25	242	0.43	P	工作压力(MPa)	0.10	0.20	0.30	0.40	0.50	0.60	0.70
			q	喷水流量(L/s)	4.03	5.43	6.47	7.32	8.06	8.72	9.31
			R	保护半径(m)	6.5	7	7.5	7.5	7.5	7.5	7.5
			S	安装高度(m)	18						
32	281	0.42	P	工作压力(MPa)	0.10	0.20	0.30	0.40	0.50	0.60	0.70
			q	喷水流量(L/s)	4.68	6.27	7.43	8.38	9.21	9.94	10.60
			R	保护半径(m)	7	7.5	7.5	7.5	7.5	7.5	7.5
			S	安装高度(m)	18						
40	310	0.42	P	工作压力(MPa)	0.10	0.20	0.30	0.40	0.50	0.60	0.70
			q	喷水流量(L/s)	5.17	6.91	8.20	9.25	10.16	10.97	11.70
			R	保护半径(m)	7	8	8.5	9	9	9	9
			S	安装高度(m)	18						

广州龙雨消防设备有限公司
LONGIUS FIRE EQUIPMENT CO.,LTD

地址：广州市番禺区新造镇新广路20号长宏大厦
电话：020-34728852　传真：020-34721236
网址：http://www.longius.com　邮编：511436

2 【拓展案例二】 智能化全自动（AGV）停车库闭式泡沫-水喷淋系统案例

2.1 工程概况

某Ⅰ类地下AGV停车库，停车数350辆，总建筑面积14500m²，消防水池、消防泵房设于同层，采用闭式泡沫-水喷淋系统，管材采用内外热镀锌钢管，具体布置图见图2.1-1、图2.1-2。

注：喷头布置忽略梁的影响，短支管长度按0.6m考虑，1点与13点高差以3.2m计。计算忽略管道坡度影响，管道内径按公称直径考虑。

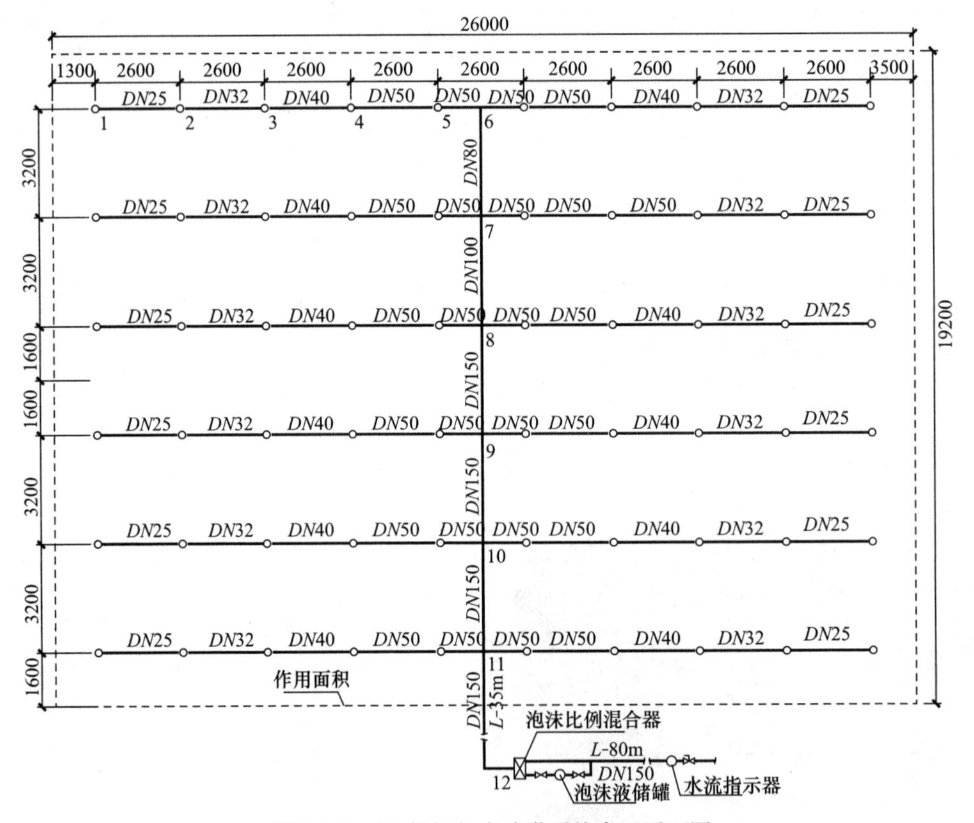

图2.1-1　闭式泡沫-水喷淋系统布置平面图

2.2 系统设计计算步骤及要点

2.2.1 该布置方式的设计参数选定，见表2.2.1。

2.2.2 水系统的设计计算

水系统的详细解析过程略，计算过程同第三篇。计算结果如下：

系统设计流量：Q_s＝4302.69L/min＝71.7L/s；

系统总水头损失：$\sum h$＝0.412MPa。

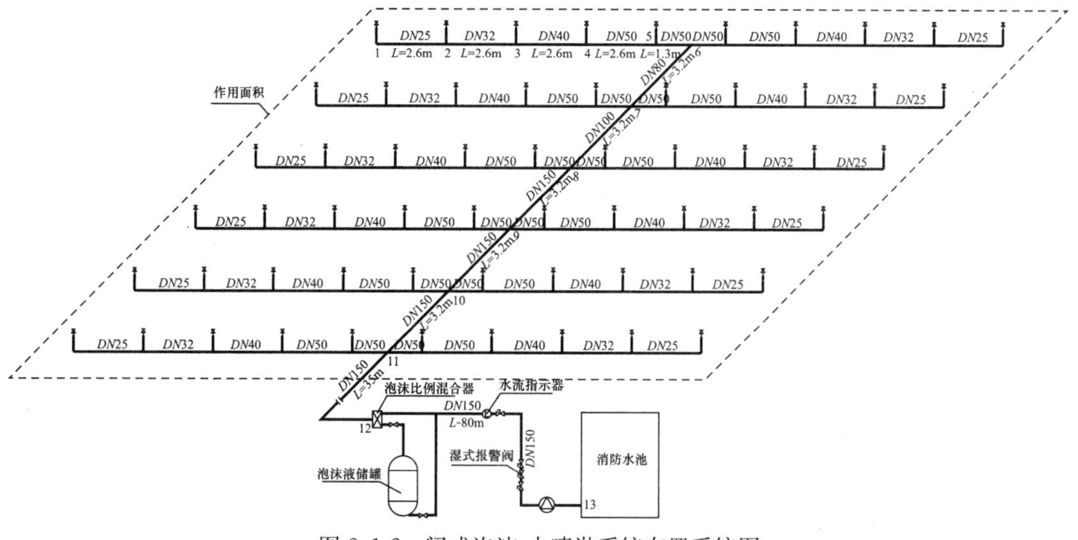

图 2.1-2 闭式泡沫-水喷淋系统布置系统图

某 AGV 停车库闭式泡沫-水喷淋系统设计参数选定表 **表 2.2.1**

设计参数		设计依据（《泡沫灭火系统设计规范》相应条款）
喷水强度［L/(min·m²)］	6.5	7.3.5
作用面积（m²）	499.2>465	7.3.4
泡沫混合液连续供给时间（min）	10	7.1.3
最不利点处喷头最小压力 P_{min}（MPa）	0.05	《喷规》相应条款
喷头选型	标准覆盖、标准响应 $K=80$	

（湿式报警阀取值 0.04MPa、水流指示器取值 0.02MPa、泡沫比例混合器取值 0.08MPa）

2.2.3 校核泡沫比例混合器至最不利点管道系统容积

根据《泡沫灭火系统设计规范》GB 50151—2010 第 7.3.9 条第 3 款的规定，当系统管道充水时，在 8L/s 的流量下，自系统启动至喷泡沫的时间不应大于 2min，即泡沫比例混合器至最不利点管道系统容积不应大于 8×2×60=960L。

本工程泡沫比例混合器至最不利点管道共计 *DN*25 2.6m；*DN*32 2.6m；*DN*40 2.6m；*DN*50 3.9m；*DN*80 3.2m；*DN*100 3.2m；*DN*150 44.6m。

则管网容积：

$$V=0.49\times2.6+0.81\times2.6+1.26\times2.6+1.97\times3.9+5.03\times3.2+7.85\times3.2+17.67\times44.6=843.6\mathrm{L}<960\mathrm{L}$$

满足要求。

2.2.4 确定泡沫混合液量

$$W_{\mathrm{L}}=71.7\times10\times60=43020\mathrm{L}$$

2.2.5 确定泡沫液量

$$W_{\mathrm{p}}=43020\times6\%=2581.2\mathrm{L}$$

2.2.6 选定泡沫液储罐和泡沫比例混合器

泡沫液储罐容积：$V=1.15\times2581.2=2968.4\mathrm{L}$

选用 PHYM/30 型，工作压力 0.14～1.2MPa，储罐容积 3000L，混合液流量范围

4～32L/s，混合比6%，进出口压差<0.2MPa。

2.3 总结与思考

按照《泡沫灭火系统设计规范》GB 50151—2010第7.3.9条第3款的规定，当系统管道充水时，在8L/s的流量下，自系统启动至喷泡沫的时间不应大于2min，即泡沫比例混合器后管道容积不应大于8×2×60＝960L。

按照上述案例，一套泡沫液储罐和泡沫比例混合器保护半径约为75m，因此泡沫液储罐和泡沫比例混合器设置位置以及管网布置应尽量合理，通过多主管多末端实现一组泡沫液储罐和泡沫比例混合器覆盖范围最大化。

当然，在工程实际中难免出现一个防火分区要设两个或多个闭式泡沫-水喷淋系统的情况，对于一个较大的地下停车库可能需要设置多套泡沫液储罐和泡沫比例混合器，需要占用较多车位。目前有厂家推出机械泵入式闭式泡沫-水喷淋系统，泡沫液储罐集中设置，当报警阀打开后，主管道内消防水流动，驱动水力电机运行，进而带动计量泵工作，形成泡沫混合液。该系统通过计量泵将泡沫液用管道泵入各处系统，系统设置灵活，对于较大的地下停车库自动喷水-泡沫联用系统可以减少泡沫液储罐对车位的影响。

3 【拓展案例三】 柴油发电机房水喷雾系统案例

3.1 工程概况

某柴油发电机房采用水喷雾系统保护，喷头围绕柴油发电机四周立体布置。采用的喷嘴流量系数 $K=26.5$，喷嘴的最低工作压力为 0.35MPa，管材为普通壁厚镀锌钢管，试计算系统的设计流量及供水压力（水平安装形式不计支管接喷头的短管水损。150mm 雨淋阀的当量长度为 3m）。

3.2 系统设计

3.2.1 系统设计要点

1 根据喷头数量预估管径，进行水力试算。分别计算出支管 1、2、3 至交叉节点 6 的压力。详细解析过程略，计算过程同第三篇。

2 根据计算结果，调整管网布置图，重新进行水力计算，以达到节点 6 各支管压力平衡为止。

（1-6 支管水损较大，7-6 支管水损次之，为了达到 3 根支管在节点 6 压力平衡，需调整 1-6 支管、7-6 支管管径，减少水损。）

经过多次试算后，基本达到压力平衡的系统布置如图 3.2.1-1、图 3.2.1-2 所示。

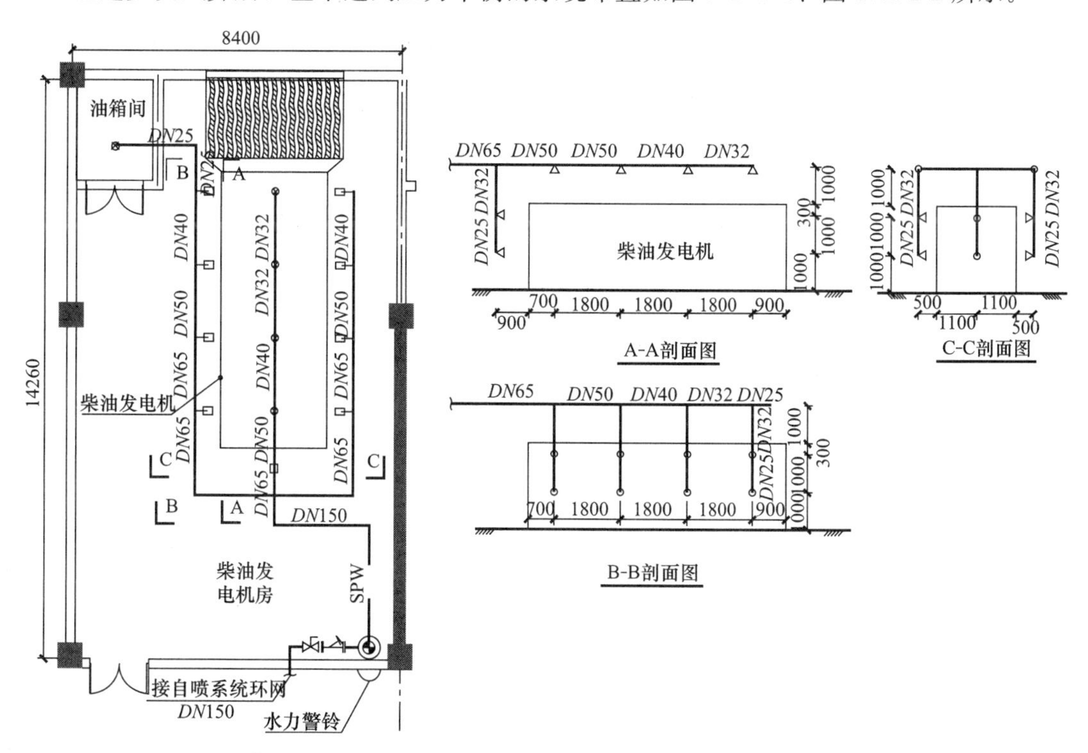

图 3.2.1-1 水喷雾系统布置平、剖面图

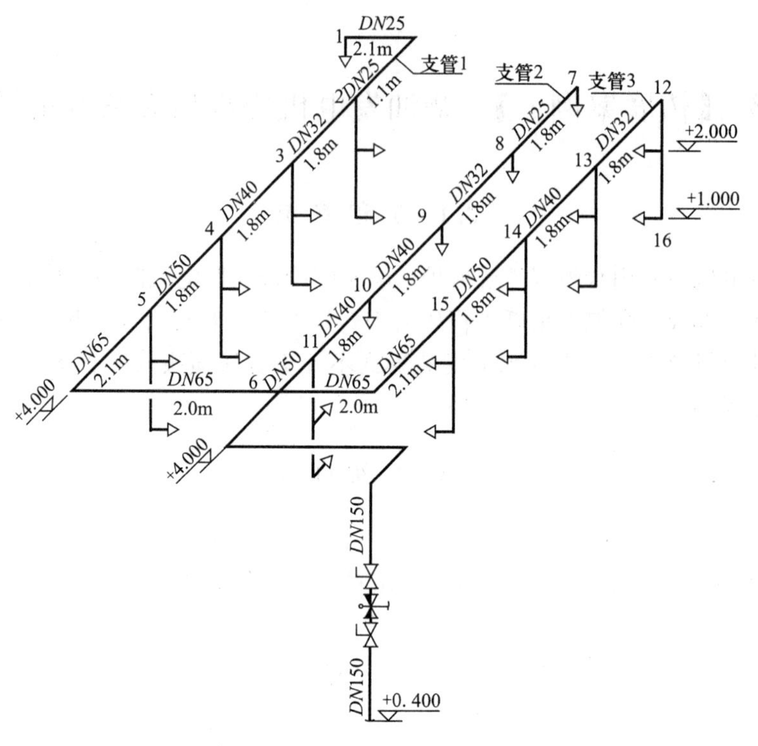

图 3.2.1-2　水喷雾系统布置系统图

3.2.2　系统设计结果

系统至 17 节点处的计算流量为：$Q_j = q_{6-17} = 19.9$L/s

根据《水喷雾灭火系统技术规范》GB 50219—2014 第 7.1.4 条，系统的设计流量为：

$$Q_s = kQ_j = 1.05 \times 19.9 = 20.9\text{L/s}$$

3.3　总结与思考

对于多分支、不对称系统，需进行多次水力试算，调整管网布置，以达到节点处各支管压力平衡。再以调整后的管网进行最终的水力计算。

4 【拓展案例四】 酒厂水喷雾系统案例

4.1 工程概况

北京某白酒厂的勾兑车间，建筑面积 973.33m²，该车间分为三个防火分区，防火分区一为勾兑车间，防火分区二、三均为半敞开酒罐储存库。如图 4.1 所示

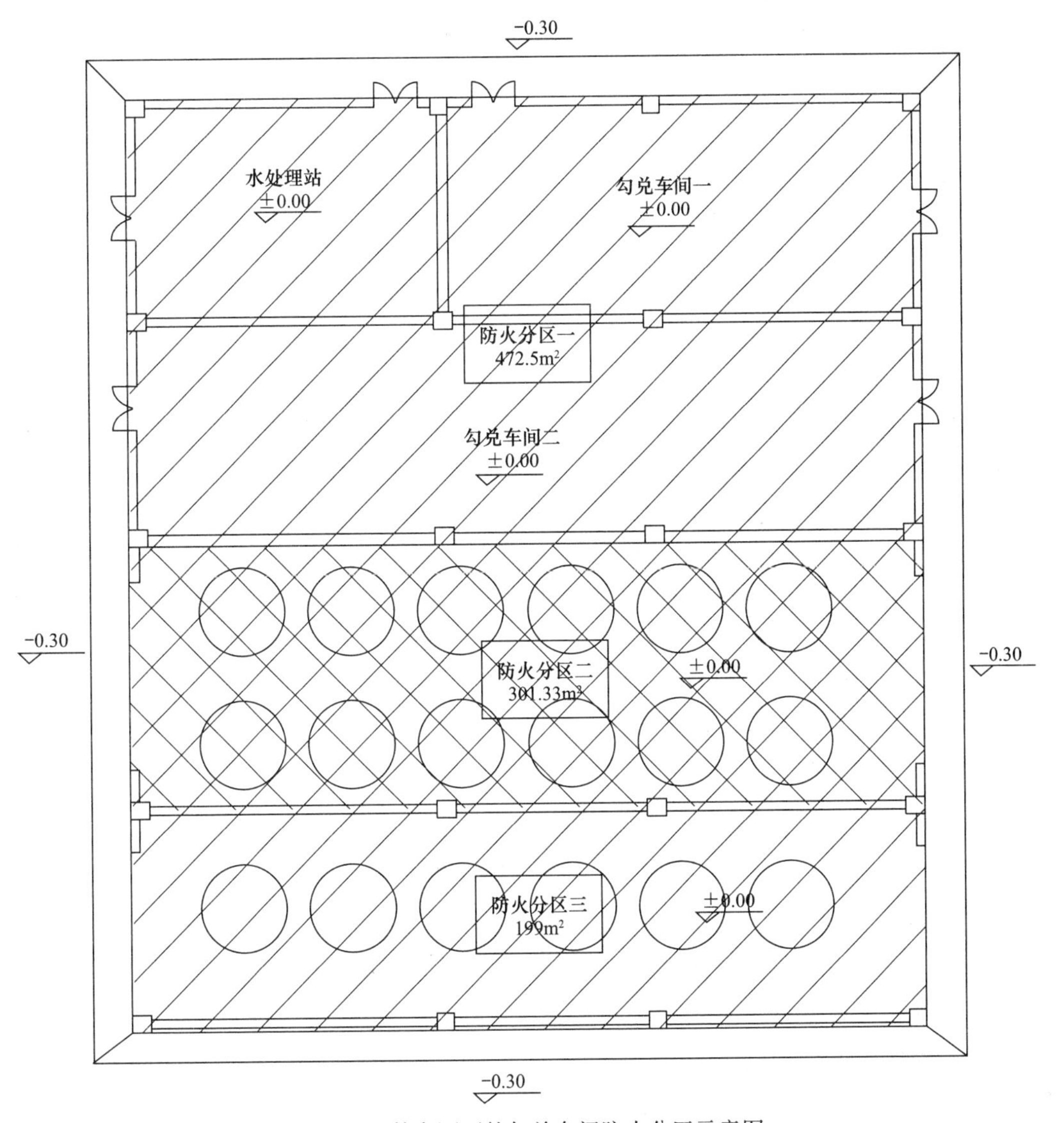

图 4.1　某白酒厂的勾兑车间防火分区示意图

4.2 设计依据

4.2.1 工业建筑、民用建筑的水消防设计，除要依据《建筑设计防火规范》《消防给水及

消火栓系统技术规范》《水喷雾灭火系统技术规范》等通用规范外，还应依据相应的行业规范进行设计。本工程为酒厂的勾兑生产和罐装储存，应依据通用规范和行业规范《酒厂设计防火规范》GB 50694—2011 进行设计。

4.2.2 本工程的自动灭火系统设计主要参考《酒厂设计防火规范》GB 50694—2011（以下简称《酒规》）和《水喷雾灭火系统技术规范》GB 50219—2014（以下简称《水喷雾规》）的以下条文：

（1）《酒规》第 7.2.2 条：

下列场所应设置水喷雾灭火系统或泡沫灭火系统：

1 白酒勾兑车间、白兰地勾兑车间。

2 液态法酿酒车间、酒精蒸馏塔。

3 人工洞白酒库。

4 占地面积大于 750m^2 的白酒库、食用酒精库、白兰地陈酿库。

5 地下、半地下葡萄酒陈酿库。

6 白酒储罐区、食用酒精储罐区。

（2）《酒规》第 7.2.4 条：

白酒、食用酒精金属储罐应设置消防冷却水系统，并应符合下列规定：

1 白酒库、食用酒精库的储罐应采用固定式消防冷却水系统。当储罐设有水喷雾灭火系统时，水喷雾灭火系统可兼作消防冷却水系统，但该储罐的消防用水量应按水喷雾灭火系统灭火和防护冷却的最大者确定。

2 白酒储罐区、食用酒精储罐区的储罐多排布置或储罐高度大于 15m 或单罐容量大于 1000m^3 时，应采用固定式消防冷却水系统。

3 白酒储罐区、食用酒精储罐区的储罐高度小于或等于 15m 且单罐容量小于或等于 1000m^3 时，可采用移动式消防冷却水系统或固定式水枪与移动式水枪相结合的消防冷却水系统。

（3）《酒规》第 7.2.6 条：

水喷雾灭火系统的设计除应符合现行国家标准《水喷雾灭火系统技术规范》GB 50219 的有关规定外，尚应符合下列规定：

1 设计喷雾强度和持续喷雾时间不应小于表 7.2.6 的规定。

设计喷雾强度和持续喷雾时间 **表 7.2.6**

防护目的	设计喷雾强度［L/(min·m^2)］	持续喷雾时间（h）
灭火	20	0.5
防护冷却	6	4

2 水雾喷头的工作压力，当用于灭火时，不应小于 0.40MPa；当用于防护冷却时，不应小于 0.2MPa。

3 系统的响应时间，当用于灭火时，不应大于 45s；当用于防护冷却时，不应大于 180s。

4 保护面积应按每个独立防火分区的建筑面积确定。

（4）《水喷雾规》表 3.1.2：

系统的供给强度、持续供给时间和响应时间　　表 3.1.2

<table>
<tr><th>防护目的</th><th colspan="4">保护对象</th><th>供给强度
[L/(min·m²)]</th><th>持续供给时间（h）</th><th>响应时间（s）</th></tr>
<tr><td rowspan="8">灭火</td><td colspan="4">固体物质火灾</td><td>15</td><td>1</td><td>60</td></tr>
<tr><td colspan="4">输送机皮带</td><td>10</td><td>1</td><td>60</td></tr>
<tr><td rowspan="3">液体火灾</td><td colspan="3">闪点 60～120℃的液体</td><td>20</td><td rowspan="3">0.5</td><td rowspan="3">60</td></tr>
<tr><td colspan="3">闪点高于 120℃的液体</td><td>13</td></tr>
<tr><td colspan="3">饮料酒</td><td>20</td></tr>
<tr><td rowspan="3">电气火灾</td><td colspan="3">油浸式电力变压器、油断路器</td><td>20</td><td rowspan="3">0.4</td><td rowspan="3">60</td></tr>
<tr><td colspan="3">油浸式电力变压器的集油坑</td><td>6</td></tr>
<tr><td colspan="3">电缆</td><td>13</td></tr>
<tr><td rowspan="11">防护冷却</td><td rowspan="3">甲$_{B}$、乙、丙类液体储罐</td><td colspan="3">固定顶罐</td><td>2.5</td><td rowspan="3">直径大于 20m 的固定顶罐为 6h，其他为 4h</td><td rowspan="3">300</td></tr>
<tr><td colspan="3">浮顶罐</td><td>2.0</td></tr>
<tr><td colspan="3">相邻罐</td><td>2.0</td></tr>
<tr><td rowspan="6">液化烃或类似液体储罐</td><td colspan="3">全压力、半冷冻式储罐</td><td>9</td><td rowspan="6">6</td><td rowspan="6">120</td></tr>
<tr><td rowspan="4">全冷冻式储罐</td><td rowspan="2">单、双容罐</td><td>罐壁</td><td>2.5</td></tr>
<tr><td>罐顶</td><td>4</td></tr>
<tr><td rowspan="2">全容罐</td><td>罐顶泵平台、管道进出口等局部危险部位</td><td>20</td></tr>
<tr><td>管带</td><td>10</td></tr>
<tr><td colspan="3">液氨储罐</td><td>6</td></tr>
<tr><td colspan="4">甲、乙类液体及可燃气体生产、输送、装卸设施</td><td>9</td><td>6</td><td>120</td></tr>
<tr><td colspan="4">液化石油气灌瓶间、瓶库</td><td>9</td><td>6</td><td>60</td></tr>
</table>

4.3　勾兑车间水喷雾系统设计计算

4.3.1　根据此项目的建筑布局，勾兑车间和半敞开酒罐储存库的自动灭火消防设施分别考虑。

4.3.2　以此车间面积最大的房间为例：该房间主要为勾兑工艺设备，设备最大高度为 2m，房间面积为 225m²，设计参数选定见表 4.3.2。

勾兑车间水喷雾系统设计参数选定表　　表 4.3.2

<table>
<tr><th colspan="2">设计参数</th><th>设计依据（《酒规》相应条款）</th></tr>
<tr><td>喷雾强度 [L/(min·m²)]</td><td>20</td><td>7.2.6</td></tr>
<tr><td>作用面积（m²）</td><td>225</td><td>7.3.4</td></tr>
<tr><td>持续喷雾时间（min）</td><td>10</td><td>7.1.3</td></tr>
<tr><td>最不利点处喷头最小压力 P_{min}（MPa）</td><td>0.05</td><td rowspan="2">《喷规》相应条款</td></tr>
<tr><td>喷头选型</td><td>标准覆盖、标准响应 $K=80$</td></tr>
</table>

4.3.3　水雾喷头设置数量计算

房间的水雾喷头设置数量按下式计算：

$$N=\frac{Aq_{\mu}}{q}$$

式中：N——保护对象的水雾喷头设置数量；

A——保护对象的面积（m^2）；

q_μ——保护对象的设计喷雾强度［$L/(min \cdot m^2)$］；

q——水雾喷头的流量（L/min）。

根据水雾喷头流量特性系数、雾化角及垂直喷射曲线，初步确定喷头为 $K=86$、雾化角 90°的高速水雾喷头（喷射曲线见图 4.3.3-1）。喷头详细参数：

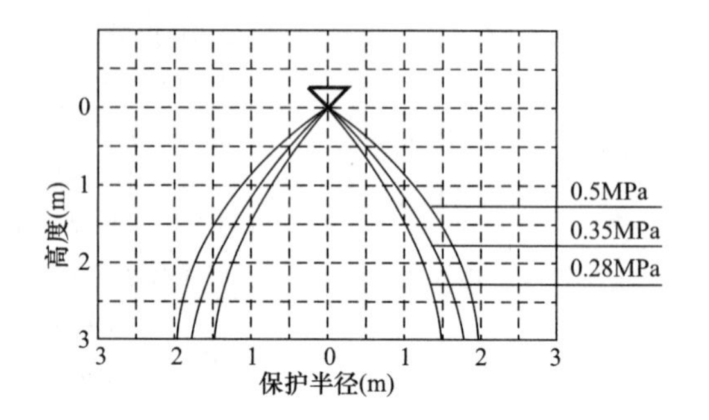

图 4.3.3-1　雾化角 90°的水雾喷头喷射曲线示意图

（1）额定工作压力：0.35MPa，工作压力范围：0.28～0.8MPa。

（2）雾化形式：压力水进入喷头后，被分解成沿内壁运动的旋转水流，经混合腔在离心力作用下，由特定的喷口喷出，形成雾化。

（3）雾滴直径：Dv0.9<900μm。

（4）接口螺纹：R1/2″、R3/4″、R1″。

水雾喷头产品参数见表 4.3.3。

水雾喷头产品参数　　**表 4.3.3**

型号规格	公称压力（MPa）	流量（L/min）	雾化角	流量特性系数 K	连接螺纹
ZSTWB 86/90	0.35	160	90°	86	R1″

喷头安装高度 3m、工作压力 0.5MPa 时，喷头保护半径为 2m，初步计算喷头流量：

$$q = K\sqrt{10P} = 86 \times \sqrt{10 \times 0.5} = 192.3\text{L/min}$$

规范要求，勾兑车间内水喷雾灭火系统设计喷雾强度为 $20L/(min \cdot m^2)$，持续时间 0.5h。根据公式估算最大勾兑车间所需水雾喷头数量：

$$N=\frac{225\times20}{192.3}=23.4\text{，取 }24\text{。}$$

根据《水喷雾规》第 3.4.2 条规定，水雾喷头的平面布置可为矩形或菱形。当按矩形布置时，水雾喷头之间的距离不应大于 1.4 倍水雾喷头的水雾锥底圆半径；当按菱形布置时，水雾喷头之间的距离不应大于 1.7 倍水雾喷头的水雾锥底圆半径。此勾兑车间水雾喷头为矩形布置，喷头间距不大于 2.8m。

综上所述，勾兑车间二总计布置 33 个喷头，喷头间距最大为 2.7m，具体布置见图 4.3.3-2、图 4.3.3-3。

4.3.4 水喷雾灭火系统流量计算

水喷雾灭火系统的计算流量按下式计算：

$$Q_j = \frac{1}{60}\sum_{i=1}^{n} q_i$$

式中：Q_j——系统的计算流量（L/s）；

n——系统启动后同时喷雾的水雾喷头数量（个）；

q_i——水雾喷头的实际流量（L/min），应按水雾喷头的实际工作压力计算。当采用雨淋阀控制同时喷雾的水雾喷头数量时，水喷雾灭火系统的计算流量应按系统中同时喷雾的水雾喷头的最大用水量确定。

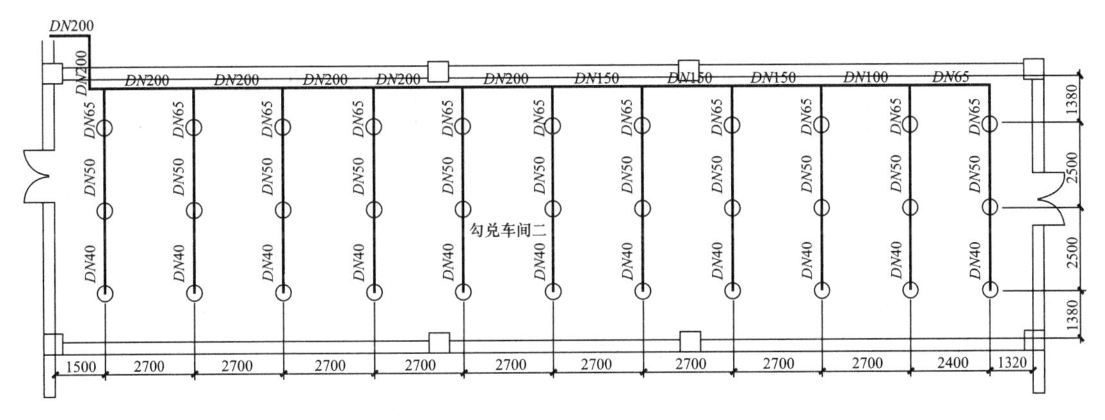

图 4.3.3-2　勾兑车间水喷雾灭火系统布置平面图

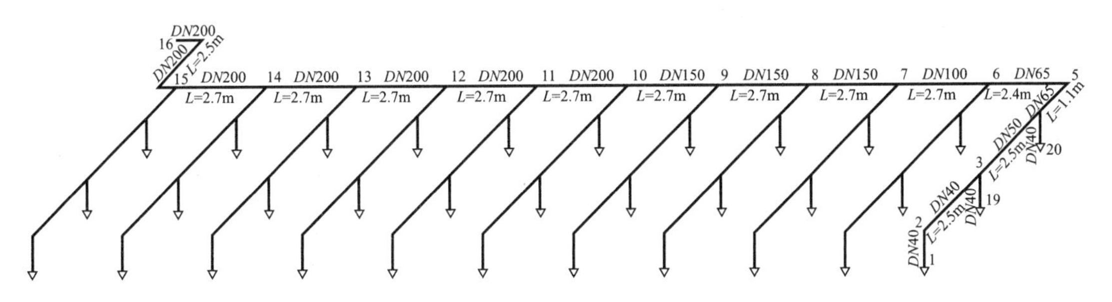

图 4.3.3-3　勾兑车间水喷雾灭火系统图

水力计算时应注意，《水喷雾灭火系统技术规范》GB 50219—2014 第 7.2.1 条与《自动喷水灭火系统设计规范》GB 50084—2017 第 9.2.2 条规定的沿程阻力损失计算公式有所不同，本工程设计采用镀锌钢管，应按《水喷雾灭火系统技术规范》GB 50219—2014 第 7.2.1-1 条公式计算。

详细解析过程略，计算过程同第三篇。计算结果如下：

本工程系统计算流量：$Q_j=6923.80\text{L/min}=115.4\text{L/s}$；

本工程系统设计流量：$Q_s=kQ_j=1.05\times115.4=121.2\text{L/s}$；

入口处压力：$P_r=0.72\text{MPa}$。

4.4　半敞开酒罐储存库水喷雾冷却系统设计计算

4.4.1　半敞开酒罐储存库内设置两种酒罐，大罐直径为 4m，罐高 9.8m，有效容积 98m^3；小罐直径为 3.4m，罐高 7.2m，有效容积 55m^3。

4.4.2　根据《酒规》要求，白酒储罐采用泡沫灭火系统灭火，采用水喷雾系统进行消防冷却。并且，每罐均设独立的主管，单独控制各罐体的灭火及消防冷却系统。系统布置见图 4.4.2-1、图 4.4.2-2。

4.4.3　消防冷却系统保护面积

根据《水喷雾规》第 3.1.9 条规定，系统用于冷却甲$_B$、乙、丙类液体储罐时，其冷却范围及保护面积应按罐壁外表面面积计算，相邻罐的保护面积可按实际需要冷却部位的外表面面积计算，但不得小于罐壁外表面面积的 1/2。

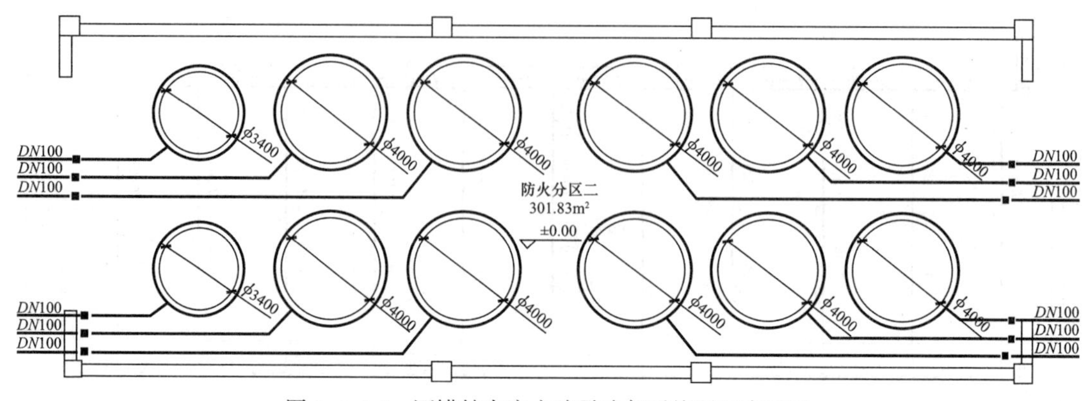

图 4.4.2-1 酒罐储存库水喷雾冷却系统平面布置图

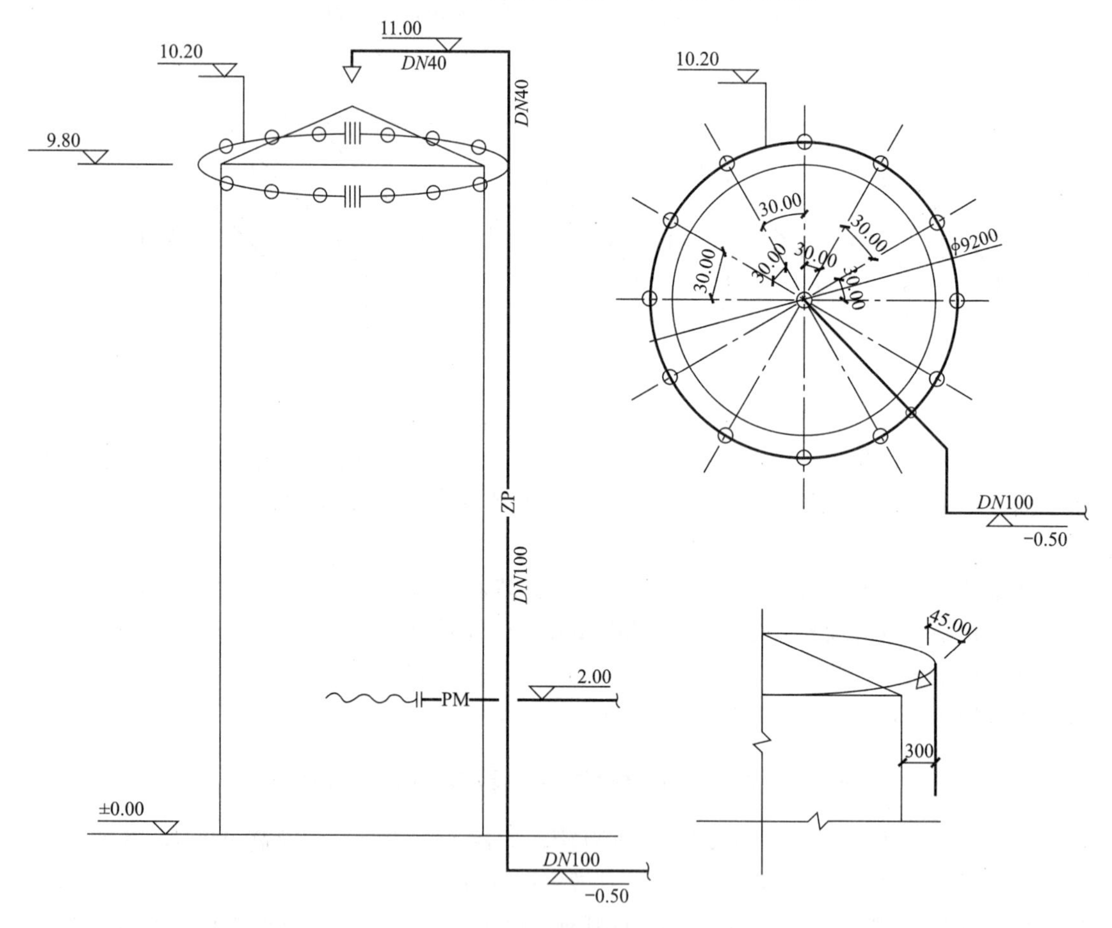

图 4.4.2-2 酒罐水喷雾冷却系统安装示意图

以上述工程为例，消防冷却用水量最大为 6 个大罐相邻区域。每个大罐保护面积 $A_1=4\times3.14\times9.8+(4\div2)^2\times3.14=135.648\text{m}^2$；则其相邻罐的保护面积 $A_2=135.648\times5\div2=339.12\text{m}^2$；该防火分区消防冷却最大保护面积 $A=A_1+A_2=135.648+339.12=474.768\text{m}^2$。

4.4.4　消防冷却系统水力计算

根据《水喷雾规》第 3.2.12 条规定，用于保护甲$_B$、乙、丙类液体储罐的系统，固定顶储罐和按固定顶储罐对待的内浮顶储罐的冷却水环管宜沿罐壁顶部单环布置。《水喷雾规》第 3.2.6 条规定，当保护对象为甲、乙、丙类液体和可燃气体储罐时，水雾喷头与保护储罐外壁之间的距离不应大于 0.7m。

故本工程酒罐消防冷却系统设在酒罐顶部，采用单环布置，水雾喷头以 45°角朝向酒罐。

根据水雾喷头流量特性系数、雾化角及垂直喷射曲线，初步选定喷头为 $K=34$、雾化角 120°的高速水雾喷头（喷射曲线见图 4.4.4）。

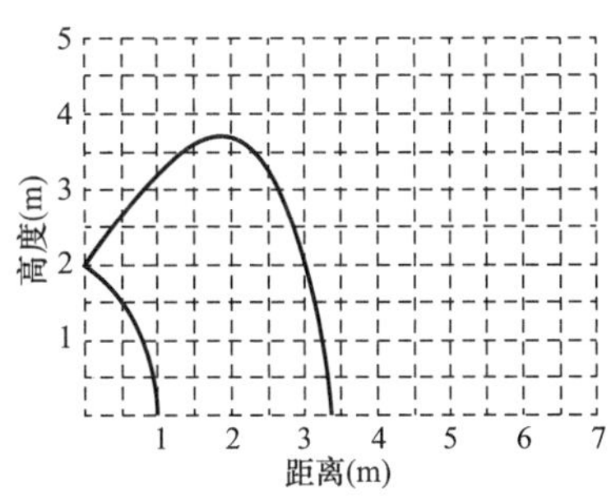

图 4.4.4　雾化角 120°的水雾喷头喷射曲线示意图

以较大储罐为例，喷头安装高度 10.2m，工作压力 0.5MPa，计算喷头流量：

$$q = K\sqrt{10P} = 34 \times \sqrt{10 \times 0.5} = 76\text{L/min}$$

规范要求，以防护冷却为目的的水喷雾系统设计喷雾强度为 6L/(min・m²)，持续时间 4h。根据公式初步估算：

$$N = \frac{SW}{q} = \frac{135.648 \times 6}{76} = 10.7 \approx 11$$

故最大储罐冷却用水雾喷头数量不少于 11 个。喷头布置时采用 30°角圆周均布，间距约 1.2m，数量为 12 个，罐顶中心设 1 个喷头，共计 13 个喷头，符合设计要求。

根据系统布置，经计算得出单个储罐消防冷却水系统的计算流量 $Q_j=16.42$L/s，水雾喷头实际流量 $q_i=75.8$L/min，系统入口（报警阀后）压力为 0.55MPa；且根据规范要求，系统管道内的水流速度均不超过 5m/s。

该储罐消防冷却水系统设计流量：$Q_s=1.05\times16.42=17.24$L/s；

半敞开酒罐储存库最大消防冷却水设计流量：$Q=17.24+17.24\times5\div2=60.34$L/s；

一次火灾设计冷却用水量：$60.34\times3.6\times4=868.90$m³（4h 用水量）。

4.5　总结与思考

4.5.1　在低温地区，为了避免供水管道发生冻裂问题，应对充满水的管道实施保护措施。室内管道应有保暖措施，保证管道温度不低于 5℃。室外应将充满水的管道及阀门设置在冰冻线以下不小于 0.3m，并对管道阀门进行重点保温防护。在雨淋阀配水管道中，设置泄水阀，并且使管道以 2‰～4‰的坡度坡向泄水阀，使消防管道中的水及时排出。

4.5.2　水喷雾灭火系统作为局部灭火系统，常用于石油化工储罐、电站设备等的保护中，但在厂房的应用中有其局限性，虽然《酒规》规定，勾兑、酿酒等车间使用水喷雾灭火系统，但一般厂房根据工艺需要，室内净高往往超过 6m，而水雾喷头的有效喷射距离一般不超过 3m，在雾化角小且工作压力大的情况下，有效喷射距离最大也只有 4.5m 左右，喷头安装高度不超过 5m。因此，喷头安装高度以上的空间缺乏灭火设施保护。实际应用中，在喷头保护高度外的空间，应尽量少布置设备、管线；必须设置时，应考虑局部增加水雾喷头保护，使全部设备、管线均处于水雾喷头的保护范围内。水雾喷头安装高度以上的装修应采用不燃材料，以降低火灾危险性。

4.5.3 本案例中，勾兑车间二的水雾喷头管网为枝状布置，对于水雾喷头来说，因喷头计算压力大，单个喷头流量也比较大，如参考《自动喷水灭火系统设计规范》GB 50084—2017 第 8.0.9 条，按照配水管、配水支管管径控制的喷头数量来估算管径的话，计算结果会非常不合理，所以必须按水力计算估算配水管管径。如单个保护区域面积较大，水雾喷头数量多，应适当放大配水干管管径，降低配水干管流速。这样，一方面可以使计算起点的压力降低，另一方面可以使配水支管的出水尽可能均匀。

4.5.4 本案例酒罐水喷雾冷却系统为环状布置。对于环状消防管网，部分设计师采用管网平差计算，计算过程非常复杂，而且对于出水量、出水点确定，以确定管径为目的的消防系统，并不适用。在此建议采用流量分配的原理，假定环状管网的流量分界点后，以枝状管进行水力计算。示意图如图 4.5.4 所示。

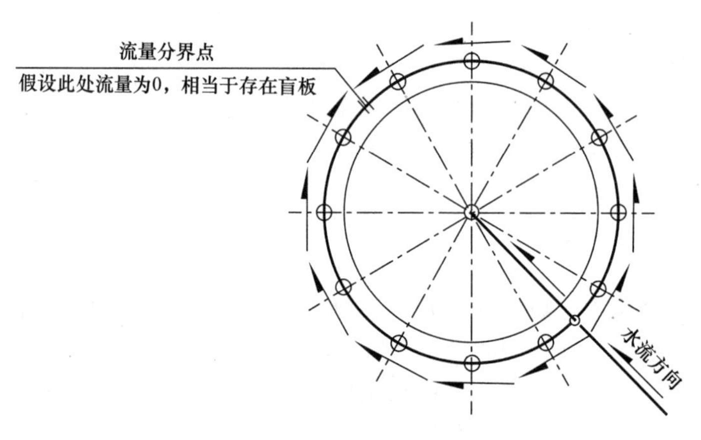

图 4.5.4 环状管网分界点示意图

4.5.5 本案例为建筑室内设置的酒罐，也有很多酒厂（如四川地区）酒罐是露天放置的，也有露天放置但罐与罐之间设置 1.0m 高度隔墙的。类似这种布置需结合当地风向情况，考虑相邻罐冷却的数量，如成都大部分酒厂均为露天布置。设计时周围考虑 4 个罐体同时冷却，且每个罐体冷却一半。

参 考 文 献

1. 公安部. GB 50084—2017 自动喷水灭火系统设计规范［S］. 北京：中国计划出版社，2018.
2. 中国中元兴华工程公司. GB 50974—2014 消防给水及消火栓系统技术规范［S］. 北京：中国计划出版社，2014.
3. 公安部. GB 50116—2013 火灾自动报警系统设计规范［S］. 北京：中国计划出版社，2013.
4. 公安部. GB 50006—2014 建筑设计防火规范（2018 年版）［S］. 北京：中国计划出版社，2018.
5.《自动喷水灭火系统设计》图示 19S910.
6.《火灾自动报警系统设计规范》图示 14X505-1.
7.《消防给水及消火栓系统技术规范》图示 15S909.
8. 全国民用建筑工程设计技术措施 给水排水 2009.
9. 公安部天津消防研究所. CECS 234—2008 自动喷水灭火系统 CPVC 管管道工程技术规程. ［S］. 北京：中国计划出版社，2008.
10. 黄晓家，姜文源. 自动喷水灭火系统设计手册［M］. 北京：中国建筑工业出版社，2002.
11. 中国建筑设计研究院. 建筑给排水设计手册（上册）［M］. 北京：中国建筑工业出版社，2008.
12. 公安部天津消防研究所. GB 5135 自动喷水灭火系统［S］. 北京：中国标准出版社，2004.